Starke

Effektive Software-Architekturen

Gernot Starke

Effektive Software-Architekturen

Ein praktischer Leitfaden

2., aktualisierte und erweiterte Auflage

HANSER

Dr. Gernot Starke
Doing IT right
www. gernotstarke.de

Gernot Starke stellt sich seit seinem Informatik-Studium in Aachen und seiner Promotion in Linz der Herausforderung, die Architektur großer Systeme effektiv zu gestalten. Zu seinen Kunden zählen mittlere und große Unternehmen aus den Branchen Finanzdienstleistung, Handel, Telekommunikation und dem öffentlichen Bereich.

Seit 1996 dreht sich seine Tätigkeit als Software-Architekt um den produktiven Einsatz neuer Technologien (Java, Internet, Intranet) zur Integration komplexer Applikationen. Dr. Gernot Starke war technischer Direktor des „Object Reality Center", einem Joint-Venture von Sun Microsystems und der Schumann Unternehmensberatung AG und gehörte somit zu den Pionieren erfolgreicher E-Business Systeme.

In seiner Freizeit (ja, er hat welche!) versucht er, sein Tenorsaxophon vor seinen beiden Kindern Lynn und Per in Sicherheit zu bringen.

Bibliografische Information Der Deutschen Bibliothek:

Die Deutsche Bibliothek verzeichnet diese Publikation in der Deutschen Nationalbibliografie; detaillierte bibliografische Daten sind im Internet über http://dnb.ddb.de abrufbar.

Lektorat: Margarete Metzger
Herstellung: Irene Weilhart
Endlayout: Druckhaus „Thomas Müntzer", Bad Langensalza
Datenbelichtung, Druck und Bindung: Kösel, Krugzell
Printed in Germany

ISBN 3-446-22846-2

Inhaltsverzeichnis

> Haben Sie jemals einen dummen Fehler zweimal begangen?
> – Willkommen in der realen Welt.
> Haben Sie diesen Fehler hundertmal hintereinander gemacht?
> – Willkommen in der Software-Entwicklung.
>
> Tom DeMarco,
> in: „Warum ist Software so teuer?“

Vorwort

Wenn Sie sich für Baukunst interessieren, dann erkennen Sie sicherlich die „Handschrift“ berühmter Architekten wie Frank Lloyd Wright, LeCorbusier oder Mies van der Rohe immer wieder, egal wo auf der Welt Sie auf Bauwerke dieser Meister stoßen. Die Funktionalität des Guggenheim Museums in New York oder des Opernhauses in Sydney gepaart mit deren Schönheit und Ästhetik sind unvergessliche Eindrücke. Das erwarten wir heute auch von unseren IT-Systemen: Funktionalität gepaart mit Stil!

Seit mehr als zwanzig Jahren versuche ich, Systementwicklern die Kunst des Architektur-Designs nahe zu bringen. Die Erfahrung hat mich gelehrt, dass man jede Person, die mit gesundem Menschenverstand ausgestattet ist, zu einem guten Systemanalytiker ausbilden kann. Software-Architekten und Designer auszubilden ist wesentlich schwieriger.

Früher waren viele unserer Systeme so einfach, dass der Chefprogrammierer die Struktur leicht im Kopf behalten konnte. Heutzutage gehört mehr dazu, um die Struktur eines Systems zu beherrschen, die Auswirkungen von Technologieentscheidungen vorauszusehen und die Vielzahl von Hilfsmitteln wie Generatoren, Frameworks, Libraries und Entwicklungswerkzeuge kosteneffizient und zielführend einzusetzen.

Viele Jahre war ich davon überzeugt, dass nur Erfahrung in der Erstellung großer Systeme und selbst gemachte Fehler gute Architekten hervorbringen. Wir wussten einfach zu wenig über Wirkungen und Folgewirkungen von Designentscheidungen. In den letzten Jahren ist die Entwicklung von Architekturen mehr und mehr zur Ingenieursdisziplin herangereift.

Gernot Starke ist es gelungen, die Essenz dieser neuen Disziplin auf den Punkt zu bringen. Die Tipps und Tricks, die er in diesem Buch zusammengetragen hat, vermitteln Ihnen eine Fülle von Praxiserfahrungen. Studieren Sie diese sorgfältig! Wenn Sie zu den Veteranen der Branche gehören, dann werden Sie neben vielen déjà-vu-Erlebnissen bestimmt auch noch die eine oder andere Perle entdecken. Wenn Sie gerade Ihre ersten Sporen als Architekt(in) verdienen, dann können Sie sich mit den Empfehlungen bestimmt den einen oder anderen Holzweg ersparen.

Programmieren wird immer mehr zum Handwerk, bei dem die Automatisierung rasant voranschreitet und den Programmierern viel Arbeit abnimmt. Die Entwicklung von Architekturen bleibt sicherlich dauerhaft eine Domäne für kreative Gestaltungsarbeit von Menschen – trotz der Fortschritte in dieser Disziplin. Software-Architekt ist daher ein Beruf mit sicherer Zukunft!

Aachen, im Dezember 2001 *Peter Hruschka*

> Softwarearchitekur: Das ist die Königsdisziplin des Software-Engineering.
>
> Prof. Ernst Denert
> in: [Siedersleben04]

Vorwort zur zweiten Auflage

Seit Erscheinen der ersten Auflage durfte ich eine Reihe interessanter und lehrreicher IT-Projekte miterleben (und mitgestalten). Aus diesen Praxiserfahrungen heraus habe ich für die zweite Auflage insbesondere das Thema Architekturdokumentation grundlegend überarbeitet und das Kapitel „Entwurf von Architekturen“ stark erweitert. Zusätzlich greife ich jetzt die Themen Architekturbewertung, UML 2.0 und die Model-Driven-Architecture auf.

Auch bei dieser zweiten Auflage haben mich viele Menschen tatkräftig unterstützt. Herzlicher Dank gilt meinen Kunden und Partnern für die intensiven und fruchtbaren Fachdiskussionen. Besonders die ausgezeichneten Software- und Systemarchitekten Matthias Bohlen, Karl Eilebrecht, Peter Hruschka und Ralf Mierbach haben mir so manchen fachlichen Knoten entwirrt.

Köln, Dezember 2004 *Gernot Starke*

> Wir bauen Software wie Kathedralen:
> zuerst bauen wir –
> dann beten wir.
>
> Gerhard Chroust

1 Einleitung

Bitte erlauben Sie mir, Sie mit einer etwas bösartigen kleinen Geschichte zur weiteren Lektüre dieses Buches zu motivieren.

Eine erfolgreiche Unternehmerin möchte sich ein Domizil errichten lassen. Enge Freunde raten ihr, ein Architekturbüro mit dem Entwurf zu betrauen und die Erstellung begleiten zu lassen. Nur so ließen sich die legendären Probleme beim Hausbau (ungeeignete Entwürfe, mangelnde Koordination, schlechte Ausführung, Pfusch bei Details, Kostenexplosion und Terminüberschreitung) vermeiden.

Um die für ihr Vorhaben geeigneten Architekten zu finden, beschließt sie, einigen namhaften Büros kleinere Testaufträge für Einfamilienhäuser zu erteilen. Natürlich verrät sie keinem der Kandidaten, dass diese Aufträge eigentlich Tests für das endgültige Unterfangen sind.

Nach einer entsprechenden Ausschreibung in einigen überregionalen Tageszeitungen trifft unsere Bauherrin folgende Vorauswahl:

- Wasserfall-Architektur KG, Spezialisten für Gebäude und Unterfangen aller Art.
- V&V Architektur GmbH & Co. KG, Spezialisten für Regierungs-, Prunk- und Profanbauten.
- Extremarchitekten AG

Alle Büros erhalten identische Vorgaben: Ihre Aufgabe besteht in Entwurf und Erstellung eines Einfamilienhauses (EFH). Weil unsere Unternehmerin jedoch sehr häufig, manchmal fast sprunghaft, ihre Wünsche und Anforderungen ändert, beschließt sie, die Flexibilität der Kandidaten auch in dieser Hinsicht zu testen.

Wasserfall-Architektur KG

Die Firma residiert im 35. Stock eines noblen Bürogebäudes. Dicke Teppiche und holzvertäfelte Wände zeugen vom veritablen Wohlstand der Firmeneigner.

Foto von Wolfgang Korn.

„Wir entwerfen auch komplexe technische Systeme", erklärt ein graumelierter Mittfünfziger der Bauherrin bei ihrem ersten Treffen. Sein Titel „Bürovorsteher" prädestiniert ihn wohl für den Erstkontakt zu dem vermeintlich kleinen Fisch. Von ihm und einer deutlich jüngeren Assistentin wurde sie ausgiebig nach ihren Wünschen hinsichtlich des geplanten Hauses befragt.

Als sie die Frage nach den Türgriffen des Badezimmerschrankes im Obergeschoss nicht spontan beantworten kann, händigt man ihr ein Formblatt aus, das ausführlich ein Change-Management-Verfahren beschreibt.

Das Team der Wasserfall-Architektur KG legt nach wenigen Wochen einen überaus detaillierten Projektplan vor. Gantt-Charts, Work-Breakdown-Struktur, Meilensteine, alles dabei. Die nächsten Monate verbrachte das Team mit der Dokumentation der Anforderungsanalyse sowie dem Entwurf.

Pünktlich zum Ende dieser Phase erhielt die Unternehmerin einen Ordner (zweifach) mit fast 400 Seiten Beschreibung eines Hauses. Nicht ganz das von ihr Gewünschte, weil das Entwicklungsteam aus Effizienzgründen und um Zeit zu sparen einige (der Bauherrin nur wenig zusagende) Annahmen über die Größe mancher Räume und die Farbe einiger Tapeten getroffen hatte. Man habe zwar überall groben Sand als Bodenbelag geplant, könne das aber später erweitern. Mit etwas Zement und Wasser vermischt stünden den Hausbewohnern später alle Möglichkeiten offen. Im Rahmen der hierbei erwarteten Änderungen habe das Team vorsorglich die Treppen als Rampe ohne Stufen geplant, um Arbeitern mit Schubkarren den Weg in die oberen Etagen zu erleichtern. Das Begehren unserer Unternehmerin, doch eine normale Treppe einzubauen, wurde dem Change-Management übergeben.

Die nun folgende Erstellungsphase (die Firma verwendete hierfür den Begriff „Implementierungsphase") beendete das Team in 13 statt der geplanten 8 Monate. Die fünf Monate Zeitverzug seien durch widrige Umstände hervorgerufen, wie ein Firmensprecher auf Nachfrage erklärte. In Wirklichkeit hatte ein Junior-Planning-Consultant es versäumt, einen Zufahrtsweg für Baufahrzeuge zu planen – das bereits fertiggestellte Gartenhaus musste wieder abgerissen werden, um eine passende Baustraße anlegen zu können.

Ansonsten hatte das Implementierungsteam einige kleine Schwächen des Entwurfs optimiert. So hatte das Haus statt Treppe nun einen Lastenaufzug, weil sich die ursprünglich geplante Rampe für Schubkarren als zu steil erwies. Das

Change-Management verkündete stolz, man habe bereits erste Schritte zur Anpassung des Sandbodens unternommen: Im ganzen Haus seien auf den Sand Teppiche gelegt worden. Leider hatte ein Mitglied des Wartungsteams über den Teppich dann, in sklavischer Befolgung der Planungsvorgaben, Zement und Wasser aufgebracht und mit Hilfe ausgeklügelt brachialer Methoden zu einer rot-grauen zähen Paste vermischt. Man werde sich in der Wartungsphase darum kümmern, hieß es seitens der Firma.

Die zu diesem Zeitpunkt von den Wasserfall-Architekten ausgestellte Vorabrechnung belief sich auf das Doppelte der ursprünglich angebotenen Bausumme. Diese Kostensteigerung habe die Bauherrin durch ihre verspätet artikulierten Zusatzwünsche ausschließlich selbst zu verantworten.

V&V Architektur GmbH & Co. KG

Die V&V Architektur GmbH & Co. KG (nachfolgend kurz V&V) hatte sich in den vergangenen Jahren auf Regierungs-, Prunk- und Profanbauten spezialisiert. Mit dem unternehmenseigenen Verfahren, wird versichert, könne man garantiert jedes Projekt abwickeln. Der von V&V ernannte Projektleiter überraschte unsere Unternehmerin in den ersten Projektwochen mit langen Fragebögen – ohne jeglichen Bezug zum geplanten Haus. Man müsse unbedingt zuerst das Tailoring des Vorgehensmodells durchführen, das Modell exakt dem geplanten Projekt anpassen. Am Ende dieser Phase erhielt sie, in zweifacher Ausfertigung, mehrere Hundert Seiten Dokumentation des geplanten Vorgehens.

Dass ihr Einfamilienhaus darin nicht erwähnt wurde, sei völlig normal, unterrichtete sie der Projektleiter. Erst jetzt, in der zweiten Phase, würde das konkrete Objekt geplant, spezifiziert, realisiert, qualitätsgesichert und konfigurationsverwaltet.

Foto von Ralf Harder

Der Auftraggeberin wurde zu diesem Zeitpunkt auch das „Direktorat EDV“ der Firma V&V vorgestellt. Nein, diese Abteilung befasste sich nicht mit Datenverarbeitung – die Abkürzung stand für „*Einhaltung Des Vorgehensmodells*“.

Nach einigen Monaten Projektlaufzeit stellte unsere Bauherrin im bereits teilweise fertiggestellten Haus störende signalrote Inschriften auf sämtlichen verbauten Teilen fest. Das sei urkundenechte Spezialtinte, die sich garantiert nicht durch Farbe oder Tapete verdecken ließe, erklärte V&V stolz. Für die Qualitätssicherung und das Konfigurationsmanagement seien diese Kennzeichen unbedingt notwendig. Ästhetische Einwände, solche auffälligen Markierungen nicht in Augenhöhe auf Fenster, Türen und Wänden anzubringen, verwarf die Projektleitung mit Hinweis auf Seite 354, Aktivität PL 3.42, Paragraph 9 Absatz 2 des Vorgehensmodells, in dem Größe, Format, Schrifttyp und Layout dieser Kennzeichen verbindlich definiert seien. Die Bauherrin hätte bereits beim Tailoring widersprechen müssen, nun sei es wirklich zu spät.

Extrem-Architekten AG

Die Extrem-Architekten laden unsere Unternehmerin zu Projektbeginn zu einem Planungsspiel ein. Jeden Raum ihres geplanten EFHs soll sie dabei der Wichtigkeit nach mit Gummibärchen bewerten. Die immer nur paarweise auftretenden Architekten versprechen ihr, eine erste funktionsfähige Version des Hauses nach nur 6 Wochen. Auf Planungsunterlagen würde man im Zuge der schnellen Entwicklung verzichten.

„Gummibär-Tango" von Klaus Terjung

Zu Beginn der Arbeiten wurde das Team in einer Art Ritual auf die gemeinsame Vision des Hauses eingeschworen. Wie ein Mantra murmelten alle Teammitglieder ständig mit seltsam gutturaler Betonung die Silben „Einfa-Milien-Haus", was sich nach einiger Zeit zu „Ei-Mi-Ha" abschliff. Mehrere Außenstehende wollen gehört haben, das Team baue einen bewohnbaren Eimer. Sie stellten eine überdimensionale Tafel am Rande des Baugeländes auf. Jeder durfte darauf Verbesserungsvorschläge oder Änderungen eintragen. Dies gehöre zu einem Grundprinzip der Firma: „Kollektives geistiges Eigentum: Planung und Entwurf gehören allen".

Nach exakt 6 Wochen laden die Extrem-Architekten die Unternehmerin zur Besichtigung der ersten funktionsfähigen Version ein. Wieder treten ihr zwei Architekten entgegen, jedoch erkennt sie nur einen davon aus dem Planungsspiel wieder. Der andere arbeitet jetzt bei den Gärtnern. Der ursprüngliche andere Gärtner hilft dem Elektriker, ein Heizungsbauer entwickelt dafür die Statik mit. Auf diese Weise verbreite sich das Projektwissen im Team, erläutern beide Architekten eifrig.

Man präsentiert ihr einen Wohnwagen. Ihren Hinweis auf fehlende Küche, Keller und Dachgeschoss nehmen die Extrem-Architekten mit großem Interesse auf (ohne ihn jedoch schriftlich zu fixieren).

Weitere 6 Wochen später hat das Team eine riesige Grube als Keller ausgehoben und den Wohnwagen auf Holzbohlen provisorisch darüber befestigt. Das Kellerfundament haben ein Zimmermann und ein Statiker gegossen. Leider blieb der Beton zu flüssig. Geeignete Tests seien aber bereits entwickelt, dieser Fehler käme garantiert nie wieder vor.

Mehrere weitere 6-Wochen-Zyklen gehen ins Land. Bevor unsere Unternehmerin das Projekt (vorzeitig) für beendet erklärt, findet sie zwar die von ihr gewünschte Küche, leider jedoch im Keller. Ein Refactoring dieses Problems sei nicht effektiv, erklärte man ihr. Dafür habe man im Dach einen Teil der Wohnwagenküche verbaut, sodass insgesamt die Zahl der Küchen-Gummibären erreicht worden sei.

Das immer noch flüssige Kellerfundament hat eines der Teams bewogen, auf die Seitenwände des Hauses auf Dauer zu verzichten, um die Lüftung des Kellers sicherzustellen. Im Übrigen besitzt das Haus nur ein Geschoss, das aktuelle Statik-Team (bestehend aus Zimmermann und Gärtner) hat dafür die Garage in 3 Kinderzimmer unterteilt.

Da das Team nach eigenen Aussagen auf die lästige und schwergewichtige Dokumentation verzichtet hatte, waren auch keine Aufzeichnungen der ursprünglichen Planung mehr erhalten.

Im Nachhinein beriefen sich alle Projektteams auf ihren Erfolg. Niemand hatte bemerkt, dass die Bauherrin keines der „implementierten" Häuser wirklich akzeptierte.

Chaos nur am Bau?

Ähnlichkeiten mit bekannten Vorgehensweisen der Software-Entwicklung sind durchaus gewollt, denn nicht nur beim Hausbau herrscht Chaos. Auch andere Ingenieurdisziplinen werden ab und zu von Elchen auf die Probe gestellt, obwohl der Maschinenbau über mehr als 200 Jahre Erfahrung verfügt. In der Software-Branche geht es nur unwesentlich besser zu.

Der regelmäßige Chaos-Report der Standish-Group zeigt eine seit Jahren gleichbleibende Tendenz: Über 30% aller Software-Projekte werden (erfolglos) vorzeitig beendet, in über 50% aller Software-Projekte kommt es zu drastischen Kosten- oder Terminüberschreitungen.[1]

[1] Quelle: The Standish Group Chaos Report. Erhältlich unter www.standishgroup.com.

1.1 Software-Architekten

Software-Architekten allein können diese Probleme nicht lösen. Auftraggeber mit klaren Zielvorstellungen und ein effektives und flexibles Projektmanagement sind wichtige Voraussetzungen für den Projekterfolg, ebenso ein motiviertes und sachkundiges Entwicklungsteam.

Architekten kommt in Software-Projekten eine besondere Rolle zu:

> Software-Architekten bilden die Schnittstelle zwischen Analyse, Entwurf, Implementierung, Management und Betrieb von Software.

Architekten als Anwälte der Kunden

Diese verantwortungsvolle Schlüsselrolle bleibt in vielen Projekten oft unbesetzt oder wird nicht angemessen ausgefüllt. Architekten müssen als „Anwälte der Kunden" arbeiten. Sie müssen garantieren, dass die Anforderungen der Kunden einerseits umsetzbar sind und andererseits auch umgesetzt werden.

Das Buch gibt aktiven und angehenden Software-Architekten praktische Ratschläge und Hilfsmittel, diese komplexe Aufgabe effektiver zu erfüllen. Es unterbreitet konkrete Vorschläge, wie Sie als Software-Architekt in der Praxis vorgehen sollten.

Auch wenn Sie in anderen Funktionen in Software-Projekten arbeiten, kann dieses Buch Ihnen helfen. Sie werden verstehen, welche Bedeutung Architekturen besitzen und wo die Probleme beim Entwurf von Architekturen liegen.

1.2 Effektiv, agil und pragmatisch

Effektivität, Agilität und Pragmatismus prägen die Grundhaltung erfolgreicher Software-Architekten.

Agilität ist notwendig

Software wird in vielen Projekten immer noch als starres, unveränderliches Produkt betrachtet, obwohl Anwender und Auftraggeber lauthals nach hochgradig flexiblen Lösungen rufen. In der Praxis ähnelt die Software-Entwicklung leider oftmals eher dem Brückenbau: Eine Rheinbrücke bleibt auch in den kommenden Jahren eine Rheinbrücke. Weder verändert sich der Flusslauf, noch wird aus einer Eisenbahnbrücke eine Startbahn für Passagierflugzeuge. Für Software stellt sich die Lage ganz anders dar: Hier kann aus einem abteilungsinternen Informationssystem schnell eine Internet-E-Business-Lösung oder eine lokale Anwendung entstehen.

Langjährige Untersuchungen ergeben, dass sich 10-25% der Anforderungen an Software pro Jahr ändern (Quelle: Peter Hruschka, in [Rupp 2001]). Management und Architekten von Software-Projekten müssen sich durch flexible und bedarfsgerechte Vorgehensweisen darauf einstellen. Das Schlüsselwort lautet „Agilität“.

Agilität anstelle starrer Verfahren

Agilität und flexibles Vorgehen wird in Software-Projekten an vielen Stellen dringend benötigt:

- Requirements Manager müssen in Projekten flexibel mit Änderungen von Anforderungen umgehen.
- Software-Architekturen müssen stabile Grundgerüste bereitstellen, die die Umsetzung neuer und geänderter Anforderungen ermöglichen. In der heutigen Marktsituation müssen solche Änderungen schnell und effektiv erfolgen – oder sie sind wirkungslos. (Stabile Grundgerüste)
- Projektmanager müssen in der Lage sein, während des Projektverlaufs flexibel auf neue Anforderungen, neue Technologien oder aktualisierte Produkte zu reagieren. Hier bietet risikobasiertes Projektmanagement viele Vorteile gegenüber den strikt am Vorgehensmodell orientierten konventionellen Methoden.
- Dokumentation muss sich an spezifischen Projektbedürfnissen orientieren, statt an fix vorgegebenen Ergebnistypen. Inhalt ist in flexiblen Projekten wichtiger als Form. (Inhalt wichtiger als Form)
- Agilität erfordert allerdings auch hohe Qualifikation und Professionalität der Beteiligten. Wer in einem agilen Projekt als Architekt arbeitet, kann nicht seinem Chef das Denken überlassen, sondern muss Verantwortung übernehmen. (Agilität braucht Verantwortung)

Insgesamt zählt in einem Projekt nur das Ergebnis. Selten kümmern sich Anwender oder Auftraggeber im Nachhinein um die Einhaltung starrer Vorgehensmodelle.

Software-Architekten müssen in ihrer Funktion als Schnittstelle zwischen den Projektbeteiligten diesen Ansatz der Agilität aufnehmen und in der Praxis umsetzen.

Seien Sie agil!

b-agile

Von Peter Hruschka

Agil heißt beweglich und flexibel sein. Mitdenken statt „Dienst nach Vorschrift“ und Dogma.

Keines der heute verfügbaren Vorgehensmodelle passt für alle Projekte. Eine agile Vorgehensweise beurteilt das jeweilige Risiko der unterschiedlichen Aufgaben bei der Software-Entwicklung und wählt dann die geeigneten Maßnahmen. Folgende Schwerpunkte werden dabei gesetzt:

- Offen für Änderungen statt Festhalten an alten Plänen
- Eher Ergebnis-orientiert als Prozess-orientiert
- „Miteinander darüber reden“ statt „gegeneinander schreiben“
- Eher Vertrauen als Kontrolle
- Bottom-up „Best Practices“ austauschen und etablieren statt top-down Vorgaben diktieren

Trotzdem heißt „Agilität“ nicht, Anarchie zuzulassen:

- Agile Vorgehensmodelle haben Ergebnisse, nur unterscheiden sich diese für unterschiedliche Projekte in Anzahl, Tiefgang und Formalismus.
- Agile Entwicklung kennt Prozesse, nur lassen diese mehr Spielraum für Alternativen und Kreativität.
- Agile Methoden setzen auf Verantwortung; es werden jedoch nur notwendige Rollen besetzt.

Das Risiko entscheidet: Jeder Projektleiter, Systemanalytiker, Architekt, Tester und Designer überprüft ständig Risiken und entscheidet in seinem Umfeld über notwendige Maßnahmen, damit aus Risiken keine Probleme werden.

Dr. Peter Hruschka (hruschka@b-agile.de) ist unabhängiger Trainer und Methodenberater. Er ist Prinzipal der Atlantic Systems Guild, eines internationalen Think Tanks von Methodengurus, deren Bücher den State-of-the-Art wesentlich mitgestaltet haben (www.systemsguild.com).

Effektiv = Ziele erreichen

Da das Begriffspaar „effektiv und effizient“ immer wieder für Missverständnisse sorgt, möchte ich die Bedeutung beider Wörter hier kurz gegenüberstellen.

Effizient = hoher Wirkungsgrad

Eine Lexikon-Definition des Begriffes „Effizienz“ lautet „Wirkungsgrad“, also das Verhältnis von Aufwand zu Ertrag. Wenn Sie Aufgaben effizient erledigen, dann arbeiten Sie also mit hohem Wirkungsgrad. Sie investieren für den gewünschten Ertrag einen minimalen Aufwand. Spitzensportler etwa vermeiden in ihren Disziplinen überflüssige Bewegungen oder Aktionen, was in hochgradig effizientem Ausführen der jeweiligen Sportart resultiert.

Prägnant ausgedrückt bedeutet das:

Effizient = Dinge richtig machen

Effektiv = zielorientiert

„Effektiv“ bedeutet zielorientiert. Sie arbeiten effektiv, wenn Sie Dinge erledigen, die zur Erreichung Ihrer konkreten Ziele notwendig sind. Auch für diesen Begriff wieder eine prägnante Definition:

Effektiv = Die richtigen Dinge machen

Es ist viel wichtiger, die richtigen Dinge zu erledigen, als irgendwelche Dinge besonders effizient zu tun.

Softwarearchitekten müssen in hohem Maße effektiv arbeiten. Kunden und Auftraggeber bestimmen Ziele, Architekten müssen sicherstellen, dass diese Ziele auch erreicht werden.

Effektiv = Agil und angemessen

Effektiv bedeutet auch, angemessen und bedarfsgerecht zu agieren. Auf die Entwicklung von Software angewandt heißt das, sich permanent an den Bedürfnissen der Kunden und Auftraggeber zu orientieren (und nicht starr an den Buchstaben eines formalen Vorgehensmodells). Ich plädiere in diesem Buch für Agilität in diesem Sinne.

Effektiv = Pragmatisch

Projekterfolg wird grundsätzlich vom Auftraggeber beurteilt, nicht vom Architekten. Auftraggeber wollen in erster Linie ein produktives System erhalten und nicht die Einhaltung eines starren Vorgehensmodells erzwingen. Architekten müssen daher den Zweck des Systems im Auge behalten.

Pragmatisches Vorgehen bedeutet:

- Auf Dogmen und starre Vorschriften zu verzichten, wo sie nicht angemessen sind.
- Zielorientiert (= effektiv) Lösungen im Sinne der Kunden zu entwickeln.
- Auf Perfektionismus zu verzichten. 80% des Ertrags erreicht man mit 20% des Aufwands.

1.3 Wer sollte dieses Buch lesen?

Grundsätzlich können alle Stakeholder[2] von diesem Buch profitieren und erhalten Antworten auf zentrale Fragen.

- Kunden und Auftraggeber
- Projektmanager:
  - Warum sollen Sie für Architektur Geld ausgeben? Warum ist Software-Architektur wichtig?
- Projektleiter:
  - Was kann Architektur im Projekt konkret bewirken?
  - Welche Aufgaben haben Software-Architekten?
  - Welche Tätigkeiten unterstützen oder vereinfachen sie?

[2] Im Verlaufe des Buches benutze ich den Begriff Stakeholder stellvertretend für diejenigen Personen, die am Projekt oder dem entwickelten System Interesse haben.

  - Welche Bedeutung hat die Dokumentation von Architekturen („Was bedeuten all diese Symbole?“)?
  - Welche grundlegenden Probleme und Lösungsansätze gibt es für die zentralen Bestandteile von Architekturen?
- Software-Architekten
  - Was sind die Methoden und Werkzeuge unserer Zunft?
  - Wie geht man beim Entwurf von Architekturen sinnvoll vor?
  - Welche praktisch erprobten Heuristiken und Ratschläge gibt es?
  - Warum sind die Schnittstellen ein wichtiger Teil des Entwurfs?
  - Warum sind sauber definierte Verantwortlichkeiten so wichtig?
  - Wie meistert man die externen Einflussfaktoren, die den Entwurf von Architekturen erschweren?
  - Welche Sichten auf Architekturen benötigt man in der Praxis? Wie entwirft man diese Sichten?
- Software-Entwickler
  - Was bedeutet die Architektur für die Implementierung?
  - Welche allgemeinen Prinzipien von Software-Architektur und -Entwurf sollten bei der Implementierung unbedingt befolgt werden?

1.4 Wegweiser durch das Buch

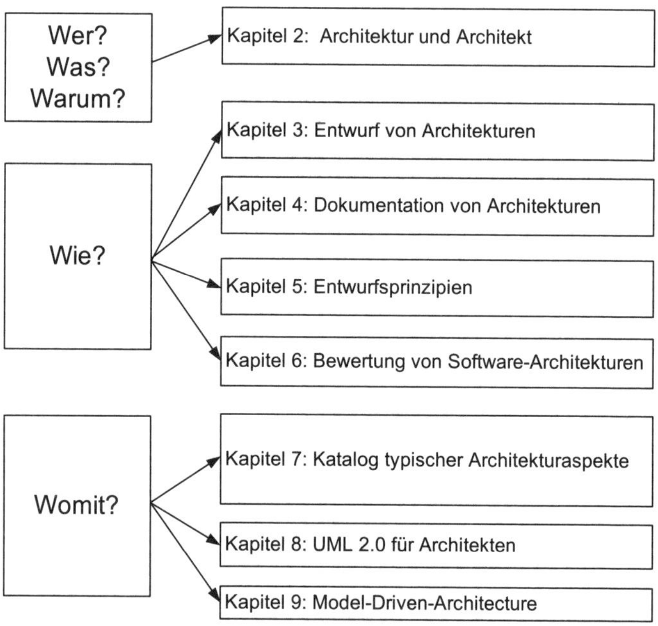

Abbildung 1.1 Wegweiser durch das Buch

Kapitel 2 erläutert die Begriffe „Architektur und Architekt". Es beantwortet die Fragen nach dem Was, Warum und Wer von Software-Architekturen.

Das „Wie" beantworte ich in den folgenden Kapiteln. Das dritte Kapitel legt den Grundstock für eine flexible und gleichzeitig systematische Vorgehensweise zum Entwurf von Software-Architekturen. Es beschreibt, wie man aus den Faktoren, die eine Architektur beeinflussen, angemessene Lösungsstrategien ableiten kann.

Kapitel 4 beschreibt, wie Sie mit praxisorientierten Sichten Ihre Software-Architekturen dokumentieren können. Jede Sicht hat einen anderen Aspekt des Systems im Fokus.

Kapitel 5 widmet sich grundlegenden Entwurfsprinzipien, die in unterschiedlichen Bereichen der Software-Entwicklung anwendbar sind. Es gibt Ihnen Werkzeuge an die Hand, unerwünschte Abhängigkeiten in Ihren Entwürfen zu erkennen und aufzulösen.

Kapitel 6 erklärt Ihnen die Bewertung von Software-Architekturen.

Kapitel 7 enthält einen Katalog von Architekturmustern und Architekturbausteinen, die in vielen Software-Systemen benötigt werden. Hierzu zählen Persistenz (Datenspeicherung), Integration, Verteilung, Kommunikation, Sicherheit, Technik und Ergonomie grafischer Benutzeroberflächen sowie übergreifende Ablaufsteuerung (Workflow Management).

Kapitel 8 bieten Ihnen eine kompakte Zusammenfassung der Modellierungssprache UML 2.0, abgestimmt auf die Bedürfnisse von Software-Architekten.

Kapitel 9 gibt Ihnen eine Kurzeinführung in die Model Driven Architecture und erklärt, wieso das eigentlich nichts mit Software-Architektur zu tun hat.

Jedes Kapitel enthält kommentierte Literaturverweise, die Ihnen eine Vertiefung erleichtern.

Tipps, Ratschläge, Heuristiken und Regeln

> Dieses Buch enthält eine Vielzahl praktischer Tipps, Ratschläge, Heuristiken und Regeln. Damit Sie diese Regeln leichter auffinden können, habe ich sie typografisch durch eine graue Schattierung hervorgehoben.

1.5 Webseite zum Buch

Die Website www.b-agile.de enthält eine Vielzahl von Ratschlägen und Tipps zur Agilität in Projekten.

Zu diesem Buch finden Sie dort viele nützliche Informationen, die aus Platzgründen ins Internet weichen mussten:

- Ausführlich kommentierte und durchgängig dokumentierte Beispiele von Software-Architekturen.
- Praxiserprobte Checklisten und Vorlagen zum Ausdrucken.
- Aktuelle Literaturhinweise.

1.6 Weiterführende Literatur

In [Beck99] finden Sie viele bewährte Praktiken der Softwareentwicklung, die viel zum Erfolg von Projekten beitragen können.

Jeder, der mit Software-Entwicklung zu tun hat, sollte das überaus pragmatische und praxisnahe Buch [Hunt+03] kennen.

[Kruchten2000] beschreibt den *Rational Unified Process*, einen Prozess zur Entwicklung von Software.

[VMH97] ist ein Einstieg in das V-Modell, das offizielle Vorgehensmodell zur Entwicklung von IT-Systemen bei deutschen Behörden.

1.7 Danksagung

Meinem fachlichen Mentor (und Initiator von *b-agile*), Peter Hruschka, danke ich für seine konstruktive Kritik, seine motivierenden Kommentare, Humor, Wiener Tee und leckere Pasta al dente.

Danke an meine Traumfrau, Cheffe Uli, für Engelsgeduld, Motivation und viele gemeinsame Milchcafés.

Danke an meine fleißigen, produktiven und geduldigen Mitautoren Kerstin Dittert, Wolfgang Korn, Dr. Martin Bartonitz und André Karalus.

Danke an meine Diskussionspartner, Reviewer und Unterstützer, durch deren Hilfe, Kommentare und Ergänzungen das Buch Form (und Inhalt) annehmen konnte: Gerald Baumann, Jens Coldewey, Dirk Däberitz, Josefine Danneberg, 2*Peter Edel, Alex Egyed, Katy Gericke, Markus Glagla, Holger Günther, Ralf Harder, Rich Hilliard, Joachim Höfener, Annette & Christoph Isselhard, Stefan Jablonski, Wolfgang Keller (alias Mr. *Review-Torture*), Craig Larman, Dieter Leitzgen, Mark Maier, Margarete Metzger, Marita Miekkoniemi-Jansen, Klaus Pohl, Uta Pollmann, Rolf Rosenbaum, Chris Rupp, Martina Schesny, Michael Stal, Klaus Terjung, Fritz Weichbrodt, Irene Weilhart und Stephan Wendler.

Lynn und Per, euer fröhliches Lachen, Toben, Planschen und Plärren hat mich oft an die wirklichen Prioritäten erinnert.

Zu guter Letzt vielen Dank an das Team der blueCarat AG für den freigehaltenen Rücken im schönen Sommer 2001.

> Architecture is about People.
>
> Norman Foster

2

Architektur und Architekten

Fragen, die dieses Kapitel beantwortet:

- Was ist Software-Architektur?
- Welche Aufgaben erfüllen Software-Architekten?
- Warum ist Architektur für Software-Systeme wichtig?
- In welchem Kontext steht Architektur?
- Wie entstehen Architekturen?

Dieses Kapitel beantwortet die Frage „Was ist Software-Architektur?“. Es beschreibt Architekturen im Kontext der gesamten Softwareentwicklung. Eine zentrale Stellung kommt der vielseitigen Rolle von Architekten zu.

Softwaresysteme werden zunehmend komplexer und umfangreicher. Damit nimmt die Bedeutung von Entwurf und Beschreibung grundlegender Systemstrukturen zu, während die Bedeutung der Auswahl von Programmiersprachen, Algorithmen und Datenstrukturen zurückgeht.

2.1 Was ist Architektur?

Software-Architektur beschäftigt sich mit Abstraktion,
mit Zerlegung und Zusammenbau,
mit Stil und Ästhetik. *[Kruchten95]*

Das renommierte Software Engineering Institute (SEI) der US-amerikanischen Carnegie-Mellon Universität hat vor einiger Zeit den Versuch gestartet, den Begriff „Software-Architektur" exakt zu definieren. Die entsprechende Webseite[1] wartet mit mehr als 50 unterschiedlichen Lesarten des Begriffes auf. Die einschlägige Fachliteratur kann hier mithalten – mehrere Dutzend unterschiedlicher Definitionen werben um die Gunst des Fachpublikums.

Statt zu dieser verwirrenden Vielfalt beizutragen, möchte ich Ihnen den Begriff „Software-Architektur" in einigen Absätzen erläutern.

Architektur ist Struktur

Strukturen, Zerlegung, Schnittstellen, Beziehungen

Die Architektur eines Softwaresystems besteht nach [Bass03] aus seinen Strukturen[2], der Zerlegung in Komponenten, deren Schnittstellen und Beziehungen untereinander.

Architektur muss demnach die Komponenten eines Systems definieren, deren wesentliche (extern sichtbaren) Merkmale beschreiben sowie die Beziehungen zwischen diesen Komponenten charakterisieren.

Damit beschreibt Architektur sowohl statische als auch dynamische Aspekte. Sie erfüllt sowohl die Aufgabe eines *Bauplans* als auch die eines *Ablaufplans* für Software.

Architektur bildet den Übergang von der Analyse zur Realisierung

Software-Architektur bildet den schwierigen Übergang von der Analysephase zur konkreten technischen Realisierung. Sie schlägt die Brücke zwischen der Fachdomäne und deren Umsetzung in Software, indem sie die geforderte Funktionalität auf eine Struktur von Softwarekomponenten und deren Beziehungen untereinander abbildet. Dabei gibt es Unterschiede, ob Sie:

- „auf der grünen Wiese" entwickeln – dann sind Sie relativ frei in der Wahl von Komponenten und der Abbildung der Fachdomäne auf Komponenten;
- ein Teilsystem innerhalb einer existierenden Systemlandschaft entwickeln – dann unterliegen Sie starken Restriktionen (die Sie ermitteln müssen);

---

[1] http://www.sei.cmu.edu/architecture/definitions.html

[2] Sie lesen richtig: Es sind mehrere unterschiedliche. Die weiter unten beschriebenen „Sichten" beschreiben dasselbe System, aber unterschiedliche Strukturen. Im weiteren Verlauf des Buches benutze ich aus Gründen der Lesbarkeit trotzdem meistens den Singular.

- nach einer vorgegebenen domänen-spezifischen Software-Architektur eines von vielen ähnlichen Systemen entwickeln. Dann reduziert sich die Architektur darauf, Fachlichkeit in eine bestehende Architektur zu gießen.

Architektur besteht aus verschiedenen Sichten

Gebäudearchitekten erstellen eine Vielzahl unterschiedlicher Pläne und Sichten für Gebäude. Einige Beispiele dafür sind Grundriss, Statik, Elektro- und Heizungsplan, 3D-Sicht. Jede dieser einzelnen Sichten dokumentiert einzelne Aspekte des Gesamtsystems. Den verschiedenen Projektbeteiligten wird damit eine spezifische und für deren Belange angemessene Sicht vermittelt. Jede Sicht ist für irgendeinen Stakeholder nützlich.

Unterschiedliche Sichten

Für Software-Architekturen gilt das völlig analog: Sie sollten Architekturen in unterschiedlichen Sichten beschreiben. Die wichtigsten Sichten für Software-Architekturen sind die Bausteinsicht, die Laufzeitsicht sowie die Zuordnungssicht, die eine Abbildung von Laufzeitbausteinen auf technische Infrastruktur (Hardware) beschreibt. Kapitel 4 beschäftigt sich ausführlich mit den Sichten, ihrer Notation und Entwicklung.

Architektur macht Systeme verständlich

Architektur schafft Ordnung

Software-Architekturen machen Komplexität von Systemen beherrschbar und verständlich, indem sie (komplexe) Anforderungen in (geordnete) Strukturen übersetzen und diese Strukturen übersichtlich dokumentieren.

Architektur ermöglicht Überblick

Für alle Projektbeteiligten dokumentieren sie angemessen und problembezogen die Struktur und das Zusammenwirken der einzelnen Komponenten. Architekturen stellen damit das Verständnis von Systemen für alle Projektbeteiligten sicher:

- Für das Management bilden sie die erste Möglichkeit der Verifikation, ob die Anforderungen erfüllbar sind und erfüllt werden.
- Für neue Projektmitarbeiter sind Architekturen der erste Schritt, sich mit der Struktur des Systems, seinem Entwurf und seinen Bestandteilen vertraut zu machen.
- Architekturen ermöglichen Wartungsteams, die betroffenen Bestandteile leichter zu finden und die Folgen von Änderungen abzuschätzen (*impact analysis*).
- Für Betreiber von Software-Systemen dokumentieren Software-Architekturen, welche Software-Komponenten auf welchen physischen Systemteilen ablaufen. Sie stellen damit die Basis integrierter System-Architekturen dar, die neben Software auch noch Hardware und Organisationsstrukturen umfassen.

Architektur ist der Rahmen für flexible Systeme

Architektur stellt Erweiterbarkeit sicher

Software-Architektur ist nach Tom DeMarco ein „*framework for change*". Sie bildet also den Rahmen, der Flexibilität und Erweiterbarkeit von Software sicherstellt.

Software-Architekturen berücksichtigen dabei die Auswirkungen externer Einflussfaktoren organisatorischer und technischer Art auf das System. Diese Faktoren sind häufig Auslöser neuer Anforderungen an das System. Sie bestimmen, in welcher Hinsicht das System Flexibilität besitzen muss.

Architektur ist Abstraktion

Architektur lässt nicht benötigte Informationen gezielt weg

Im ersten Moment mag es Ihnen unglaublich vorkommen: Eine essenzielle Aufgabe von Architekten besteht darin, die für eine bestimmte Aufgabe nicht benötigten Informationen gezielt wegzulassen, zu abstrahieren. Diese Abstraktion besitzt eine Analogie in der Gebäudearchitektur: Eine Grundrisszeichnung enthält beispielsweise keine Informationen über Elektro- und Wasserleitungen. Hier wird bewusst Information gefiltert, um eine spezifische Darstellung der Architektur lesbar und verständlich zu halten.

Architektur schafft Qualität

Die Qualität eines Systems bezeichnet die Summe seiner nichtfunktionalen Eigenschaften. Hierzu zählen Aspekte wie Performance, Verständlichkeit, Flexibilität und eine Reihe weiterer wichtiger Eigenschaften, die samt und sonders unabhängig von der eigentlichen Funktionalität eines Systems sind.

Anforderungen an Qualitätseigenschaften, so genannte nichtfunktionale Anforderungen (NF-Anforderungen), stellen häufig die wirklich schwierigen Aufgaben für Software-Architekten dar. Einen bestimmten Algorithmus ohne jegliche NF-Anforderungen zu programmieren, ist erheblich leichter, als dieses Programm gleichzeitig auch noch verständlich, erweiterbar und performant für viele parallele Benutzer zu entwickeln[3].

Die Architektur eines Systems bildet die Basis für dessen Qualität. Sie ist auch die Grundlage, um spezifische Qualitätseigenschaften bewerten zu können (Kapitel 6 erklärt Ihnen die Bewertung von Software-Architekturen).

In Abschnitt 3.7 (Lösungsstrategien entwickeln) finden Sie Tipps zur Erfüllung typischer Qualitätsanforderungen.

---

3 Das ist auch ein Grund, wieso sich Übungsbeispiele aus Programmierkursen fast nie in die Wirklichkeit übertragen lassen: Die (hohe) Komplexität nichtfunktionaler Anforderungen bleibt in solchen Beispielen in der Regel außen vor – genau die macht allerdings die Praxis der Softwareentwicklung so kompliziert!

Architektur und Design

„Architektur“ und „Design“ beschäftigen sich mit dem Entwurf von Systemen. Ich vertrete die Auffassung, dass die Grenze zwischen Software-Architektur und Software-Design fließend ist.

Damit rücken die Begriffe Design und Architektur sehr eng zusammen. Design oder Entwurf bezeichnen den Prozess der Erstellung der Architektur. Die Entwurfsphase konstruiert oder erschafft in diesem Sinne die Architektur.

Manchmal gehört der Entwurf einer konkreten Klassenstruktur zur Aufgabe von Architekten, in anderen Fällen werden zusätzliche Designer diese Aufgabe lösen. Gehen Sie mit diesen Begriffen pragmatisch um und suchen Sie nicht nach einer „formalen“ Definition.

Was NICHT Architektur ist ...

Betrachten Sie Abbildung 2.1. Diagramme dieser Art tauchen sehr häufig unter dem Titel „Architekturdiagramm“ auf (nach [Bass98]). Welche Informationen können Sie dieser Darstellung entnehmen?

- Das System enthält vier Teile.
- Drei davon könnten Gemeinsamkeiten aufweisen, weil sie auf einer Ebene angeordnet sind.
- Die Teile stehen aufgrund der Verbindungslinien in Beziehung zueinander.

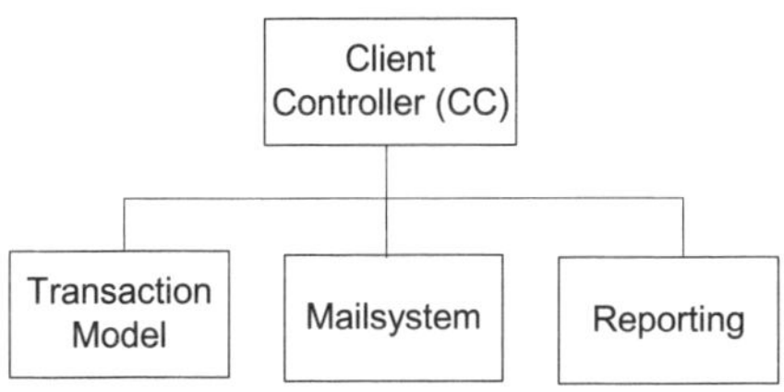

Abbildung 2.1: Typische, aber wenig informative Sicht einer Architektur

Eine ganze Reihe wichtiger Informationen jedoch fehlen:

- Um welche Art Komponenten handelt es sich? Müssen sie neu entwickelt werden oder handelt es sich um vorhandene Systeme? Warum sind sie in der Darstellung getrennt? Bezieht sich diese Trennung eher auf die Laufzeit der Komponenten oder auf ihre Entwicklung in getrennten Teams? Repräsentieren diese Komponenten, Klassen, Objekte, Funktionen, Prozeduren, verteilte oder lokale Subsysteme oder etwas ganz anderes?
- Welche Bedeutung besitzen die Verbindungen? Kommunizieren jeweils verbundene Komponenten miteinander, kontrollieren sie sich gegenseitig, übermitteln sie sich gegenseitig Daten, rufen sie sich gegenseitig auf, synchronisieren sie sich? Mit welchen Mechanismen wickeln die Komponenten diese Kommunikation oder Zusammenarbeit ab?

- Besitzen die Komponenten oder das System Schnittstellen zur Außenwelt? Handelt es sich dabei um eine Benutzer- oder Programmierschnittstelle? Welches Ein-/Ausgabeverhalten zeigt das System?
- Besitzt die grafische Anordnung der Elemente eine Bedeutung? Ruft die Komponente CC die übrigen auf? Bedeutet diese Anordnung eine Hierarchie im Sinne von Verantwortlichkeit?
- Wie arbeitet dieses System zur Laufzeit? Wie gelangen Daten und Aufrufe von einer Komponente zur anderen? Gibt es von jeder Komponente eine Instanz oder mehrere?
- Wie kann geprüft werden, ob das fertig implementierte System der Architektur genügt?

Anhand dieser Fragen merken Sie, dass dieses Diagramm keine Architektur zeigt, zumindest nicht auf nützliche Art und Weise. Darstellungen dieser Art können Architekturen allenfalls ergänzen, sie bedürfen aber in erheblichem Maße der Präzisierung und Erläuterung.

Wenn Ihnen jemand die Darstellung einer Architektur vorlegt, stellen Sie folgende Fragen (die in einer guten Architekturdokumentation immer beantwortet sind):

- Welche Verantwortlichkeiten (*responsibilities*) hat jedes der Kästchen und Verbindungslinien im Diagramm?
- Welche Semantik hat jede Verbindungslinie? Was wird zu welchem Zeitpunkt über diese Verbindungen transportiert?
- Für jede Verbindungslinie: Warum existiert sie?

Mit diesen Fragen können Sie manch einen praktizierenden Architekten in Projekten anregen, seine Dokumente grundlegend zu verbessern.

2.2 Die Aufgaben von Software-Architekten

Das Leben von Software-Architekten besteht aus einer langen und schnellen Abfolge suboptimaler Entwurfsentscheidungen, die meist im Dunkel getroffen werden. *[Kruchten2001]*

Software-Architekten müssen deutlich mehr leisten, als „nur" Software-Architekturen zu entwerfen: Sie sind die „Anwälte der Kunden" und die Berater von Projektleitung und Realisierungsteam.

Architekten konstruieren und entwerfen

Software-Architekten entwerfen und konstruieren alle Bestandteile, die für Entwicklung, Betrieb und Wartung eines Software-Systems notwendig sind:

- Komponenten: Architekten konstruieren Systeme aus Komponenten, die ihrerseits wieder komplexe Subsysteme sein können. Architekten definieren die *Verantwortlichkeiten* von Komponenten.

Verantwortlichkeiten definieren

- Schnittstellen: Über Schnittstellen kommuniziert ein System mit der Außenwelt. Schnittstellen beschreiben die „Verträge", auf deren Basis Komponenten miteinander arbeiten (*design by contract*). Die Zusammenarbeit von Komponenten über Schnittstellen ermöglicht es dem System, mehr zu leisten, als die Summe seiner Einzelteile leistet. Diese Kooperation befähigt ein System, die gewünschte Funktion zu erfüllen.

Schnittstellen beschreiben

- Strukturen: Durch Komponenten und ihr Zusammenspiel entwerfen Architekten sowohl statische als auch dynamische Strukturen.

Strukturen entwerfen

Architekten garantieren die Erfüllung von Anforderungen

Software-Architekten stellen die *Machbarkeit* und *Erfüllung* von Anforderungen sicher. Sie gewährleisten, dass Anforderungen einerseits erfüllbar sind und andererseits auch erfüllt werden. Dies bezieht sich sowohl auf die funktionalen Anforderungen (*required capabilities)* als auch auf die nichtfunktionalen Anforderungen und Randbedingungen (*required constraints)* .

Architekten belegen Machbarkeit

Architekten belegen die Machbarkeit des Systems durch Prototypen.

Nicht zuletzt sorgen Architekten auch dafür, dass Systeme mit angemessenen Kosten realisiert werden können!

Architekten beraten

Software-Architekten beraten andere Projektbeteiligte in architekturrelevanten Fragestellungen. Sie beraten:

- Management und Auftraggeber bei der Projektplanung und -organisation.
- Auftraggeber und Analyseteams hinsichtlich der Machbarkeit von Anforderungen. Dazu unterstützen sie bei der Bewertung von Kosten und Nutzen von Anforderungen. Sie klären die Auswirkungen von Anforderungen auf die Struktur, die Realisierung und den Betrieb von Systemen.
- Projektleiter bei der Organisation und Steuerung des Realisierungsteams.
- Die Projektleitung beim Management (technischer) Risiken. Architekten müssen aber auch organisatorische Risiken kennen und berücksichtigen.
- Das Implementierungsteam bei der Umsetzung der Architektur in Software. Dazu müssen Architekten das Team von der Architektur überzeugen und entsprechend ausbilden.
- Die Hardware-Architekten und Betreiber des Systems hinsichtlich der Anforderungen, die das System an die zugrunde liegende Hardware stellt.
- Die Qualitätssicherung hinsichtlich der Kritikalität und Testbarkeit von Systembestandteilen.

Architekten dokumentieren

Damit Projekte agil, flexibel und kurzfristig wandlungsfähig bleiben, müssen Architekten in hohem Maße angemessen und bedarfsgerecht arbeiten.

Angemessen dokumentieren

Im Wesentlichen kommt es darauf an, dass die Dokumentation angemessen ist. Sowohl Art als auch Umfang und Detaillierung müssen sich an den Bedürfnissen der jeweiligen Adressaten orientieren. Manchmal genügt eine kurze Skizze („auf der Rückseite eines gebrauchten Briefumschlags"), manchmal ein detailliertes UML-Diagramm, und in anderen Fällen treffen nur ausführliche und umfangreiche Dokumente die Bedürfnisse der Adressaten.

Kapitel 4 zeigt Ihnen, wie Sie eine bedarfsgerechte Dokumentation von Architekturen erstellen können.

Architekten sind Diplomaten und Akrobaten

Als Diplomaten schließen Architekten Kompromisse zwischen widersprüchlichen oder konkurrierenden Forderungen.

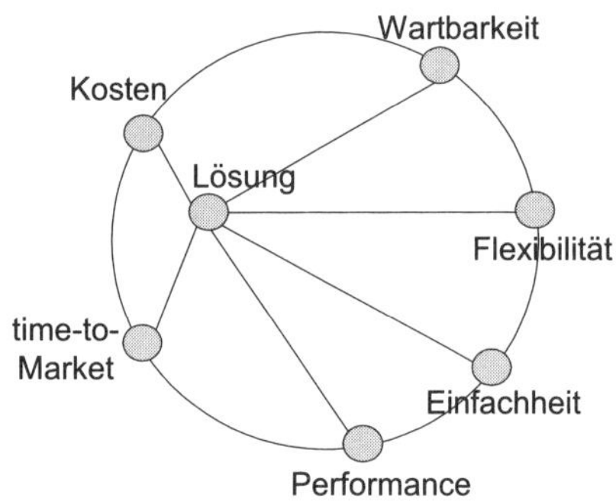

Abbildung 2.2: „Gummiband-Diagramm": Lösung als Kompromiss

Tabelle 2.1: Konkurrierende Faktoren, die Kompromisse und Balance benötigen

Form	←→	Funktion
Systemanforderungen	←→	externe Einflussfaktoren
Strikte Kontrolle	←→	Agile Entscheidungen
Kosten & Termine	←→	Leistung
Komplexität	←→	Einfachheit
Neue Technologien	←→	Etablierte Technologien
Top-Down-Planung	←→	Bottom-Up-Realisierung
Kontinuierliche Verbesserung	←→	Produktstabilität
Minimale Schnittstellen	←→	Enge Integration

Als Akrobaten balancieren Architekten mit einer Vielzahl von Faktoren, die sich gegenseitig beeinflussen. Tabelle 2.1 zeigt einige solcher Faktoren (nach [Rechtin2000]), die in gegenseitigem Wettbewerb miteinander stehen (und für Architekten die Arbeit interessant machen). Abbildung 2.2 zeigt eine Lösung in Abhängigkeit der Stärke solche Forderungen und Einflüsse.

Architekten müssen vereinfachen

Die wichtigste Regel für Architekten lautet:[4] Vereinfache! Vereinfache! Vereinfache! Eine andere Lesart lautet: Weniger ist (manchmal) mehr!

Entwurfs-
prinzipien:
Kapitel 5

Einfache Strukturen sind leichter und günstiger realisierbar, einfacher verständlich, weniger fehleranfällig. Die zuverlässigste, preiswerteste und robusteste Komponente eines Systems ist diejenige, die erst gar nicht realisiert werden muss!

Architekten kommunizieren

Architekten müssen den anderen Stakeholdern die Architektur vermitteln und sie von den Architekturentscheidungen überzeugen. Dazu gehört sowohl der Wille als auch die Fähigkeit, technische Sachverhalte für unterschiedliche Stakeholder angemessen aufzubereiten (siehe Kapitel 4), zu präsentieren und zu diskutieren.

Gute Software-Architekten zeichnen sich dadurch aus, dass sie ihre Ideen, Entwürfe und Entscheidungen aktiv an die übrigen Projektbeteiligten kommunizieren können. Architekten:

- erläutern und argumentieren ihre Entscheidungen, falls nötig verteidigen sie diese auch gegen Angriffe. Hierfür benötigen sie diplomatisches Geschick - davon wird im folgenden Abschnitt die Rede sein.
- überzeugen das Projektteam von Strukturen und Schnittstellen, indem sie Vor- und Nachteile transparent darstellen und unter den Rahmenbedingungen und Einflüssen des konkreten Projektes gegeneinander abwägen.
- präsentieren und vermarkten die Architektur, sodass möglichst alle Projektbeteiligten sie als DIE Architektur akzeptieren und in technischer Hinsicht an einem Strang ziehen.
- unterrichten und coachen: Architekten treten als Berater, Trainer oder Lehrer auf, um das benötigte Know-How im Team zu verbreiten.

Für diese Aufgaben benötigen Software-Architekten starke kommunikative Fähigkeiten, sollten motivieren, präsentieren und argumentieren können. Fundierte technische Kenntnisse stellen lediglich eine *notwendige* Voraussetzung für diesen Teil der Architekturarbeit dar.

---

[4] nach [Rechtin2000], dem Kultbuch von System-Architekten.

Architekten bewerten

Zielerreichung bewerten

Architekten müssen die Güte der Architekturen bewerten, um jederzeit den Grad der Zielerreichung zu kennen. Sie müssen wissen, ob und an welchen Stellen der Systeme nichtfunktionale Anforderungen (wie etwa Performance) riskant oder kritisch sind. Aus dieser objektiven Bewertung heraus können Architekten Maßnahmen zur Optimierung oder Risikominderung ableiten - in der Regel gemeinsam mit anderen Projektverantwortlichen.

Mehr zur Bewertung von Architekturen finden Sie in Kapitel 6.

Architekten brauchen Mut

Unter Unsicherheit entscheiden

Am Ende eines erfolgreichen Projektes ist es sehr einfach, Entwurfsentscheidungen zu kritisieren. Zu diesem Zeitpunkt weiß man viel über Techniken, Produkte und auch Anforderungen, was Architekten mitten im Projektstress teilweise nur vermuten können. Architekten verfügen aus reinen Zeitgründen oftmals nicht über genügend Informationen, um optimale Entscheidungen zu treffen. Damit das Projekt weiterlaufen kann, müssen Architekten in solchen Fällen Mut zu (möglicherweise) suboptimalen Entscheidungen unter Unsicherheit aufbringen.

Architekten können die Schuld nicht auf diejenigen schieben, die die Anforderungen gestellt haben. Allerdings sollten Architekten die übrigen Projektbeteiligten möglichst frühzeitig auf mögliche Konsequenzen bestimmter (kritischer) Anforderungen hinweisen.

Was sind die Werkzeuge von Architekten?

Die Werkzeuge von Architekten sind:

Modell

- Modelle, also vereinfachte Abbildungen und Abstraktionen der Wirklichkeit.

Dokumentation

- Dokumentation von Systemen dient Architekten als Grundlage effektiver Kommunikation mit anderen Projektbeteiligten. Dokumentation enthält neben Modellen noch weitere Informationen. Siehe dazu Kapitel 4.

Heuristik

- Heuristiken (griechisch: *heuriskein*, einen Weg finden, führen): Erfahrungen, Regeln, Tipps. Dieses Buch enthält viele solcher Heuristiken und Tipps. Siehe dazu insbesondere Kapitel 5.

Pattern/Muster

- Muster (*patterns*): Einfach anwendbare Vorlagen oder Schablonen für elegante Lösungen zu spezifischen Entwurfsproblemen.[5] Durch Muster können Architekten Wiederverwendung auf hohem Niveau betreiben. Beispiele für Entwurfs- und Architekturmuster finden Sie in Kapitel 5 und 6.

---

[5] In der *Pattern Community* sind auch Muster für organisatorische Probleme, Prozessprobleme sowie Implementierungsprobleme beschrieben.
Siehe http://www.hillside.net/~patterns

- Zerlegung (Partitionierung): Architekten beherrschen Komplexität durch Zerlegung in Teilprobleme. Sie finden mehr über Zerlegung in Kapitel 5. Zerlegung
- Zusammensetzung (Aggregation): Das Gegenstück zur Zerlegung. Architekten setzen Einzelteile zu Software-Systemen zusammen. Aggregation
- Iteration: Software-Projekte brauchen iterative Prozesse und kurzfristiges Feedback. Daher sollten auch Architekten in Iterationen und Zyklen vorgehen. Anders ausgedrückt: Bei der Vielzahl von Einflussfaktoren und Anforderungen an Software ist es häufig schwierig, schon im „ersten Wurf" das Ziel exakt zu treffen. Iterationen
- Compiler, Debugger und Prototypen: Diese Hilfsmittel benötigen Architekten, wenn es gilt, technische Risiken zu überprüfen (*architect also implements*, nach [Coplien95]). Compiler, Debugger, Prototypen

Fazit: Darum kümmern sich Software-Architekten!

Sie haben in den letzten Abschnitten das Aufgabenspektrum von Software-Architekten kennen gelernt. Abbildung 2.3 stellt Ihnen im Überblick dar, worum sich Software-Architekten in IT-Projekten kümmern sollten. Sie finden darin eine Zusammenstellung typischer technischer und organisatorischer Aspekte, deren Entscheidung in der Verantwortung des Architekten liegt.

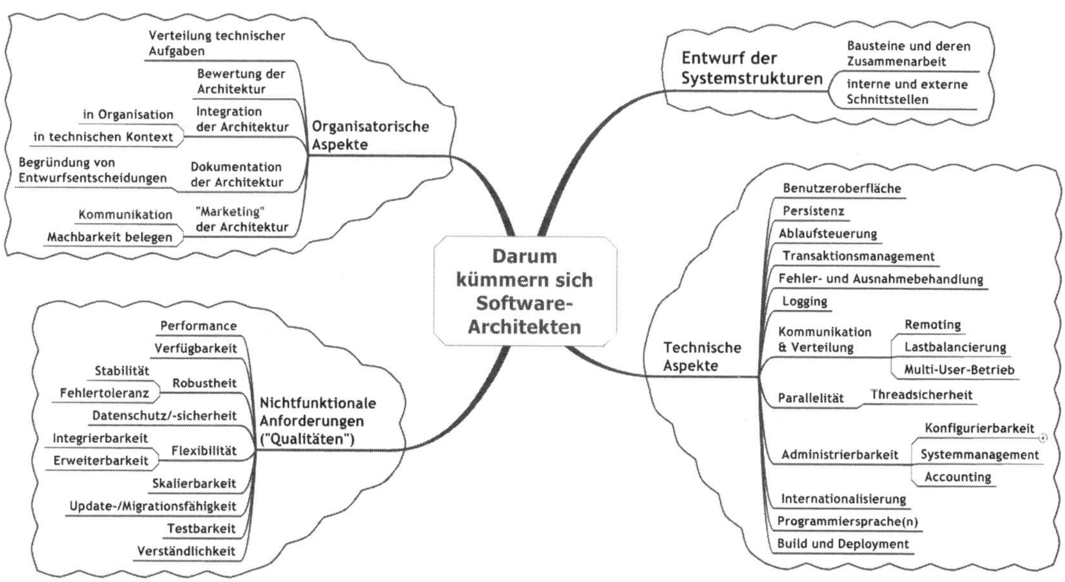

Abbildung 2.3: Zusammenfassung der Aufgaben von Software-Architekten

Der nächste Abschnitt gibt Ihnen einige Anhaltspunkte, wie Sie die Fülle dieser Aufgaben angehen können: iterativ und in kleinen Teams.

2.3 Wie entstehen Architekturen?

In Zyklen und Iterationen

Iterativ und inkrementell vorgehen

Die Anforderungen an Software, ihre Randbedingungen und Einflussfaktoren ändern sich. Am Ende eines Projektes sieht die tatsächliche Lösung immer etwas anders aus als zu Projektbeginn geplant. Die Entwicklung von Software-Systemen ähnelt der Verfolgung von beweglichen Zielen (*moving targets*). Abbildung 2.4 illustriert, wie sich Zwischenlösungen und das bewegliche Ziel im Projektverlauf durch Iterationen immer besser annähern.

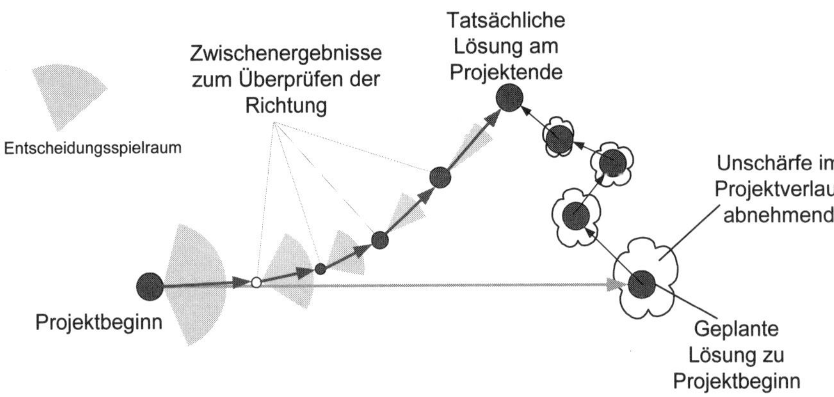

Abbildung 2.4: Verfolgung des „*Moving Target*" im iterativen Entwicklungsprozess (mit freundlicher Genehmigung von Klaus Eberhardt, www.iteratec.de)

Architecture Business Cycle

Gute Architekturen entstehen in Zyklen und Iterationen. Entwurfsentscheidungen können Rückwirkung auf Anforderungen beinhalten und damit auch organisatorische Abläufe beeinflussen (siehe Abbildung 2.5). [Bass98] nennen diesen Zyklus den „*Architecture Business Cycle*".

Die Abbildung zeigt, dass sowohl die Architektur als auch das fertige System Rückwirkungen auf die Organisation beinhalten. Architekten gewinnen durch diese Rückkopplungen Erfahrung, indem Sie die Auswirkungen der von ihnen gestalteten Systeme auf Organisationen erleben. Beachten Sie in diesem Zusammenhang auch die zeitlose Regel von Conway:[6]

Die Struktur einer Organisation und ihrer Architektur sind isomorph.

Architekturen, Organisationen und Systeme beeinflussen sich gegenseitig.

[6] Er hat sie schon 1968 formuliert. Sie finden eine ausführliche Erläuterung im Internet unter http://i44pc438.info.uni-karlsruhe.de/cgi-bin/OrgPatterns?ConwaysLaw

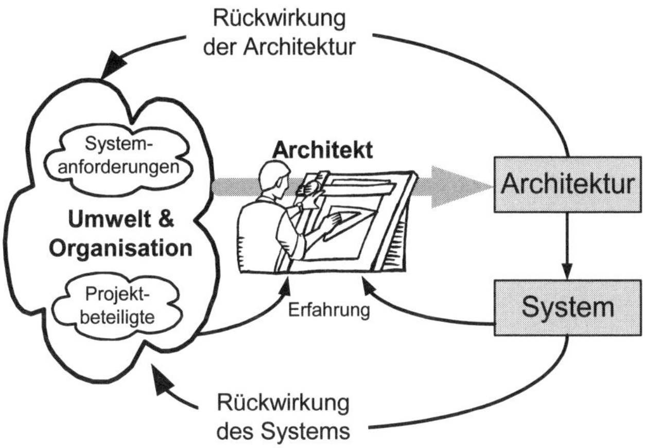

Abbildung 2.5: Iterationen zwischen Architektur, Organisation und System (nach [Bass98])

In kleinen Teams

Gute Architekturen sind das Ergebnis eines kleinen Teams mit dem gemeinsamen Ziel, die Anforderungen des Kunden zu erfüllen.

Gemischte Erfahrung: Software und Fachdomäne

Zum Erfolg braucht dieses Team eine gute Mischung aus Erfahrungen in Software-Engineering und der jeweiligen Fachdomäne. Es benötigt Flexibilität hinsichtlich seiner internen Struktur und Arbeitsweise. Einzelne werden vielleicht zu Architekten von Subsystemen, andere werden zu fachlichen und organisatorischen Beratern des Kunden.

Wichtig ist jedoch ein klar identifizierter Teamleiter[7] mit folgenden Stärken:

- In Konflikten vermitteln und sie lösen.
- Mutige Entscheidungen treffen. Mutig bedeutet hierbei „zur Not unter Unsicherheit", es sollte nicht mutig im Sinne unerprobter Technologie sein.[8]
- Motivieren.
- Kommunizieren.
- Strukturieren.

Vorgehen: Kapitel 3 und 4

Als Antwort auf die Frage nach dem „Wie" von Software-Architekturen stelle ich Ihnen in Kapitel 3 und 4 eine flexible und systematische Vorgehensweise vor, mit der Sie Architekturen entwerfen können.

7 Sie finden in Projekten für diese Rolle manchmal andere Bezeichnungen, etwa Chefarchitekt, Chief Technical Officer (CTO) oder Technischer Projektleiter.

8 Erproben Sie Technologie im Zweifelsfall durch Prototypen.

Wie Architekturen nicht entstehen sollten

- Im Architekturkomitee, das jeden Donnerstag um 15.00h im großen Besprechungsraum tagt.
- Im Elfenbeinturm, losgelöst von Kunden, Auftraggebern, der Projektleitung und dem Realisierungsteam.
- Nur auf bunten Marketing-Folien[9].
- Als „Wir machen jetzt <Name-der-bevorzugten-Technologie>. Die Datenbank ist nicht die Architektur, ebenso wenig das Netzwerk, der Transaktionsmonitor, CORBA, die 4-GL-Sprache oder ein beliebiger Standard. Diese Begriffe sind Teile oder Aspekte der Architektur, aber die Architektur kann nicht nur aus einem isolierten Aspekt bestehen [Kruchten2001].

2.4 In welchem Kontext steht Architektur?

Zentrale Rolle

In Softwareprojekten nimmt Architektur eine der zentralen Rollen ein. Sie fungiert als Brücke zwischen der Analyse und der Implementierung. Gleichzeitig dient die Architektur fast allen Projektbeteiligten als Leitbild oder Referenz.

Abbildung 2.5 (nächste Seite) zeigt, wie Softwarearchitektur mit anderen Entwicklungsaktivitäten zusammenhängt. In allen Fällen beeinflussen sich die Aktivitäten gegenseitig. Das stellt ein weiteres Argument für die iterative Entwicklung dar. Nur durch Iterationen können Architekten die gegenseitigen Einflüsse aufeinander abstimmen.

Architektur und Anforderungsanalyse

In der Anforderungsanalyse werden die fachlichen und technischen Anforderungen an das System formuliert. Dazu gehören:

- funktionale Anforderungen (Required Capabilities);
- nichtfunktionale (Qualitäts-)Anforderungen (Required Constraints).

Auf Basis dieser Anforderungen und der externen Einflussfaktoren entsteht die Softwarearchitektur. Architekten prüfen die genannten Anforderungen hinsichtlich ihrer Umsetzbarkeit und stimmen gegebenenfalls Änderungen mit den Analyseteams ab.

---

9 Bunte Marketingfolien *können* ein wichtiges Instrument zur Kommunikation der Architektur an Manager oder Auftraggeber sein. Diese Art von Architekturdokumentation, in der Regel extrem abstrahiert, vereinfacht und für nicht-technische Projektbeteiligte ausgelegt, kann für die Akzeptanz von Architekturen höchst bedeutsam werden.

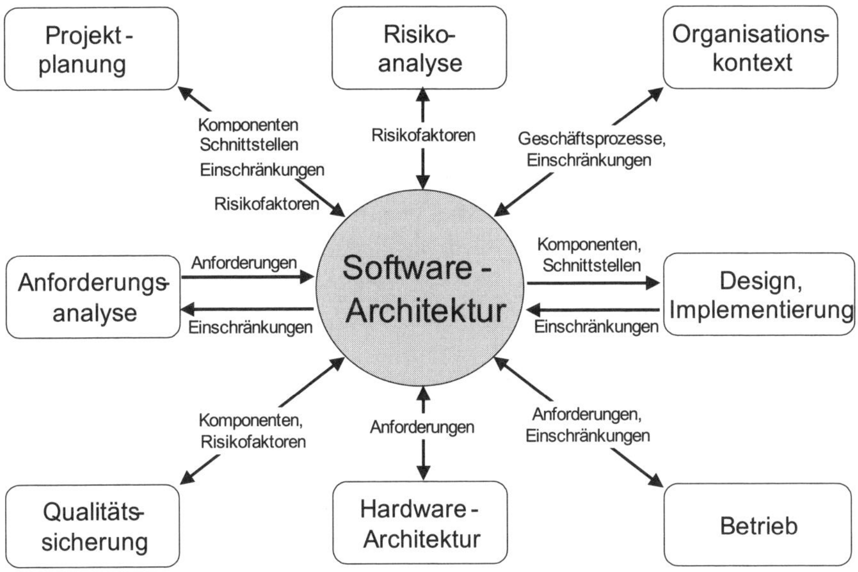

Abbildung 2.6: Architektur und andere Entwicklungsaufgaben

Hierbei kommt es häufig vor, dass die Architektur weitreichende Rückwirkungen auf die Anforderungen hat. Architekten entscheiden häufig über die technische Machbarkeit fachlicher Anforderungen. Sie üben damit auch maßgeblichen Einfluss auf die detaillierte Projektplanung aus. Ein Auftraggeber wird eventuell auf eine „teure" Anforderung verzichten, um den Erfolg des Gesamtprojektes zu sichern oder ein vernünftiges Kosten/Nutzen-Verhältnis einzuhalten.

Architektur beeinflusst Anforderungen

Es gehört zur Aufgabe des Architekten, die Anforderungen zu präzisieren, sie zu vervollständigen, ihre Auswirkungen zu prüfen und ihre Machbarkeit sicherzustellen!

> *Ein Architekt, der zu Beginn seiner Arbeit vollständige und konsistente Anforderungen benötigt, mag ein brillanter Entwickler sein – aber er ist kein Architekt.* *[Rechtin2000]*

Die Analysephase eines Projektes bestimmt oftmals dessen fachlichen Umfang (*scope*). Sie stellt sicher, dass das „richtige" System entwickelt wird. Die Entwurfsphase stellt sicher, dass das System „richtig" entwickelt wird (nach [Larmann2001]).

Analyse = das Richtige entwickeln

Der Scope eines Projektes ist die wichtigste Entscheidung überhaupt. Ein unklar definierter und bei den Entscheidern umstrittener Projektumfang gehört zu den größten Projektrisiken überhaupt!

Entwurf = richtig entwickeln

Architektur und Projektplanung

Aufgabenplanung

Großen Einfluss besitzt die Architektur auch auf die Projektplanung. Auf Basis der zu realisierenden Komponenten und Schnittstellen kann die Projektleiterin eine detaillierte und realistische *Work Breakdown Structure* und einen entsprechenden Projektplan erstellen.[10] Die Architektur bietet der Projektleitung die Möglichkeit, eine detaillierte Aufgabenplanung vorzunehmen, insbesondere für die Aktivitäten innerhalb der Implementierungsphase sowie die Hard- und Softwarebeschaffung für Entwicklungs-, Test- und Produktionsumgebung.

Architektur und Risikoanalyse

Risikomanagement

Architekten können (und sollten) zur Risikoanalyse und zum Risikomanagement von Projekten erheblich beitragen. Sie können technische und organisatorische Risiken erkennen und bewerten und darauf abgestimmte, angemessene Lösungsstrategien mit der Projektleitung abstimmen.

Arbeiten Sie als Architekten beim Risikomanagement eng mit Projektleitung, Kunden und Auftraggebern zusammen. Das gibt Ihnen die Möglichkeit, Risiken und passende Maßnahmen im Sinne von Lösungsstrategien aktiv zu steuern.

Mehr über Risikomanagement, Einflussfaktoren und Lösungsstrategien finden Sie in Kapitel 3.

Architektur und Organisationskontext

Organisatorische Faktoren: Kapitel 3

Softwaresysteme entstehen in einem organisatorischen Kontext, der ihre Entwicklung und damit verbunden auch die resultierende Architektur maßgeblich beeinflusst. Zu den organisatorischen Faktoren zählen etwa:

- Entwicklungsprozess
- Motivation und Erfahrung aller Beteiligten
- Termin- und Kostendruck

Manche Organisationen benutzen Vorgehensmodelle (wie z.B. das V-Modell [VMH97] oder den Rational Unified Process [Kruchten2001]), die den gesamten Prozess der Systementwicklung mehr oder minder detailliert beschreiben. Solche Vorgehensmodelle prägen durch ihre teilweise detaillierten Vorgaben die Erstellung von Architekturen.

[10] Leider zeigt die Praxis oftmals ein anderes Bild: Projektleiter planen ohne Kenntnis von Architekturen. Dies führt im weiteren Projektverlauf zu Problemen, weil es zwei unterschiedliche Planungsstrukturen gibt: Eine gemäß der Projektleitung und eine gemäß der Architektur.

Umgekehrt kann die Architektur auch organisatorische Abläufe bestimmen. Betriebswirtschaftliche Ablauf- oder Prozessoptimierung kann sich an Vorgaben oder Gegebenheiten von Systemarchitekturen orientieren.

Architektur und Design/Implementierung

Architekturen bilden den abstrakten Rahmen, der durch die Implementierung zum laufenden System wird. Architekten bestimmen die zu implementierenden Komponenten. Technische Details der Implementierung können die Architektur beeinflussen, indem sie Randbedingungen vorgeben.

Architektur und Betrieb

Die Architektur bestimmt die Art der Laufzeitkomponenten und beeinflusst damit den Betrieb eines Systems. Die für den Betrieb verantwortlichen Stakeholder müssen eine der Architektur entsprechende Laufzeitumgebung für das System bereitstellen. Diese umfasst beispielsweise Prozessoren, Speicher, Netzwerke, Betriebssysteme, Datenbanken und sonstige Software-Services.

(Software-)Architektur und Hardwarearchitektur

Bei der Erstellung komplexer Systeme müssen Software- und Hardwarearchitekten Hand in Hand arbeiten, weil sich beide gegenseitig beeinflussen. Insbesondere betrifft dies Qualitätsanforderungen, wie etwa Performanz, Hochverfügbarkeit oder Sicherheit.

Besonders kritisch stellt sich die Zusammenarbeit zwischen Software- und Hardwarearchitekten bei den so genannten eingebetteten Systemen (*Embedded Systems*) dar, weil dort essenzielle Systemfunktionen sowohl von Soft- als auch von Hardware wahrgenommen werden können. Details dazu finden sich in [Hatley2000] oder [b-agile2002a].

Architektur und Qualitätssicherung

Auf Basis der Softwarearchitektur kann die Qualitätssicherung eines Projektes gemeinsam mit dem Architekturteam die gestellten Anforderungen hinsichtlich ihrer Erfüllbarkeit bewerten.

Daneben sollte die Qualitätssicherung auf Basis der Architektur die Testplanung vornehmen. Die so genannten Black-Box-Tests können auch ohne Kenntnis der Architektur geplant werden. Jedoch besitzen in vielen Fällen auch White-Box-Tests große Bedeutung für die Qualität von Systemen. Diese Tests beziehen sich explizit auf einzelne Systemkomponenten.

2.5 Weiterführende Literatur

[Bass+03] ist eine ausführliche und gründliche Einführung in das Thema Software-Architektur.

[Coplien95] beschreibt eine Vielzahl von „Organisational Patterns", die für Architekten große Bedeutung besitzen. Dazu gehören unter anderem: „Architekt steuert das Produkt", „Architekt implementiert", „Entwerfe zu zweit", „Belohne Erfolg" und einige andere. Diese Muster sind für Architekten wie für Projektleiter und Auftraggeber gleichermaßen wertvoll.

[Hatley2000] beschreibt einen Prozess zum systematischen Entwurf von Software-Architekturen, der sich besonders gut für *Real-Time* und *Embedded* Systeme eignet.

[Rechtin2000] ist eine ausführliche und verständliche Einführung in „System-Architektur". Die Autoren zeigen viele Gemeinsamkeiten zwischen Architekturen in unterschiedlichen Fachgebieten (etwa: Flugzeugbau, Gebäudearchitektur, Software-Architektur). Sie motivieren die Aufgabe der Architekten als „Anwälte der Kunden". Eine Kernthese lautet: Architekten müssen auf Heuristiken (als kodifiziertes Erfahrungswissen) zurückgreifen. Das Buch enthält mehr als hundert solcher „Ratschläge", die Sie auf jede Art von Architektur anwenden können.

[SEI2001] vergleicht verschiedene Definitionen des Begriffs „Software-Architektur" miteinander. Der Artikel zeigt eindrucksvoll, wie unterschiedlich und vielseitig die Fachwelt diesen Begriff interpretiert.

[Shaw96a] zeigen auf, welche Erkenntnisse über Software-Architekturen noch fehlen und begründet mit ihren Problemdefinitionen die systematische Forschung auf diesem Gebiet. Daneben stellen sie einige Architektur-Stile vor.

Erfahrung ist die härteste Lehrerin.
Sie gibt Dir zuerst den Test und
anschließend den Unterricht.

Susan Ruth[1], 1993

3

Entwurf von Architekturen

Fragen, die dieses Kapitel beantwortet:

- Wie sollte man beim Entwurf von Software-Architekturen vorgehen?
- Welche Rolle spielt die systematische Informationsbeschaffung über existierende Projekte?
- Wie entwickelt man eine „erste Vorstellung“ vom System?
- Wie findet man die relevanten Einflussfaktoren?
- Wie beschreibt man Qualität?
- Wie berücksichtigt man diese Einflüsse beim Entwurf von Architekturen?
- Welche typischen Projektrisiken gibt es?
- Welche Lösungsstrategien adressieren diese Projektrisiken?

Wie sollen Architekten vorgehen?

Die schlechte Nachricht zuerst: Es gibt kein deterministisches Verfahren, das in jedem Fall zu guten Software-Architekturen führt.[2]

Und jetzt die gute Nachricht: Abbildung 3.1 zeigt einige grundlegende Aktivitäten, die Ihnen beim effektiven Entwurf von Architekturen helfen. Sie gehen auf die Erfahrungen vieler erfolgreicher Software-Architekten zurück.

---

[1] Zitiert nach [Rechtin2000].

[2] Architekturen würden dann automatisch generiert und Sie hätten dieses Buch nicht gekauft.

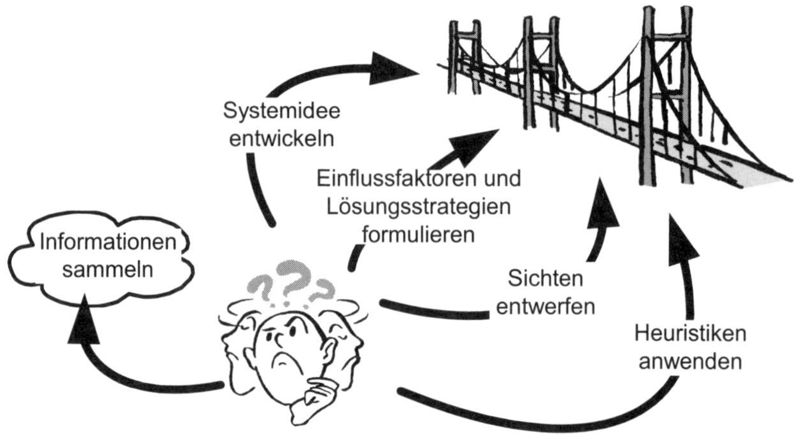

Abbildung 3.1: Systematischer Entwurf von Software-Architekturen

Komponenten wieder-verwenden

- Informieren Sie sich systematisch darüber, wer eine ähnliche Aufgabe vor Ihnen gelöst hat. Sammeln Sie Informationen und Lösungsideen.
- Entwickeln Sie systematisch die grundlegende Systemidee. Dazu orientieren Sie sich zuerst und entwickeln erste Strukturen. Abschnitt 3.2 hilft Ihnen, bei diesem ersten Wurf genau zu zielen.[3]

Einflussfaktoren finden

- Identifizieren Sie projektspezifische Einflussfaktoren und entwickeln Sie passende Lösungsstrategien. Die Abschnitte 3.3 bis 3.7 helfen Ihnen dabei.

Sichten erstellen

- Dokumentieren Sie Ihre Software-Architekturen bedarfsgerecht und angemessen. In Kapitel 4 stelle ich Ihnen dazu unterschiedliche Sichten vor, die spezifische Interessen der verschiedenen Projektbeteiligten berücksichtigen.

Best Practices anwenden

- Schließlich und endlich: Wenden Sie Heuristiken und „*Best Practices*“ an. Sie stellen „kodifiziertes“ Erfahrungswissen aus den Bereichen System- und Software-Architektur dar. Kapitel 5 beschreibt allgemeine Heuristiken und Entwurfsprinzipien, die Sie für den Entwurf von Architekturen einsetzen können. Kapitel 7 liefert Ihnen Ratschläge zu praxisrelevanten Aspekten von Architekturen.

Architekturen entstehen iterativ

Verabschieden Sie sich von dem Gedanken, Software-Architekturen „einmal und für immer“ zu entwickeln. Arbeiten Sie iterativ. Entwickeln Sie Ihre Entwürfe in Zyklen. Bleiben Sie agil und nehmen Sie Rückkopplungen zu den Projektbeteiligten und der Organisation in Ihre Entwürfe auf. So entstehen Architekturen, die an den wirklichen Bedürfnissen und Anforderungen orientiert sind!

[3] Das Ziel dann auch zu treffen, bleibt jedoch Ihre Aufgabe!

3.1 Informationen sammeln

Noch bevor Sie eine eigene Systemidee entwickeln, sollten Sie Material darüber sammeln, wie andere Architekten vor Ihnen ähnliche Probleme gelöst haben:

Quellen für Wiederverwendung finden

- Beginnen Sie mit Ihrer eigenen Erfahrung – Ihre Kunden erwarten sowohl Domänenwissen als auch technisches Wissen von Ihnen.
- Prüfen Sie die Projekte innerhalb Ihrer Organisation, ob sich Ergebnisse wiederverwenden lassen. Seien Sie dabei pragmatisch!
- Suchen Sie im Internet nach Beschreibungen ähnlicher Systeme. Vielleicht können Sie passende Komponenten dazukaufen.
- Suchen Sie in der technischen Literatur und durchforsten Sie die Entwurfsmuster auf Ihrem Gebiet.

In vielen Fällen bekommen Sie dadurch Beispiele und Muster und müssen nur noch kleine Teile völlig neu entwerfen.

Sie sollten ein tiefes Misstrauen gegen solche Lösungen hegen, die sich nicht in Grundzügen auf bekannte Dinge zurückführen lassen. Nur die wenigsten, die solche (angeblich innovativen) Lösungen präsentieren, sind wirklich geniale Erfinder – die meisten haben nur schlecht recherchiert.

3.2 Systemidee entwickeln

Bevor Sie mit dem Entwurf der Software-Architektur eines konkreten Systems beginnen, sollten Sie eine genaue Vorstellung einiger wichtiger Systemeigenschaften besitzen. Sie sollten folgende Fragen über das System beantwortet haben:

- Was ist die Kernaufgabe des Systems? Welches sind die wichtigsten Aspekte der Fachdomäne?
- Wie wird das System genutzt?
- Von wem wird das System genutzt?
- Welche Art Benutzeroberfläche hat das System?
- Über welche Schnittstellen zu anderen Systemen verfügt das System?
- Wie werden die vom System bearbeiteten Daten verwaltet? Welche Art von Datenzugriffen ist notwendig?
- Wie wird das System gesteuert?

Die Antworten auf diese Fragen werden Ihnen eine Orientierung geben, nach der Sie eine erste Systemstruktur entwickeln können.

Dokumentieren Sie diese Antworten möglichst kurz und prägnant, eine einzige Seite sollte dafür genügen. Diese „Systemidee" ist eine wichtige Grundlage der Kommunikation mit den Stakeholdern!

Im Normalfall verfügen Sie beim Entwurf einer Software-Architektur bereits über Erfahrung mit ähnlichen Systemen, vielleicht sogar aus einem ähnlichen fachlichen Bereich. Dann wird es Ihnen leicht fallen, einen ersten Vorschlag für die Software-Architektur zu entwickeln. Sie werden die obigen Fragen aus dem Stegreif beantworten.

Andernfalls befinden Sie sich auf fachlichem oder technischem Neuland. Sie haben es mit einem neuen Fachgebiet zu tun und noch keine vergleichbaren oder zumindest ähnlichen Systeme entworfen. Die folgenden Abschnitte zeigen Ihnen wichtige Aspekte und Alternativen auf, die Sie beim Entwurf beachten sollten.

Was ist die Kernaufgabe des Systems?

- Beschreiben Sie die Kernaufgabe und Verantwortlichkeit des Systems in zwei bis drei Sätzen. Formulieren Sie positiv und benutzen Sie die Kernbegriffe der Fachdomäne.
- Fügen Sie die wichtigsten Begriffe oder Aspekte der Fachdomäne hinzu; etwa fünf Begriffe genügen hier.
- Stimmen Sie diese Formulierung mit Kunden und Auftraggebern ab!

Beispiel: Das System unterstützt Call-Agents bei der Erfassung und Bearbeitung von Schadenmeldungen von Privatkunden.

Die wichtigsten Aspekte der Fachdomäne sind Vorfall, Schaden, Partner und Vertrag.

Eine solche kurze Formulierung erleichtert die Kommunikation über das System. Sie definiert für alle Beteiligten das wichtigste Projektziel (= das System). Gleichzeitig schafft sie einen wichtigen begrifflichen Kontext, an dem sich alle Beteiligten orientieren können.

Manchmal können Sie diese Aussagen aus der Anforderungsanalyse übernehmen.

Wie wird das System genutzt?

In vielen Fällen geben die Anforderungen bereits eindeutig die grundsätzliche Nutzungsart des Systems vor. In Zweifelsfällen sollten Sie prüfen, zu welcher Kategorie das gewünschte System gehört:

Online

- Interaktives Online-System: Auch als operationale Systeme ([Blaha98]) bezeichnet arbeiten diese Systeme als Teil der normalen Geschäftsprozesse in Unternehmen. In den meisten Fällen enthalten sie Operationen auf Daten (Transaktionen, Einfüge-, Änderungs- und Löschoperationen), die vom Ablauf her in die Benutzeroberfläche eingebettet sind. Die Art der Transaktionen ist festgelegt. Die Systeme operieren auf möglichst aktuellen Datenbeständen. Sie erfordern ein hohes Maß an Systemverfügbarkeit und Performance.

- Entscheidungsunterstützungssystem (*decision support system*): Diese Systeme arbeiten oftmals auf Kopien der aktuellen Unternehmensdaten (*data warehouse*) und enthalten hauptsächlich lesende Datenzugriffe. Die Art der Anfragen an die Daten ist flexibel. Benutzer können neue Anfragen (*queries*) formulieren. Daher ist die Laufzeit von Anfragen im Vorfeld kaum abschätzbar. Solche Systeme tolerieren nach [Blaha98] höhere Ausfallzeiten und geringere Performance.

Decision-Support

- Hintergrundsystem (Offline-System, Batch-System): Diese Systeme dienen hauptsächlich der Datenmanipulation, oftmals zur Vor- oder Nachverarbeitung vorhandener Datenbestände. Sie werden zur Interaktion mit anderen Systemen eingesetzt. In Kapitel 6 finden Sie mehr zu Integration.

Batch/Offline

- Eingebettete Systeme (*Embedded Systems*): Eingebettete Systeme arbeiten eng verzahnt mit spezieller Hardware. Ein Beispiel für eingebettete Systeme sind Mobiltelefone. Viele eingebettete Systeme haben auch Echtzeitanforderungen. Details dazu finden Sie in [b-agile2002a].

Embedded

- System mit Echtzeitanforderungen (*Real-Time Systems)*: Operationen werden innerhalb garantierter Zeiten fertig gestellt. Beispiel: Produktionssteuerung (Fließbänder mit festen Taktzciten), Herzschrittmacher. Details zur effektiven Erstellung von Echtzcitsystemen finden Sie in [b-agile2002a].

Real-Time

- Dokumentieren Sie die wichtigsten Nutzungsarten des Systems in der „Systemidee“. Fixieren Sie schriftlich, wenn Sie zusätzliche Nutzungsarten erwarten.
- Wenn das System zu mehreren der genannten Kategorien gehört, sollte die Architektur aus entsprechenden Teilsystemen bestehen, die jeweils zu einer Kategorie gehören.

Von wem wird das System auf welche Weise genutzt?

- Welche Personen oder Stakeholder werden das System benutzen? Beispiele sind Benutzer der Kernfunktionalität („Anwender“), Administratoren und Betreiber, Benutzer mit Sonderfunktionen (Genehmiger, Prüfer, Auswerter oder ähnliche).

Stakeholder

- Welche der Stakeholder stehen dem (neuen) System negativ gegenüber? Die jeweilige Einstellung der Stakeholder prägt die Art der Informationen, die sie Ihnen über das System geben werden.[4]

Benutzerschnittstellen

- Welche Art von Benutzerschnittstellen muss das System bereitstellen:
  - Bildschirm- oder formularorientierte Bearbeitung
  - Objektorientierte Benutzeroberfläche
  - Bedienung über Konsole oder Kommandozeile
  - Bedienung über spezielle Hardware (bei eingebetteten Systemen)
- Muss die Benutzeroberfläche für verschiedene Nutzergruppen anpassbar sein (etwa: Laien, gelegentliche Benutzer, Experten, Administratoren)?
- Müssen für unterschiedliche Benutzergruppen verschiedene Benutzeroberflächen vorgesehen werden?
- Müssen die Benutzer das System selbst installieren und konfigurieren? Oder müssen Benutzer das System lediglich aufrufen?

Nehmen Sie die Benutzer und die Art der Benutzerschnittstelle, die Sie durch diese Fragen identifiziert haben, in die Beschreibung der „Systemidee" auf.

Welche Schnittstellen gibt es?

Schnittstellen zu anderen Systemen

- Welche Schnittstellen gibt es zu externen Systemen? Hierzu zählen:
  - Schnittstellen anderer Systeme, die genutzt werden.
  - Schnittstellen, die für andere Systeme bereitgestellt werden.
- Sind diese externen Schnittstellen stabil? Wie zuverlässig sind sie? Wie fehlertolerant muss das neue System gegenüber den fremden Systemen sein?

Funktionale / Datenschnittstellen

- Handelt es sich um funktionale Schnittstellen oder Datenschnittstellen? Können Sie über diese Schnittstellen Funktionen oder Methoden des anderen Systems aufrufen oder funktioniert die Schnittstelle nur über den Austausch von Daten?
- Im Falle der funktionalen Schnittstelle:

Synchron / Asynchron

  - Aufrufverhalten: Synchron oder asynchron?
  - Ist die Schnittstelle stabil oder variabel (das bedeutet: Sind die Fremdsysteme bezüglich ihrer Schnittstellen stabil?)
  - Ist die Semantik der Aufrufe eindeutig und präzise beschrieben?
  - Wie performant sind die anderen Systeme? Wie beeinflusst das Verhalten der Schnittstellen die Performance des Gesamtsystems?

---

[4] Software-Systeme sind soziale Systeme. Als Architekt werden Sie daher häufig mit subjektiven Eindrücken statt Tatsachen konfrontiert, mit Meinungen statt Fakten, mit unrealistischen Erwartungen statt begründeter Anforderungen. Stellen Sie sich darauf ein!

- Gibt es die Möglichkeit, die Schnittstelle auf Seiten des anderen Systems zu ändern? Liegt der Quellcode der Schnittstelle vor?

Änderbarkeit

- Dokumentieren Sie, welche Schnittstellen Sie bis jetzt identifiziert haben.
- Wenn das System Schnittstellen zu Fremdsystemen besitzt, sollten Sie über einen funktionalen Prototypen die technische Machbarkeit verifizieren. Dieser Prototyp muss die Machbarkeit der zentralen Probleme demonstrieren, getreu dem Motto „Erledige die schwierigsten Dinge zuerst".

Das Schwierigste zuerst!

Wie verwaltet das System Daten?

Systeme können Datenverwaltung mit unterschiedlichen Alternativen realisieren: im Hauptspeicher, in Dateien oder in Datenbanksystemen (DBMS). Folgende Aspekte können die Entscheidung für diese Alternativen beeinflussen:

- Persistenz: Dateien und Datenbank-Managementsysteme (DBMS) können Daten persistent (dauerhaft) speichern. Daten im Hauptspeicher erfordern spezielle Maßnahmen gegen Datenverlust, etwa bei Stromausfall. Kapitel 6 enthält mehr zu Persistenz.

Persistenz

- Lizenzkosten und Wartungskosten: Manche DBMS verursachen hohe Lizenz- und Wartungskosten. Dateien sind von diesem Faktor nicht betroffen.

Lizenzen

- Datenvolumen: DBMS können mit nahezu beliebig großen Datenvolumina arbeiten, begrenzt meist nur durch die Grenze der physikalischen Speichermedien. Hauptspeicher ist nur begrenzt verfügbar. Dateigrößen sind meist durch das Betriebssystem begrenzt.

Volumen

- Performance: Datenstrukturen im Hauptspeicher bieten den schnellsten Zugriff. DBMS bieten oft Möglichkeiten, spezielle Zugriffe zu optimieren. Dateien können schnellen Zugriff durch *Caching* erreichen.

Performance

- Erweiterbarkeit: DBMS bieten Architekten und Entwicklern Unabhängigkeit von der Implementierung der Daten und ihrer Zugriffe. Auf bestehende Datenbanken können auch neue Systeme zugreifen. Physische Unabhängigkeit erlaubt, das DBMS zu optimieren (*tuning*), ohne die Anwendungslogik zu beeinflussen.

Erweiterbarkeit

- Paralleler Zugriff: DBMS bieten eine Vielzahl von Strategien zum parallelen und konfliktfreien Zugriff auf Daten an (*locking*). Dateien können von Betriebssystemen meist nur als Ganzes gesperrt werden.

Paralleler Zugriff

- Datenintegrität: Datenbank-Designer können bei DBMS Regeln für die Integrität von Daten spezifizieren. Das DBMS stellt die Einhaltung dieser Regeln sicher, unabhängig von Anwendungssystemen. Die Sicherung der Integrität funktioniert selbst übergreifend über mehrere Anwendungen, die ein und dieselbe Datenbank benutzen. Für Dateien und Daten im Hauptspei-

Integrität

cher gibt es keine derartigen Mechanismen zur automatischen Sicherstellung der Datenintegrität.

Transaktionen

- Unterstützung von Transaktionen: Zusammengehörige Gruppen von Datenbank-Kommandos können bei DBMS in Transaktionen zusammengefasst werden. Das DBMS stellt sicher, dass entweder die gesamte Transaktion erfolgreich abgewickelt wird oder kein Teil der Transaktion. Dateien bieten keine automatische Unterstützung für Transaktionen. .
- Anfragesprache: Viele DBMS bieten spezielle Anfragesprachen (etwa SQL, OQL) an, die auch in Anwendungsprogramme eingebettet werden können (etwa: embedded-SQL). Dateien oder Hauptspeicherdaten bieten solche Sprachen nicht.

Unbefugter Zugriff

- Sicherheit: DBMS können einzelne Daten (Tabellen und einzelne Datensätze) durch verschiedene Mechanismen vor unbefugtem Zugriff sichern (beispielsweise Benutzer- und Gruppenkonzepte mit Kennworten oder Verschlüsselung von Daten). Dateien oder Hauptspeicherdaten bieten keinen derart abgestuften Zugriffsschutz. Kapitel 6 enthält mehr zu Sicherheit.

Crash recovery

- Wiederherstellung nach Systemausfällen: DBMS verfügen oft über einen leistungsfähigen Katastrophenschutz. Selbst mit Systemabstürzen oder Hardwaredefekten können viele DBMS durch „*crash recovery*" ohne Daten- oder Integritätsverlust umgehen. Bei Dateien kann eine solche Sicherheit durch permanente Kopien (*continous backup*) erreicht werden.

In vielen Fällen geben die technischen Vorteile von Datenbanksystemen den Ausschlag gegenüber datei- oder hauptspeicherbasierter Datenverwaltung. Meiner Erfahrung nach kommen in kommerziellen Systemen praktisch nur DBMS zum Einsatz. Technische Systeme können ihre Datenverwaltung oftmals über Schnittstellen an kommerzielle Systeme delegieren.

> Dokumentieren Sie die wesentlichen Aspekte der Datenverwaltung in der Systemidee. Halten Sie fest, welche Entscheidungen bereits gefallen sind und welche Freiheitsgrade Sie beim Entwurf der Datenverwaltung noch besitzen.

Wie wird das System gesteuert?

Nach den Fragen über Nutzungsart, Benutzeroberfläche und Datenverwaltung sollten Sie nun eine Vorstellung entwickeln, wie das System gesteuert wird und wie es mit seinen Benutzern interagiert. Sie können folgende Fälle unterscheiden:

Event driven

- Ereignisgetriebene (*event driven*)Steuerung: Die Steuerung der Applikation obliegt einem Steuermechanismus (*controller, dispatcher*), den entweder das Betriebssystem, die Programmiersprache oder das System bereitstellt. Methoden- oder Funktionsaufrufe werden bestimmten Ereignissen zugeordnet, beispielsweise Tastatureingaben oder Mausklicks. Der Dispatcher ruft die entsprechenden Methoden auf, wenn die jeweiligen Ereignisse eintreten. Setzen Sie die ereignisgetriebene Steuerung für Systeme mit grafischen Benutzeroberflächen ein, für Client/Server-Systeme oder auch für Mess-, Steuer- oder Regelsysteme.

- Prozedurale Steuerung: Die gesamte Steuerung obliegt einer Implementierungskomponente. Diese Komponente ruft sequenziell andere Methoden oder Funktionen auf und wartet auf deren Rückgaben. Anschließend setzt die kontrollierende Komponente den Programmablauf fort. Typische Konstrukte für die Implementierung der prozeduralen Steuerung ist die main()-Funktion eines C-Programms. Setzen Sie die prozedurale Steuerung dort ein, wo nur eine minimale Benutzerschnittstelle implementiert wird.

Prozedural

- Parallele Steuerung: Die Steuerung wird von mehreren unabhängigen Komponenten realisiert. Jede dieser Komponenten reagiert losgelöst von anderen auf Ereignisse oder Anfragen. Sie können die parallele Steuerung für Client/Server-Systeme einsetzen, in denen Client-Sessions unabhängig voneinander ablaufen können.[5]

Parallel

- Deklarative oder regelbasierte Steuerung: Der Programmablauf wird durch einen Regelinterpreter oder ähnliche Auswertemechanismen gesteuert. Programmiersprachen wie Prolog oder Lisp implementieren diese Art der Steuerung. Für kommerzielle oder technische Systeme besitzt sie nur geringe Bedeutung. Anwendung findet sie in der künstlichen Intelligenz.

Deklarativ

- In großen Systemen müssen Sie häufig mehrere der obigen Ansätze kombinieren.
- Dokumentieren Sie die Aspekte der Steuerung ebenfalls in der Systemidee.

Systemidee – und nun?

Vage Systemidee = Risiko

- Sie besitzen jetzt eine Systemidee, die Ihnen als Grundlage für Abstimmungen mit Stakeholdern und dem Projektteam dient. Falls Sie einzelne Aspekte des Systems nicht genau beschreiben konnten, ist dies ein Indikator für potenzielle Risiken.
- Stimmen Sie die Systemidee auf jeden Fall mit den Auftraggebern und der Projektleitung ab. Sie dient Ihnen zukünftig als Grundlage für Entwurfsentscheidungen.
- Kommunizieren Sie die abgestimmte Systemidee an alle Projektbeteiligten, insbesondere das Entwicklungsteam!

[5] Hierzu zählen viele Internet-basierte Systeme, wie etwa Internet-Einkaufssysteme, Internet-Banking oder ähnliche.

In der Regel werden Sie das System in mehrere Schichten zerlegen, etwa „Präsentation“, „Fachdomäne“ und „Infrastruktur“. Näheres zu Schichten und Zerlegung finden Sie in Kapitel 5.

Mit der Systemidee haben Sie wichtige Aspekte der Präsentation und Infrastruktur bereits explizit gemacht. Damit wird Ihnen der Entwurf dieser Systemteile leichter fallen. Sie haben die wichtigsten Begriffe und Aspekte der Fachdomäne dokumentiert, die sich im Entwurf später wieder finden werden.

3.3 Was sind Einflussfaktoren und Randbedingungen?

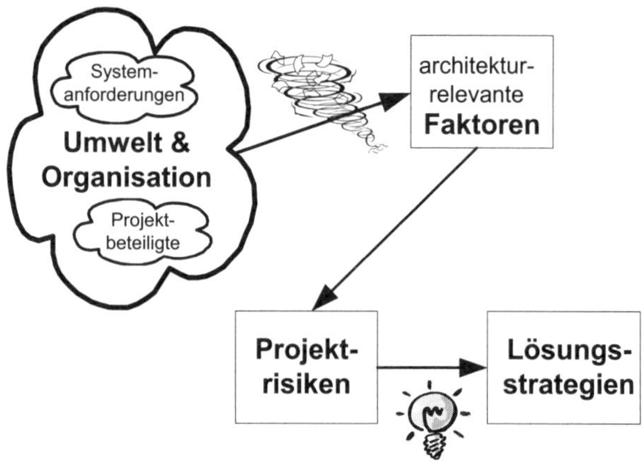

Abbildung 3.2: Von Anforderungen und Einflussfaktoren zu Lösungsstrategien

Damit Sie als Software-Architekt anwendungs- und problembezogene Entwurfsentscheidungen treffen können, müssen Sie die Faktoren untersuchen, die Ihre Architekturen beeinflussen können. Diese Faktoren besitzen einen prägenden Einfluss auf das Gesamtsystem.

Einflussfaktoren finden

1. Aus den Systemanforderungen sowie den Anforderungen der System-Umwelt ermitteln Sie architekturrelevante Einflussfaktoren. Im Folgenden stelle ich Ihnen einige typischer Einflussfaktoren vor.
2. Besondere Bedeutung für Architekturentscheidung besitzen dabei die nichtfunktionalen Anforderungen.

Projektrisiken identifizieren

3. Auf dieser Basis identifizieren Sie die projekt- und systemspezifischen Projektrisiken, die durch die Faktoren beeinflusst werden. Solche Risiken lassen sich generell viel schwerer formulieren als Einflussfaktoren. Hier sind Sie als Software-Architekt in der Pflicht, die wichtigsten Risiken als solche zu erkennen.

4. Anschließend können Sie für jedes Risiko eine Reihe von Lösungsstrategien entwickeln, die Ihnen bei den Entwurfsentscheidungen der Architektur wertvolle Hilfe leisten werden. Unter Umständen können Sie solche Lösungsstrategien gemeinsam mit Fachspezialisten für die jeweiligen Bereiche entwickeln.

Lösungsstrategien ableiten

In den folgenden Abschnitten schaffe ich einige Voraussetzungen, um die architekturrelevanten Einflussfaktoren zu charakterisieren. Sie erfahren, in welchen Kategorien Sie bei der Suche nach den Faktoren fündig werden. Zusätzlich beschreibe ich, was Flexibilität und Veränderlichkeit von Faktoren bedeuten.

Architektur-Entwurf entsteht iterativ

Iteratives Vorgehen auf Basis der Systemidee

- Im Sinne eines bedarfsgerechten und agilen Vorgehens empfehle ich Ihnen, die Systemidee nach Betrachtung der Einflussfaktoren und den daraus abgeleiteten Lösungsstrategien iterativ weiterzuentwickeln. Abbildung 3.3 zeigt Ihnen schematisch das passende Vorgehen.
- Dokumentieren Sie die Einflussfaktoren und deren mögliche Veränderungen in Form einer Tabelle, die Sie in jeder Iteration des Projektes aktualisieren. Muster und Beispiele finden Sie auf der Webseite zu diesem Buch (www.b-agile.de).
- Dokumentieren Sie die Projektrisiken (siehe Abschnitt 3.6) und Lösungsstrategien (siehe Abschnitt 3.7) ebenfalls in dieser Tabelle.

Aufgrund der vielfältigen gegenseitigen Einflüsse von Entwurf, Anforderungen, Lösungsstrategien und Einflussfaktoren kann aus meiner Erfahrung nur durch Iterationen ein angemessenes Gleichgewicht dieser Aspekte erreicht werden.

Als Ausgangspunkt der Iterationen nutzen Sie die Systemidee, die Sie anhand der Leitfragen des letzten Abschnitts entwickelt haben.

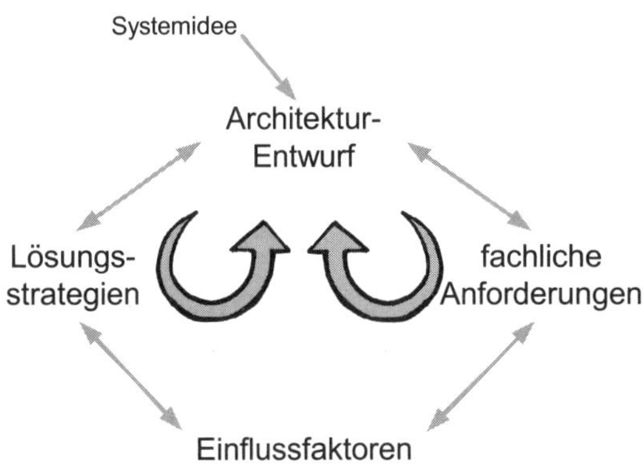

Abbildung 3.3: Gegenseitige Beeinflussung von Entwurf, Anforderungen, Lösungsstrategien und Einflussfaktoren

Technik allein genügt nicht

Software-Architekten müssen bei der Entwicklung von Architekturen eine ganze Reihe verschiedener Faktoren berücksichtigen. Alle diese Faktoren fallen in eine der folgenden Kategorien:

Einflüsse von Organisation

- Organisatorische und politische Faktoren. Manche solcher Faktoren wirken auf ein bestimmtes System ein. Andere beeinflussen sämtliche Projekte innerhalb einer Organisation. [Rechtin2000] charakterisiert diese Faktoren als *„facts of life"*.

Technik

- Technische Faktoren. Sie prägen das technische Umfeld des Systems und seiner Entwicklung.

System-/Produkt

- System- oder Produktfaktoren. Sie beschreiben sowohl die funktionalen Eigenschaften (*required features*) des Systems als auch seine nichtfunktionalen „Qualitäten" (*required constraints*), wie Performance, Flexibilität und Wartbarkeit.

Qualität als treibende Kraft von Architekturentscheidungen

Diese zuletzt genannten Qualitäten sind in der Praxis häufig die Auslöser oder treibenden Kräfte zentraler Architekturentscheidungen. Abschnitt 3.5 stellt Ihnen dieses Thema vor.

Aus meiner Erfahrung tendieren Software-Architekten dazu, die politischen und organisatorischen Faktoren zu unterschätzen und zu vernachlässigen. Das kann im Extremfall dazu führen, dass an sich lauffähige Systeme nicht zum Einsatz kommen.

Das hat mehrere Gründe: Erstens bestimmen die technischen Faktoren ein System viel offensichtlicher. Zweitens sind Software-Architekten in technischen Themen oftmals erfahrener als in organisatorischen oder gar politischen. Drittens herrscht in Software-Projekten manchmal ein technischer Zweckoptimismus, getreu dem Motto: Mit der neuen X-Technik und dem Y-Werkzeug haben wir unsere Probleme im Griff.

Keine technischen Probleme

Wie [Rechtin2000] es treffend formuliert: Es gibt keine rein technischen Probleme. Sie werden schnell zu organisatorischen oder politischen Schwierigkeiten, und damit entgleiten sie auch der Kontrolle rein technisch orientierter Projektbeteiligter.

Welche Faktoren sind architekturrelevant?

Information ist architekturrelevant, wenn sie für Zwecke oder Ziele des Kunden notwendig ist. *[Rechtin2000], p222*

Relevante Faktoren

Von den unzähligen Faktoren, die ein ganzes Projekt beeinflussen, gilt es diejenigen zu selektieren, die relevant für die Architektur sind. Hier einige Ratschläge, wie Faktoren auf ihre Relevanz geprüft werden können:

- Praktisch alle „nicht-funktionalen“ Anforderungen (*required constraints*) besitzen Auswirkungen auf die Software-Architektur.
- Viele Faktoren, die für die Implementierung bedeutsam sind, haben Auswirkungen auf die Architektur. Hierzu zählen technische Faktoren, aber auch Vorgaben für spezielle Vorgehensweisen oder Methoden.
- Faktoren, die neuartige Verfahren oder Techniken betreffen, sind oft architekturrelevant. Das kann die Wahl einer neuen Programmiersprache sein, aber auch der Einsatz eines für Ihre Organisation neuen Entwicklungswerkzeugs.
- Faktoren, für die Erfahrung oder Fachwissen innerhalb der Organisation nur unzureichend vorhanden ist, können die Architektur beeinflussen.
- Alle Faktoren, die knappe Ressourcen betreffen. Hierzu gehören beispielsweise Zeit, Personen, Geld oder technische Ausstattung.

Im Zweifel: Faktor aufnehmen

> Wenn Sie nicht entscheiden können, ob ein Faktor Relevanz für die Architektur besitzt, dann nehmen Sie ihn auf. Da Sie die Tabelle mit Einflussfaktoren, Projektrisiken und Lösungsstrategien im Laufe des Projektes weiter pflegen, können Sie diesen Faktor auch später noch entfernen.

Einflussfaktoren sind flexibel

Flexibilität beachten

Sie können in den meisten Fällen mit den betroffenen Projektbeteiligten über die Prioritäten oder die konkrete Ausgestaltung der Einflussfaktoren verhandeln. Die Flexibilität eines Faktors beschreibt, welche Aspekte eines Faktors zur Disposition stehen können. Flexibilität von Faktoren bezieht sich daher auf gewollte oder bewusst herbeigeführte Änderungen.

Folgende Argumente und Fragen können dabei nützlich sein:

- Manche Einflussfaktoren widersprechen sich, etwa Performance und Flexibilität (hohe Flexibilität erreicht man durch Einführung von zusätzlichen Abstraktionsschichten, was sich negativ auf die Performance auswirken kann). Welche Faktoren sind für das konkrete Projekt wichtiger?
- Einzelne Faktoren oder Anforderungen können ein Projekt signifikant verteuern oder verlängern. Können Sie diese Faktoren umgehen oder abschwächen?
- In welcher Hinsicht können die Projektbeteiligten die Einflussfaktoren steuern, um Ihnen den Entwurf der Architektur zu erleichtern?

Konsequenzen bewusst machen

> Ich habe in meinen Projekten die Erfahrung gemacht, dass manchen Projektbeteiligten die Konsequenzen ihrer Anforderungen nicht bewusst sind. Das hier beschriebene Vorgehen macht Einflussfaktoren und deren für die Software-Architektur wichtigen Konsequenzen explizit. Es erleichtert dadurch eine konstruktive Kommunikation mit allen Projektbeteiligten über die architekturrelevanten Aspekte eines Projektes.

Einflussfaktoren werden sich ändern

Veränderungen von Einflussfaktoren können auch ohne Ihr aktives Eingreifen stattfinden. Pro Monat ändern sich in den meisten Projekten 1-2% der fachlichen Anforderungen.[6]

Zukünftige Veränderungen erkennen

Eine zentrale Aufgabe von Architekten besteht darin, die erwarteten Veränderungen der relevanten Einflussfaktoren zu erkennen und in der Architektur entsprechend zu berücksichtigen. Peter Hruschka formuliert es treffend:[7] „Entwerfen heißt, die Kundenwünsche von morgen vorauszuahnen."

Ein solcher Blick in die Zukunft ist jedoch zwangsläufig mit Unsicherheit behaftet. Haben Sie dennoch keine Sorge, Sie brauchen nicht in eine Kristallkugel zu schauen! Die Orientierung an wichtigen Einflussfaktoren gewährleistet, dass Sie mit relativer Sicherheit die Elemente Ihrer Architekturen identifizieren können, an denen sich zukünftig Änderungen ergeben werden.

Um die Veränderbarkeit von Faktoren zu charakterisieren, sollten Sie folgende Fragen beantworten:[8]

- Auf welche Weise kann sich der Faktor ändern? Welche Änderungen an diesem Faktor können Sie (oder andere Projektbeteiligte) absehen?
- Wie häufig können Änderungen sein?
- Könnte sich der Faktor bereits während der Systementwicklung ändern?
- Hängt der Faktor mit anderen Einflussfaktoren zusammen?
- Was bedeutet eine Änderung des Faktors für die Architektur?

3.4 Einflussfaktoren finden

Im letzten Abschnitt haben Sie gelernt, was Einflussfaktoren sind und aus welchen Bereichen sie stammen. Nun gilt es, möglichst alle für die Software-Architektur eines konkreten Systems relevanten Einflussfaktoren zu identifizieren. Machen Sie diese Faktoren explizit und lassen Sie alle Projektbeteiligten wissen, welchen Einflüssen das Projekt oder das System ausgesetzt ist.

In den folgenden Abschnitten stelle ich Ihnen typische Einflussfaktoren vor. Ich zeige Ihnen, wie Sie diese Faktoren in einer einfachen und praxistauglichen Form systematisch erfassen und beschreiben können.

[6] Nach [Rupp2001] und [Hatley2000].
[7] In seinen Seminaren über System- und Software-Architekturen.
[8] In Anlehnung an [Hofmeister2000].

Beschreiben Sie die Einflussfaktoren

Tabelle von Einflussfaktoren

Die Einflussfaktoren auf eine konkrete Software-Architektur sollten Sie in einer Tabelle festhalten. Neben der Bezeichnung des Faktors gehört dazu auch die Beschreibung seiner Flexibilität und Veränderbarkeit.[9]

Zusätzlich sollten Sie beschreiben, auf welche Elemente der Architektur jeder Faktor einwirkt. Dies ist vor dem Entwurf der Architektur (genauer: der Architektursichten) kaum möglich, weil die Elemente der einzelnen Sichten noch nicht identifiziert oder bestimmt sind. Sie sollten dies jedoch im Laufe der Iterationen des Architekturentwurfs nachtragen.

In den folgenden Abschnitten stelle ich Ihnen typische Einflussfaktoren vor.

Organisatorische Faktoren

Organisatorische Faktoren beziehen sich im weitesten Sinne auf die Umgebung, in der das System erstellt wird. Sie prägen das System indirekt. Hierzu zählen Aspekte wie Termin- und Budgetplanung, vorhandene Mitarbeiter, technische Ressourcen, Entwicklungsprozesse, Vorgaben bezüglich Werkzeugen und ähnliches. Tabelle 3.1 gibt einen Überblick über typische organisatorische Faktoren.[10]

Einige Tipps zur Identifikation von organisatorischen Faktoren Ihrer Projekte:

- Denken Sie negativ. Murphys Regel besagt: Wenn etwas schief gehen kann, wird es irgendwann schief gehen. Und es geschieht immer im denkbar schlechtesten Moment.
- Politik und Organisation, nicht Technik, setzen die Grenzen dafür, was ein Projekt erreichen kann und darf. Bringen Sie die „politischen“ Stakeholder auf Ihre Seite. Stellen Sie sicher, dass Sie die Intention der „Politiker“ innerhalb Ihrer Organisation richtig verstanden haben.
- Eine fundamentale Gleichung lautet: „Geld = Politik“ ([Rechtin2000]). Die Politik gibt Projekten die Kostenregeln vor. Diese Kostenregeln besitzen prägenden Einfluss auf Architekturen.
- Finden Sie heraus, welche Ziele die einzelnen Stakeholder mit dem System verfolgen. Oftmals werden in einem Projekt verschiedene Ziele verfolgt!

  Ziele der Stakeholder finden
- Die besten technischen Lösungen sind nicht unbedingt die besten politischen Lösungen. Im Regelfall sind letztlich „politische“ Stakeholder die

[9] Die Struktur dieser tabellarischen Beschreibung entstammt [Hofmeister2000].

[10] Einige dieser Faktoren sind auch für das Management von Projekten wichtig, insbesondere das Risikomanagement. Diese Zusammenhänge sind etwa in [b-agile2002b] dargestellt. Eventuell können Sie als Software-Architekt der Projektleitung mit der Übersicht der organisatorischen Einflussfaktoren einen großen Dienst erweisen (und umgekehrt!).

Auftraggeber und Eigentümer von Projekten (nach [Rechtin2000]). Sie entscheiden meist nach anderen Kriterien als „technische" Stakeholder.

- Betrachten Sie systemübergreifende Prozesse oder Rollen innerhalb der Organisation. Beispiel: In vielen großen Unternehmen gibt es Vorgaben zur Datenmodellierung und zum Datenbankdesign (die von dedizierten Datenbankadministratoren geprüft und freigegeben werden müssen).
- Beziehen Sie andere Projekte innerhalb der Organisation in Ihre Betrachtung ein. Sie können aus deren Verlauf viel über Stärken und Schwächen der Organisation hinsichtlich Software-Erstellung lernen.
- Die Erfahrung der beteiligten Entscheider spielt meistens eine wichtige Rolle. So schränkt eine negative Erfahrung des Auftraggebers mit einer bestimmten Technologie Ihre Entwurfsalternativen möglicherweise ein.[11]
- Werfen Sie einen Blick auf das Risikomanagement Ihrer Projektleitung. Eventuell finden Sie dort neue und für die Architektur wichtige Faktoren.

Tabelle 3.1: Typische organisatorische Einflussfaktoren

Faktor	**Erläuterung**
Organisation und Struktur	
Organisationsstruktur beim Auftraggeber	▪ Droht Änderung von Verantwortlichkeiten? ▪ Änderung von Ansprechpartnern
Organisationsstruktur des Projektteams	▪ mit/ohne Unterauftragnehmer ▪ Entscheidungsbefugnis der Projektleiterin
Entscheidungsträger	▪ Erfahrung mit ähnlichen Projekten ▪ Risiko-/Innovationsfreude
Bestehende Partnerschaften oder Kooperationen	▪ Hat die Organisation bestehende Kooperationen mit bestimmten Softwareherstellern? ▪ Solche Partnerschaften geben oftmals Produktentscheidungen (unabhängig von Systemanforderungen) vor.
Eigenentwicklung oder externe Vergabe	Selbst entwickeln oder an externe Dienstleister vergeben?
Entwicklung als Produkt oder zur eigenen Nutzung?	▪ Bedingt andere Prozesse bei Anforderungsanalyse und Entscheidungen. Im Fall der Produktentwicklung: ▪ Neues Produkt für neuen Markt? ▪ Verbessertes Produkt für bestehenden Markt? ▪ Vermarktung eines bestehenden (eigenen) Systems ▪ Entwicklung ausschließlich zur eigenen Nutzung?
Ressourcen (Budget, Zeit, Personal)	
Festpreis oder Zeit/Aufwand?	Festpreisprojekt oder Abrechnung nach Zeit und Aufwand?

[11] Edward Yourdon rät in seinem Buch „Death March: Surviving Mission Impossible Projects" dazu, bei einer nicht akzeptablen Fülle solcher Einschränkungen das Projekt zu verlassen oder zu kündigen, um das eigene (fachliche) Überleben zu sichern.

Faktor	Erläuterung
Zeitplan	Wie flexibel ist der Zeitplan? Gibt es einen festen Endtermin? Welche Stakeholder bestimmen den Endtermin?
Zeitplan und Funktionsumfang[12]	Was ist höher priorisiert, der Termin oder der Funktionsumfang?
Release-Plan	Zu welchen Zeitpunkten soll welcher Funktionsumfang in Releases/Versionen zur Verfügung stehen?
Projektbudget	Fest oder variabel? In welcher Höhe verfügbar?
Budget für technische Ressourcen	Kauf oder Miete von Entwicklungswerkzeugen (Hardware und Software)?
Team	Anzahl der Mitarbeiter und deren Qualifikation, Motivation und kontinuierliche Verfügbarkeit.
Organisatorische Standards	
Vorgehensmodell	Vorgaben bezüglich Vorgehensmodell? Hierzu gehören auch interne Standards zu Modellierung, Dokumentation und Implementierung.
Qualitätsstandards	Fällt die Organisation oder das System in den Geltungsbereich von Qualitätsnormen (wie ISO-9000)?
Entwicklungswerkzeuge	Vorgaben bezüglich der Entwicklungswerkzeuge (etwa: CASE-Tool, Datenbank, Integrierte Entwicklungsumgebung, Kommunikationssoftware, Middleware, Transaktionsmonitor).
Konfigurations- und Versionsverwaltung	Vorgaben bezüglich Prozessen und Werkzeugen
Testwerkzeuge und -prozesse	Vorgaben bezüglich Prozessen und Werkzeugen
Abnahme- und Freigabeprozesse	▪ Datenmodellierung und Datenbankdesign ▪ Benutzeroberflächen ▪ Geschäftsprozesse (Workflow) ▪ Nutzung externer Systeme (etwa: schreibender Zugriff bei externen Datenbanken)
Service Level Agreements	Gibt es Vorgaben oder Standards hinsichtlich Verfügbarkeiten oder einzuhaltender Service-Levels?
Juristische Faktoren	
Haftungsfragen	▪ Hat die Nutzung oder der Betrieb des Systems mögliche rechtliche Konsequenzen? ▪ Kann das System Auswirkung auf Menschenleben oder Gesundheit besitzen? ▪ Kann das System Auswirkungen auf Funktionsfähigkeit externer Systeme oder Unternehmen besitzen?

[12] Tom DeMarco beschreibt die Probleme mit Zeitplan und Funktionsumfang in seinem amüsanten und lehrreichen Roman über Projektmanagement, „Der Termin“, erschienen im Hanser Verlag, 1998.

Faktor	Erläuterung
Datenschutz	Speichert oder bearbeitet das System „schutzwürdige" Daten?
Nachweispflichten	Bestehen für bestimmte Systemaspekte juristische Nachweispflichten?
Internationale Rechtsfragen	▪ Wird das System international eingesetzt? ▪ Gelten in anderen Ländern eventuell andere juristische Rahmenbedingungen für den Einsatz (Beispiel: Nutzung von Verschlüsselungsverfahren)?

Zu den organisatorischen Einflussfaktoren ein kleines Beispiel:

> Die Informatik-Tochterfirma eines Konzerns erhielt den internen Auftrag, ein Internet-basiertes Informationssystem für Finanznachrichten und Geschäftsberichte zu entwickeln und zu vermarkten.
>
> Das Entwicklungsteam schien anfangs frei von organisatorischen und technischen Einflüssen zu sein. Im Laufe der Entwicklung stellt sich heraus, dass die Firma mit Marktpartnern und Kunden projektübergreifende „Service Level Agreements" (SLAs) bezüglich der Verfügbarkeit von Software vertraglich vereinbart hatte. Als Konsequenz für die Architektur ergab sich die Notwendigkeit, eine (anfänglich nicht geplante) Überwachungskomponente zum verbindlichen Nachweis der Systemverfügbarkeit zu entwickeln. Dies machte eine kosten- und zeitintensive Änderung des gesamten Persistenzkonzeptes notwendig.
>
> Der zuständigen Projektleiterin gelang es, mit den betroffenen Endkunden des Systems eine Änderung der Nachweispflicht und der SLAs zu vereinbaren und damit zumindest den Termindruck der notwendigen Änderungen zu entschärfen.

Technische Faktoren

Technische Faktoren mit Relevanz für die Software-Architektur betreffen einerseits die technische Infrastruktur, also die Ablaufumgebung des Systems. Andererseits umfassen sie auch technische Vorgaben für die Entwicklung, einzusetzende Fremdsoftware und vorhandene Systeme.

Einige Hinweise, wie Sie technische Faktoren finden können:

- Analysieren Sie andere Projekte innerhalb Ihrer Organisation. Befragen Sie Architekten und Projektleiter solcher Projekte.
- Betrachten Sie andere Systeme innerhalb der Organisation. Wie sieht die technische Umgebung dieser Systeme aus? Wie werden diese Systeme betrieben?
- Betrachten Sie die vorhandene Infrastruktur hinsichtlich Hardware und Software.

- Das Qualitätsmanagement der Organisation kann Hinweise auf weitere Einflussfaktoren geben.
- Gibt es Methoden, Standards oder Vorlagen für Software-Projekte?
- Analog zum Tipp bei den organisatorischen Faktoren: Betrachten Sie systemübergreifende Abnahme- und Freigabeprozesse. Sie machen häufig Vorgaben zur Gestaltung von Datenmodellen, Datenbanken, Benutzeroberflächen, Geschäftsprozessen (Workflows), Sicherheit, Laufzeit- und Wartungsprozessen sowie der technischen Infrastruktur.

Tabelle 3.2 zeigt einige typische technische Einflussfaktoren.

Tabelle 3.2: Typische technische Einflussfaktoren

Faktor	**Erläuterung**
Hardware-Infrastruktur	Prozessoren, Speicher, Netzwerke, Firewalls und andere relevante Elemente der Hardware-Infrastruktur
Software-Infrastruktur	Betriebssysteme, Datenbanksysteme, Middleware, Kommunikationssysteme, Transaktionsmonitor, Webserver, Verzeichnisdienste
Systembetrieb	Batch- oder Onlinebetrieb des Systems oder notwendiger externer Systeme?
Verfügbarkeit der Laufzeitumgebung	Rechenzentrum mit 7x24h Betriebszeit? Gibt es Wartungs- oder Backupzeiten mit eingeschränkter Verfügbarkeit des Systems oder wichtiger Systemteile?
Grafische Oberfläche	Existieren Vorgaben hinsichtlich grafischer Oberfläche (*Style Guide*)?
Bibliotheken, Frameworks und Komponenten	Sollen bestimmte „Software-Fertigteile" eingesetzt werden?
Programmiersprachen	Objektorientierte, strukturierte, deklarative oder Regelsprachen, kompilierte oder interpretierte Sprachen?
Referenzarchitekturen	Gibt es in der Organisation vergleichbare oder übertragbare Referenzprojekte?
Analyse- und Entwurfsmethoden	Objektorientierte oder strukturierte Methoden?
Datenstrukturen	Vorgaben für bestimmte Datenstrukturen, Schnittstellen zu bestehenden Datenbanken oder Dateien
Programmierschnittstellen	Schnittstellen zu bestehenden Programmen
Programmiervorgaben	Programmierkonventionen, fester Programmaufbau
Technische Kommunikation	Synchron oder asynchron, Protokolle

Systemfaktoren

Die Systemfaktoren beschreiben die Anforderungen an das System, die geforderten Eigenschaften (*required features*) und Randbedingungen (*required constraints*). Sie sind üblicherweise[13] in der Anforderungsanalyse[14] (*requirements engineering*) erarbeitet und dokumentiert worden.

Vielleicht kennen Sie die Systemfaktoren unter den Begriffen funktionale und nichtfunktionale Anforderungen.

Diese Kategorien haben folgende Bedeutung:

- „Required Features“ oder funktionale Anforderungen beschreiben die geforderte Funktionalität des Systems. Sie können zur Laufzeit des Systems an dessen Ausgaben festgestellt werden.
- „Required Constraints“, auch genannt nicht-funktionale Anforderungen oder Qualitätsanforderungen sind jene Aspekte, die dem Architekten „beim Erfüllen der funktionalen Anforderungen Freiheitsgrade entziehen“ (Peter Hruschka in [Rupp2001]). Der nachfolgende Abschnitt beschreibt, was es mit Qualitätsanforderungen auf sich hat und wie Sie typische Qualitätsmerkmale in IT-Systemen erreichen können.
- Zu guter Letzt sollten Sie die Abhängigkeiten von anderen IT-Systemen als Einflussfaktoren beachten. Falls es diese Systeme bereits gibt, können Sie häufig von (relativ!) stabilen Schnittstellen ausgehen. Falls diese Systeme sich gerade in der Entwicklung befinden, müssen Sie erhöhte Aufwände und Risiken für die Definition, Abstimmung und Umsetzung der jeweiligen Schnittstellen berücksichtigen.

3.5 Architektur und Qualität

Qualität, laut Duden definiert als „Beschaffenheit, Güte, Wert“, bildet ein wichtiges Ziel für Software-Architekten. Bei Qualität handelt es sich allerdings um ein vielschichtiges Konzept, das mit einer Reihe gravierender Probleme behaftet ist:

- Qualität ist nur indirekt messbar Es gibt kein absolutes Maß für die Qualität eines Produktes, höchstens für einzelne Eigenschaften (etwa: Zeit- oder Ressourceneffizienz).

[13] Zumindest werden die funktionalen Anforderungen, required features, meistens beschrieben. Meiner Erfahrung nach vergessen viele Projekte jedoch, die geforderten Qualitätseigenschaften detailliert zu beschreiben.

[14] Für weitere Informationen zur Anforderungsanalyse empfehle ich [Rupp2001] und [Hatley2000] sowie [Volere]. [Bass03] dokumentiert, wie Anforderungen auf Architekturen wirken.

- Qualität ist relativ: Verschiedene Stakeholder haben unterschiedliche Qualitätsbegriffe und -anforderungen:
  - Manager und Auftraggeber fordern Kosteneffizienz, Flexibilität und Wartbarkeit.
  - Endanwender fordern hohe Performance und einfache Benutzbarkeit.
  - Projektleiter fordern Parallelisierbarkeit der Implementierung und gute Testbarkeit.
  - Betreiber fordern Administrierbarkeit und Sicherheit.
- Qualität der Architektur korreliert nicht notwendigerweise mit der Qualität des Endproduktes: Gute Architekturen können schlecht implementiert sein und dadurch die Qualität des Gesamtsystems mindern. Aus hervorragendem Quellcode kann jedoch nicht auf die Qualität der Architektur geschlossen werden. Insgesamt gilt daher: Architektur ist für Qualität eines Systems notwendig, aber nicht hinreichend.
- Die Erfüllung sämtlicher funktionaler Anforderungen lässt keinerlei Aussage über die Erreichung der Qualitätsanforderungen zu: Betrachten Sie das Beispiel eines einfachen Sortierverfahrens: Die (triviale) Anforderung, eine Menge von Variablen gemäß eines vorgegebenen Sortierkriteriums aufsteigend zu ordnen, ist eine beliebte Programmieraufgabe für Einsteiger. Nun denken Sie an einige zusätzliche nichtfunktionale Anforderungen, etwa:
  - Sortierung großer Datenmengen (Terabyte), die nicht mehr zeitgleich im Hauptspeicher gehalten werden können.
  - Sortierung robust gegenüber unterschiedlichen Sortierkriterien (Umlaute, akzentuierte Zeichen, Phoneme, Ähnlichkeitsmaße und anderes).
  - Sortierung für viele parallele Benutzer.
  - Sortierung unterbrechbar für lang laufende Sortiervorgänge.
  - Erweiterbarkeit um weitere Algorithmen, beispielsweise für ressourcenintensive Vergleichsoperationen.
  - Entwickelbarkeit im räumlich verteilten Team.

  Diese Qualitätsanforderungen können von naiven Implementierungen nicht erfüllt werden – dazu bedarf es grundlegender architektonischer Maßnahmen!

Viele Publikationen[15] über Software-Architektur ignorieren das Thema der nichtfunktionalen Anforderungen völlig. Es scheint fast, als fielen Verständlichkeit, Wartbarkeit und Performance von Systemen als Nebenprodukte ab, wenn der eifrige Architekt nur in ausreichender Menge Design- und Architekturmuster anwendet. Das Gegenteil ist der Fall: Qualitätsmerkmale müssen Entwurfsziele sein – Entscheidungen zur Erreichung solcher Ziele müssen bewusst getroffen werden!

[15] Mea Culpa – in der ersten Auflage dieses Buches habe ich die gleiche Unterlassung begangen. Sie halten zum Glück eine neuere Auflage in der Hand ☺

3.5.1 Qualitätsmerkmale von Software-Systemen

Die Qualität von Software-Systemen wird immer bezogen auf einzelne Eigenschaften oder Merkmale. Beispiele für solche Merkmale sind Effizienz (Performance), Verfügbarkeit, Änderbarkeit und Verständlichkeit.

Es gibt eine ganze Reihe unterschiedlicher Definitionen von Qualitätsmodellen und Qualitätsmerkmalen. Die bekannten Qualitätsmodelle (siehe etwa [Wallmüller01]) definieren einige zentrale Qualitätseigenschaften (beispielsweise Zuverlässigkeit, Effizienz, Wartbarkeit, Portabilität etc.) und verfeinern diese Eigenschaften durch eine Hierarchie weiterer Merkmale.

Egal welches dieser Modelle Sie verwenden: Achten Sie darauf, innerhalb Ihrer Projekte, besser noch innerhalb ganzer Organisationen, eine einheitliche Terminologie einzuführen.

Tabelle 3.3 zeigt Ihnen die Qualitätsmerkmale gemäß DIN/ISO 9126. Diese Norm enthält die wesentlichen Begriffe rund um Software-Qualität, zwei wichtige Qualitätsziele vieler Architekturen fehlen:

- Verständlichkeit der Architektur selbst.
- Testbarkeit der Architektur.

Falls Sie in dieser Tabelle (vergeblich) nach dem Stichwort „Performance" suchen – im DIN-normierten Sprachgebrauch heißt es Effizienz.

Tabelle 3.3: Qualitätsmerkmale nach DIN/ISO 9126

Funktionalität	Vorhandensein von Funktionen mit festgelegten Eigenschaften; diese Funktionen erfüllen die definierten Anforderungen
▪ Angemessenheit	Liefern der richtigen oder vereinbarten Ergebnisse oder Wirkungen, z.B. die benötigte Genauigkeit von berechneten Werten
▪ Richtigkeit	Eignung der Funktionen für spezifizierte Aufgaben, z.B. aufgabenorientierte Zusammensetzung von Funktionen aus Teilfunktionen.
▪ Interoperabilität	Fähigkeit, mit vorgegebenen Systemen zusammenzuwirken. Hierunter fällt auch die Einbettung in die Betriebsinfrastruktur.
▪ Ordnungsmäßigkeit	Erfüllung von anwendungsspezifischen Normen, Vereinbarungen, gesetzlichen Bestimmungen und ähnlichen Vorschriften
▪ Sicherheit	Fähigkeit, unberechtigten Zugriff, sowohl versehentlich als auch vorsätzlich, auf Programme und Daten zu verhindern.

Zuverlässigkeit	Fähigkeit der Software, ihr Leistungsniveau unter festgelegten Bedingungen über einen festgelegten Zeitraum zu bewahren
▪ Reife	Geringe Versagenshäufigkeit durch Fehlzustände
▪ Fehlertoleranz	Fähigkeit, ein spezifiziertes Leistungsniveau bei Software-Fehlern oder Nicht-Einhaltung ihrer spezifizierten Schnittstelle zu bewahren
▪ Wiederherstellbarkeit	Fähigkeit, bei einem Versagen das Leistungsniveau wiederherzustellen und die direkt betroffenen Daten wiederzugewinnen.
Benutzbarkeit	Aufwand, der zur Benutzung erforderlich ist, und individuelle Beurteilung der Benutzung durch eine festgelegte oder vorausgesetzte Benutzergruppe, Hierunter fällt auch der Bereich Softwareergonomie
▪ Verständlichkeit	Aufwand für den Benutzer, das Konzept und die Anwendung zu verstehen.
▪ Erlernbarkeit	Aufwand für den Benutzer, die Anwendung zu erlernen (z.B. Bedienung, Ein-, Ausgabe).
▪ Bedienbarkeit	Aufwand für den Benutzer, die Anwendung zu bedienen.
Effizienz	Verhältnis zwischen dem Leistungsniveau der Software und dem Umfang der eingesetzten Betriebsmittel unter festgelegten Bedingungen
▪ Zeitverhalten	Antwort- und Verarbeitungszeiten sowie Durchsatz bei der Funktionsausführung
▪ Verbrauchsverhalten	Anzahl und Dauer der benötigten Betriebsmittel für die Erfüllung der Funktionen
Änderbarkeit	Aufwand, der zur Durchführung vorgegebener Änderungen notwendig ist. Änderungen: Korrekturen, Verbesserungen oder Anpassungen an Änderungen der Umgebung, der Anforderungen und der funktionalen Spezifikationen
▪ Analysierbarkeit	Aufwand, um Mängel oder Ursachen von Versagen zu diagnostizieren oder um änderungsbedürftige Teile zu bestimmen
▪ Modifizierbarkeit	Aufwand zur Ausführung von Verbesserungen, zur Fehlerbeseitigung oder Anpassung an Umgebungsänderungen.
▪ Stabilität	Wahrscheinlichkeit des Auftretens unerwarteter Wirkungen von Änderungen
▪ Prüfbarkeit	Aufwand, der zur Prüfung der geänderten Software notwendig ist

Übertragbarkeit	Eignung der Software, von einer Umgebung in eine andere übertragen zu werden. Umgebung kann organisatorische Umgebung, Hardware- oder Software-Umgebung einschließen.
■ Anpassbarkeit	Software an verschiedene, festgelegte Umgebungen anpassen
■ Installierbarkeit	Aufwand, der zum Installieren der Software in einer festgelegten Umgebung notwendig ist
■ Konformität	Grad, in dem die Software Normen oder Vereinbarungen zur Übertragbarkeit erfüllt
■ Austauschbarkeit	Möglichkeit, diese Software anstelle einer spezifizierten anderen in der Umgebung jener Software zu verwenden, sowie der dafür notwendige Aufwand

3.5.2 Szenarien konkretisieren Qualität

Jetzt kennen Sie zwar die wichtigsten Qualitätsmerkmale, benötigen aber noch ein Mittel, um diese Merkmale praxisgerecht für Ihre Projekte zu konkretisieren und definieren. Hierzu eignen sich Szenarien (nach [Bass+03]). Szenarien beschreiben, was beim Eintreffen eines Stimulus auf ein System in bestimmten Situationen geschieht. Sie charakterisieren damit das Zusammenspiel von Stakeholdern mit dem System. Szenarien operationalisieren Qualitätsmerkmale und machen sie messbar.

Szenarien bestehen aus folgenden wesentlichen Teilen (in Klammern die Terminologie aus [Bass+03]:

- Auslöser (*stimulus*): beschreibt eine spezifische Zusammenarbeit des (auslösenden) Stakeholders mit dem System. Beispiele: Ein Benutzer ruft eine Funktion auf, ein Entwickler programmiert eine Erweiterung, ein Administrator installiert oder konfiguriert das System.
- Quelle des Auslösers (*source*): beschreibt, woher der Auslöser kommt. Beispiele: intern oder extern, Benutzer, Betreiber, Angreifer, Manager.
- Umgebung (*environment*): beschreibt den Zustand des Systems zum Zeitpunkt des Auslösers. Befindet sich das System unter Normal- oder Höchstlast? Ist die Datenbank verfügbar oder nicht? Sind Benutzer online oder nicht? Hier sollten Sie alle Bedingungen beschreiben, die für das Verständnis des Szenarios wichtig sind.
- Systembestandteil (*artifact*): beschreibt, welcher Bestandteil des Systems vom Auslöser betroffen ist. Beispiele: Gesamtsystem, Datenbank, Webserver.
- Antwort (*response*): beschreibt wie das System durch seine Architektur auf den Auslöser reagiert. Wird die vom Benutzer aufgerufene Funktion ausgeführt? Wie lange benötigt der Entwickler zur Programmierung? Welche Systemteile sind von Installation/Konfiguration betroffen?

- Antwortmetrik (*response measure*): beschreibt, wie die Antwort gemessen oder bewertet werden kann. Beispiele: Ausfallzeit in Stunden, Korrektheit Ja/Nein, Änderungszeit in Personentagen, Reaktionszeit in Sekunden.

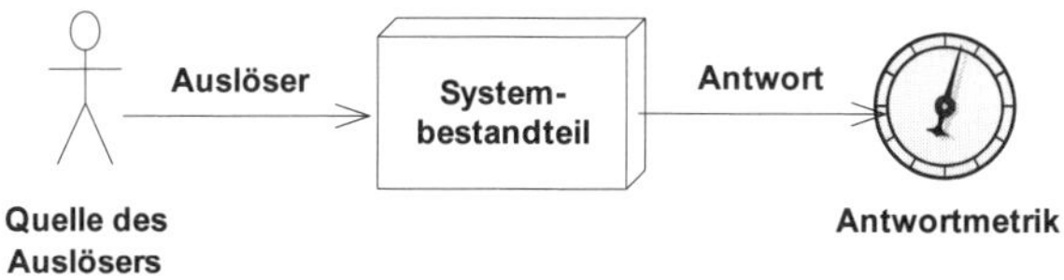

Abbildung 3.4: Schematische Darstellung von Szenarien (nach [Bass+03])

Typen von Szenarien

Es gibt einige unterschiedliche Typen von Szenarien:

- Anwendungsszenarien beschreiben, wie das System zur Laufzeit auf einen bestimmten Auslöser reagieren soll. Hierunter fallen auch Szenarien zur Beschreibung von Effizienz oder Performance. Beispiel: Das System beantwortet eine Benutzeranfrage innerhalb einer Sekunde.
- Änderungsszenarien beschreiben eine Modifikation des Systems oder seiner unmittelbarer Umgebung. Beispiel: Eine zusätzliche Funktionalität wird implementiert oder die Anforderung an ein Qualitätsmerkmal ändert sich.
- Stress- oder Grenzszenarien beschreiben, wie das System auf Extremsituationen reagiert. Beispiele: Das System soll jetzt im Online- statt wie bisher im Batch-Betrieb laufen. Wie reagiert das System auf einen Stromausfall?

Beispiele für Szenarien zur Definition von Qualitätsanforderungen

Ich möchte Ihnen die Anwendung von Szenarien anhand konkreter Beispiele aus dem Alltag einiger Projekte verdeutlichen.

Anwendungsszenarien:

- Die Antwort auf eine Angebotsanfrage muss Endbenutzern im Regelbetrieb in weniger als 5 Sekunden dargestellt werden. Im Betrieb unter Hochlast (Jahresendgeschäft) darf eine Antwort bis zu 15 Sekunden dauern, in diesem Fall ist vorher ein entsprechender Hinweis darzustellen.
- Ein Benutzer ohne Vorkenntnisse muss bei der erstmaligen Verwendung des Systems innerhalb von 15 Minuten in der Lage sein, die gewünschte Funktionalität zu lokalisieren und zu verwenden.
- Bei Eingabe illegaler oder fehlerhafter Daten in die Eingabefelder muss das System entsprechende spezifische Hinweistexte ausgeben und anschließend im Normalbetrieb weiterarbeiten.

Änderungsszenarien:

- Die Programmierung neuer Versicherungstarife muss in weniger als 30 Personentagen möglich sein.
- Die Unterstützung einer neuen Browser- oder Client-JDK-Version muss in weniger als 30 Personentagen programmiert und getestet werden können.

Stress- oder Grenzszenarien:

- Bei Ausfall einer CPU muss das Ersatzsystem (Hot-Spare) im Normalbetrieb innerhalb von 15 Minuten online sein.
- Die Anbindung eines neuen CRM-Systems[16] muss innerhalb von 60 Tagen möglich sein.

Szenarien und Qualitätsmerkmale

Ich möchte Ihnen nun etwas allgemeiner vorstellen, wie Sie Qualitätsmerkmale durch Szenarien beschreiben können. Dazu stelle ich zu ausgewählten Qualitätsmerkmalen mögliche Werte für die einzelnen Teile von Szenarien vor. Das Konzept dieser Darstellung stammt aus [Bass+03].

Bitte beachten Sie, dass es sich bei dieser Darstellung um allgemeine exemplarische Darstellungen handelt, die Sie für die Qualitätsanforderungen Ihrer Projekte spezifisch anpassen müssen. Einige Beispiele spezifischer Szenarien finden Sie im vorangehenden Abschnitt.

In Abschnitt 3.7 (Lösungsstrategien entwickeln) finden Sie einige Vorschläge, wie Sie Qualitätsanforderungen erfüllen können.

Tabelle 3.4: Allgemeine Szenarien für Zuverlässigkeit

Teil des Szenarios	**Mögliche Werte**
Quelle des Auslösers	Intern oder extern.
Auslöser	Fehler, Aus- oder Wegfall eines Systemteils, korrekte oder inkorrekte Nutzung eines Systemdienstes.
Umgebung	Normalbetrieb oder besondere (eingeschränkte) Betriebsbedingungen
Systembestandteil	Gesamtsystem oder beliebige Bestandteile.
Antwort	▪ Das System entdeckt und behebt den Fehler, benachrichtigt Verantwortliche, schaltet fehlerhafte Bestandteile ab oder ersetzt sie. ▪ Das System oder ein Bestandteil geht durch den Auslöser in einen Fehlerzustand über oder stellt die Funktion ein.

[16] CRM: Customer-Relationship-Management, deutsch *Verwaltung von Kundenbeziehungen*) hat das Ziel, Kundenbeziehungen in einem Unternehmen zu organisieren und somit die Kundenzufriedenheit und -bindung, sowie die Profitabilität zu erhöhen (nach: [Wikipedia]).

Teil des Szenarios	Mögliche Werte
Antwortmetrik	▪ Zeiten, in denen das System verfügbar oder wieder hergestellt sein muss. ▪ Zeit, die zwischen der Entdeckung eines Fehlers/Fehlverhaltens und seiner Behebung vergeht. ▪ Zeit, die das System in eingeschränktem Betriebszustand oder Fehlerzustand verbleiben darf.

Tabelle 3.5: Allgemeine Szenarien zur Änderbarkeit

Teil des Szenarios	Mögliche Werte
Quelle des Auslösers	Benutzer, Entwickler, Systemadministrator, Manager, Organisatorischer Kontext
Auslöser	Wunsch nach ▪ erweiterter oder geänderter Funktionalität ▪ erweiterter nichtfunktionaler Eigenschaft ▪ anderem Einsatz-, Nutzungs- oder Betriebskonzept. ▪ Geänderte organisatorische Rahmenbedingungen (Gesetzesauflagen, Normen)
Umgebung	Entwicklungs-, Betriebs- oder Laufzeit.
Systembestandteil	Gesamtsystem, beliebiger Systembestandteil. Anmerkung: Von Änderungsszenarien können auch externe Systeme betroffen sein.
Antwort	Identifikation der zu ändernden Systembestandteile innerhalb der Architektur, Durchführung der Änderung (mit/ohne Nebenwirkung auf weitere Systemteile), Test und Inbetriebnahme der Änderung
Antwortmetrik	Kosten, Aufwand, Umfang der von der Änderung betroffenen Systemteile (Funktionen, Daten, sonstige Systembestandteile).

Tabelle 3.6: Allgemeine Szenarien zu Effizienz (landläufig: Performance)

Teil des Szenarios	Mögliche Werte
Quelle des Auslösers	Intern oder extern.
Auslöser	Beliebiges Ereignis: periodisch, sporadisch, zufällig, gezielt.
Umgebung	Normalbetrieb, Hochlast, Überlast.
Systembestandteil	Gesamtsystem.
Antwort	Auslöser beeinflusst Ausführungsverhalten (kann das System nach dem Auslöser vollständig oder nur noch eingeschränkt genutzt werden? Sind Funktionen und Daten eingeschränkt oder vollständig nutzbar) oder Laufzeitverhalten (wie ändern sich Zeitverhalten oder Resourcennutzung durch den Auslöser) des Systems.

Teil des Szenarios	Mögliche Werte
Antwortmetrik	Latenz, Reaktionszeit, Durchsatz. Fehlerrate, Menge verlorener Daten oder nicht mehr verfügbarer Funktionen, Schwankungen in der Möglichkeit des Systemzugriffs.

Hierzu gehören die üblicherweise als Mengengerüste bezeichneten Informationen: Wie viele Benutzer bearbeiten wann wie viele Daten in welcher Zeit? Welche Reaktionszeiten oder Durchsätze soll das System erbringen, welche Prozessor- oder Datenbanklast darf dabei entstehen?

Mengen- und Zeitangaben solcher Art bilden eine gute Grundlage für Effizienz- oder Performanceszenarien.

Tabelle 3.7: Allgemeine Szenarien zu Benutzbarkeit und Verständlichkeit

Teil des Szenarios	Mögliche Werte
Quelle des Auslösers	Benutzer, Architekt, Entwickler.
Auslöser	Quelle versucht: ▪ effiziente und korrekte Benutzung des Systems zu erlernen. ▪ Bedien- oder Anwendungskonzept des Systems zu verstehen. ▪ Auswirkung von Fehlbedienung zu minimieren. ▪ System an eigene Bedürfnisse anzupassen (zu konfigurieren). ▪ System- und Softwarearchitektur zu verstehen.
Umgebung	Normalbetrieb, Laufzeit, Installations- oder Konfigurationszeit
Systembestandteil	Gesamtsystem, (betroffen meist Benutzungsoberfläche und Ablaufsteuerung), Architekturdokumentation.
Antwort	▪ System unterstützt durch Beispiele oder Erklärungen. ▪ Fehlerhafte Bedienung hat lokale/übergreifende Auswirkung. ▪ System(teil) ist/ist nicht konfigurierbar. ▪ System- und Softwarearchitektur mit zugrundeliegenden Konzepten ist/ist nicht dokumentiert.
Antwortmetrik	▪ Zeitaufwand, Einarbeitungszeit, Zeit bis zum Verständnis einer neuen Funktion, Verhältnis der erfolgreichen Nutzungen zu den Nutzungen insgesamt, Umfang beschädigter Daten. ▪ Hinsichtlich der Verständlichkeit der Architektur: Schulnoten.

In den Szenarien bezüglich Benutzbarkeit und Verständlichkeit weiche ich von der DIN/ISO 9126 ab, weil insbesondere die Verständlichkeit der Software-Architektur für mich zu den wichtigen Architekturzielen und damit nichtfunktionalen Anforderungen gehört.

Eine leicht verständliche Architektur ohne (unliebsame) Überraschungen gehört zu den wesentlichen Voraussetzungen für Wartbarkeit und Änderbarkeit.

Verständlichkeit von Architekturen entziehen sich der sinnvollen Quantifizierbarkeit. Ich habe positive Erfahrung mit der Vergabe von Schulnoten gemacht: Lassen Sie die Leser und Reviewer von Architekturen die Verständlichkeit der Architektur und ihrer Dokumentation (kapitel-/dokumentenweise) bewerten. Zwar ist diese Metrik subjektiv, allerdings gibt sie Ihnen wertvolle Hinweise, wo und bei wem Sie die Verständlichkeit erreicht haben und wo nicht.

Tabelle 3.8: Allgemeine Szenarien zur Sicherheit

Teil des Szenarios	**Mögliche Werte**
Quelle des Auslösers	▪ Intern oder Extern. ▪ Person (korrekt, fehlerhaft oder gar nicht identifiziert).
Auslöser	Quelle versucht: ▪ Daten anzuzeigen, zu ändern oder zu löschen ▪ Dienste oder Daten des Systems zu nutzen ▪ Verfügbarkeit des Systems einzuschränken
Umgebung	Entwicklungs-, Lauf- oder Betriebszeit, mit/ohne Firewall oder ähnlichen Schutzmechanismen.
Systembestandteil	Gesamtsystem, Dienste/Funktionen des Systems, bearbeitete oder gespeicherte Daten, verbundene Fremdsysteme.
Antwort	▪ Benutzer wird korrekt/inkorrekt authentisiert/autorisiert. ▪ Zugriff auf Daten oder Funktionen erlaubt/verweigert. ▪ Daten werden gelesen, verändert, gelöscht. ▪ Erkennung eines Angriffs, Benachrichtigung. ▪ Verfügbarkeit des Systems wird eingeschränkt.
Antwortmetrik	▪ Zeit/Aufwand zur Umgehung der Sicherheitsmaßnahmen. ▪ Wahrscheinlichkeit eines erfolgreichen Angriffs oder der Entdeckung eines Angriffs. ▪ Menge der bei oder nach einem Angriff noch verfügbaren Daten oder Systemdienste. ▪ Grad/Umfang der Schädigung innerhalb und außerhalb des Systems.

Hier kann ich bei weitem nicht alle Aspekte von Sicherheit in der IT abdecken. In [Möricke04] finden Sie weiterführende Hinweise.

Was Sie mit Szenarien noch erreichen können

Sie können Szenarien auch nutzen, um Ihre Architekturen hinsichtlich spezifischer Qualitätsmerkmale zu bewerten. Eine kurze Einführung in die Architekturbewertung finden Sie in Kapitel 6.

3.5.3 So erreichen Sie Qualitätsmerkmale

In Abschnitt 3.7 (Lösungsstrategien entwickeln) möchte Ihnen einige Maßnahmen vorstellen, mit denen Sie bestimmte Qualitätsmerkmale erreichen können.[17] Sie dienen in Ihren Projekten als Ausgangspunkte oder Diskussionsgrundlagen. In jedem Fall müssen Sie für konkrete Situationen geeignete und angemessene Verfeinerungen identifizieren (aber ich kann Ihnen ja hier auch nicht sämtliche Arbeit abnehmen ☺).

3.6 Projektrisiken identifizieren

Auf Basis der Einflussfaktoren gilt es nun, Projektrisiken[18] zu identifizieren und passende Lösungsstrategien zu entwickeln.

Leider gibt es jedoch keinen systematischen oder deterministischen Weg, die Risiken von Software-Projekten zu identifizieren. Hier helfen Ihnen lediglich Ihre Erfahrung und Ihr Sachverstand. Nachfolgend finden Sie in Kurzform einige Techniken, mit denen Sie auf Basis der Einflussfaktoren wichtige Risiken identifizieren können:

- Laden Sie verschiedene Projektbeteiligte zu einer Brainstorming-Sitzung ein.
- Diskutieren Sie die Liste Ihrer spezifischen Einflussfaktoren mit Mitarbeitern aus anderen Projekten.
- Orientieren Sie sich am Risikomanagement der Projektleitung.
- Abstrahieren Sie von den Einflussfaktoren. Verallgemeinern Sie.
- Beachten Sie die Wechselwirkungen oder gegenseitige Verstärkung von Faktoren. Beispiel: Das Entwicklungsteam besitzt keine Erfahrung mit der geforderten Programmiersprache und gleichzeitig gibt es kein Budget für Schulung.

Tabelle 3.9 zeigt einige typische Projektrisiken, die nach meiner Erfahrung in der Praxis immer wieder auftreten.

[17] [Bass+03] nennen solche Maßnahmenvorschläge *Architectural Tactics*.
[18] Hier im Sinne von Kernproblemen oder Herausforderungen benutzt.

Tabelle 3.9: Typische Risiken von Software-Projekten

Problem	Erläuterung
Enger Zeitplan	Übermäßig optimistische Zeitplanung, unterschätzen von Aufwand und Komplexität
Eingeschränkte Verfügbarkeit von Ressourcen	▪ Mitarbeiter (Entwickler, Anwender, Tester) ▪ technische Ressourcen wie Test- und Integrationsumgebung, Netzkapazität ▪ Verfügbare Rechenleistung oder I/O-Kapazität, insbesondere für erwartete Lastspitzen
Eingeschränkte Eignung vorhandener Ressourcen	Entwurfs- und Entwicklungswerkzeuge, beispielsweise CASE-Werkzeuge, Entwicklungsumgebungen, Programmiersprachen, Datenbanksysteme, Kommunikationssysteme
Eingeschränkte Verfügbarkeit von Fachwissen	Mitarbeiter mit unpassenden Fähigkeiten oder Erfahrungen
Neue (nicht erprobte) Produkte	Betriebssysteme, Datenbanken, Middleware, Application Server, Klassenbibliotheken und andere
Kritische Schnittstellen zu externen Systemen	▪ Ungeeignete Schnittstellen: Die verfügbaren Dienste sind ungeeignet, Datenmodelle unterscheiden sich, Aufrufverhalten (synchron, asynchron) anders als notwendig. ▪ Schnittstellen nicht flexibel (nicht anpassbar, Quellcode nicht verfügbar, Anpassung birgt zu hohes Risiko) ▪ Performance externer Systeme schlecht oder unzuverlässig. ▪ Sicherheit (Verschlüsselung, Authentizität, Zugriffsschutz) nicht gewährleistet. ▪ Verfügbarkeit der externen Systeme schlecht oder unzuverlässig ▪ Potenzielle technische Konflikte (anderes Betriebssystem, anderes Datenbanksystem, andere Kommunikationsprotokolle)
Technische Infrastruktur	▪ Heterogene Betriebssysteme und Ablaufumgebungen ▪ Verfügbare Netzkapazitäten ▪ Verfügbare Rechenleistung ▪ Verfügbare Datenbankleistung (Transaktionsraten für Aktualisierungs-, Einfüge- oder Suchoperationen)
Schlechte Anforderungen	▪ Schlechte Dokumentation der Anforderungen ▪ Widersprüche oder Konflikte in den Anforderungen ▪ Mehrdeutige Anforderungen ▪ Keine Priorisierung der Anforderungen

Dokumentieren Sie die Projektrisiken

Probleme offenlegen!

- Seien Sie bei der Dokumentation von Software-Architekturen pragmatisch – weniger ist oftmals mehr.
- Stellen Sie vor allem sicher, dass sämtlichen Projektbeteiligten die Risiken des Projektes bekannt sind. Frühzeitige Offenlegung der (potenziellen) Probleme ermöglicht es allen Beteiligten, zur Lösung beizutragen.[19]
- Daher: Dokumentieren Sie die Projektrisiken. Dazu genügt eine formlose Tabelle. Notieren Sie dazu, welche Einflussfaktoren auf welche Risiken Einfluss besitzen. Dann können Sie im Projektverlauf abschätzen, welche Auswirkungen durch Veränderungen der Einflussfaktoren hervorgerufen werden.

3.7 Lösungsstrategien entwickeln

Nach der Identifikation von Einflussfaktoren, insbesondere der geforderten Qualitätsmerkmale und Projektrisiken kennen Sie also die Schwierigkeiten, die beim Entwurf des Systems auf Sie zukommen. Nun gilt es, passende Lösungsstrategien und -alternativen zu entwickeln.

Wie bereits bei der Identifikation der Projektrisiken gilt: Es gibt keinen allgemeingültigen Weg zu Lösungsstrategien.[20]

Ich möchte Ihnen in diesem Abschnitt Ratschläge und Anregungen zu einigen häufig vorkommenden Problembereichen von Software-Systemen geben:

- Organisatorische Probleme: Mangel an Zeit, Budget oder Erfahrung
- Performance
- Flexibilität und Erweiterbarkeit

Sollten einige Ihrer spezifischen Probleme in eher technischen Bereichen angesiedelt sein, kann Ihnen sicherlich der Katalog typischer Architekturaspekte (Kapitel 7) weiterhelfen. Dort finden Sie Tipps und Hinweise zu einer Vielzahl von Aspekten des praxisorientierten Software-Entwurfs.

3.7.1 Strategien gegen organisatorische Probleme

Meiner Erfahrung nach haben die meisten Software-Projekte mindestens eines der folgenden (organisatorischen) Probleme:

[19] Anders formuliert: Wenn Sie (und die Projektleitung) Risiken und Probleme nur lange genug „für sich behalten“, ist das einer der schnellsten Wege ins Projekt-Desaster!

[20] Das ist auch gut so, sonst wären Software-Architekten vermutlich überflüssig!

- Zu wenig Zeit: Die Zeit bis zum Endtermin ist zu knapp bemessen, um die Anforderungen mit dem zugehörigen Projektteam zu erfüllen.
- Zu wenig Budget: Es mangelt dem Projekt an Geld. Aus Projektsicht notwendige Investitionen in Hardware, Software oder Wissen (in Form von Schulungen oder weiteren Mitarbeitern) unterbleiben.
- Zu wenig Wissen und Erfahrung: Es mangelt dem Projektteam an Wissen und Erfahrung in einigen Bereichen der Entwicklung. Beispielsweise wird ein neues, dem Team unbekanntes Entwicklungswerkzeug eingesetzt.

Zu wenig Zeit

Knappes Budget

Knappe Ressourcen

In seinem Buch „Death March" ([Yourdon99]) gibt Edward Yourdon einige Ratschläge, wie Sie in schwierigen Projekten Ihr eigenes fachliches Überleben sichern. Falls die Situation Ihrer Ansicht nach völlig aussichtslos erscheint, sollten Sie dort nach Rettungsvorschlägen suchen.

Für die in der Praxis häufig vorkommenden „normal kritischen" Situationen gebe ich Ihnen bezüglich der Software-Architektur folgende Ratschläge:

Kooperation mit Projektleitung und Risikomanagement

- Arbeiten Sie bei organisatorischen Problemen eng mit der Projektleitung oder dem Projektmanagement zusammen.
- Sie als Software-Architekt können wertvolle Hinweise zum Risikomanagement des Projektes liefern. Auf diese Weise können manche der Einflussfaktoren verhandelt werden (was Ihnen wiederum mehr Spielraum beim Entwurf der Architektur lässt).
- Sie können gemeinsam mit der Projektleitung alternative Modelle der Auslieferung oder Fertigstellung erarbeiten. Beispiel: Am vereinbarten Endtermin wird lediglich ein Teil der gewünschten Funktionalität geliefert.
- Sie können gemeinsam mit der Projektleitung die Auswirkung kritischer Anforderungen mit dem Auftraggeber diskutieren (und hier ebenfalls eine Entspannung der Situation erreichen).
- Falls sich die organisatorischen Probleme direkt auf technische Aspekte des Systems oder einzelner Bestandteile auswirken: Nutzen Sie diese Sachverhalte für Verhandlungen mit Projektleitung, Auftraggebern und Kunden.
- Prüfen Sie mit dem Auftraggeber, ob eine Revision der *Make-or-buy*-Entscheidung die Situation entschärfen kann. Gegebenenfalls kann auch der Zukauf einzelner Komponenten oder Systembestandteile helfen.
- Überarbeiten Sie mit dem Auftraggeber die Anforderungen an das System. Verhandeln Sie über andere Prioritäten der Anforderungen, um die Einschränkungen durch einige Einflussfaktoren zu lockern. Besonders kritisch und aufwändig sind (oftmals überzogene) Anforderungen an Verfügbarkeit und Performance.

Bedenken Sie bei organisatorischen Problemen einige wichtige Erfahrungen von Software-Projekten:

- Niemand arbeitet unter hohem Druck besonders produktiv. Und keiner denkt unter Druck schneller. Im Gegenteil: Hoher Druck erhöht die Fehlerquote und die Bereitschaft zu „schmutzigen Tricks“.
- Einem verspäteten Projekt mehr Mitarbeiter zu geben, macht das Projekt noch später ([Brooks95]).
- Zusätzliche Probleme tauchen von allein auf. Bauen Sie daher in alle Schätzungen Sicherheitszuschläge ein. Unterschätzen Sie sich lieber, als sich zu überschätzen.
- Wenn die Politik nicht mitspielt, wird das System niemals laufen.

3.7.2 Strategien für hohe Performance

In meinen Projekten habe ich gelernt, dass praktisch jeder Auftraggeber eine hohe Performance[21] fordert. In vielen Fällen wird diese Forderung sehr allgemein formuliert („kurze Antwortzeiten“).

Beispiel: Für eine Call-Center-Software forderte der Auftraggeber eine maximale Antwortzeit von einer Sekunde für sämtliche Operationen. Diese Anforderung wurde sehr hoch priorisiert und als formales Abnahmekriterium festgeschrieben. Gleichzeitig schrieb der Auftraggeber vor, sämtliche Daten des Systems mittels bereits vorhandener Mainframe-Systeme zu bearbeiten. Sekundäre oder redundante Datenspeicher zur Performancesteigerung wurden nicht erlaubt.

Durch einen funktionalen Prototypen konnte der Architekt nachweisen, dass viele der Zugriffe auf diese Mainframe-Systeme bereits deutlich mehr als eine Sekunde benötigten.

Die Anforderung hinsichtlich der Antwortzeiten wurde daraufhin neu verhandelt. Der Auftraggeber verringerte die Priorität und formulierte sie wie folgt um:

„Die Antwortzeiten des Systems dürfen maximal eine Sekunde plus die kumulierten Antwortzeiten der beteiligten Mainframe-Systeme betragen.“

Einige grundlegende Hinweise zur Bewältigung hoher Performanceanforderungen:

Zusätzliche Hardware

- Benutzen Sie einen Profiler und führen Sie Lasttests durch. Lastkurven helfen in vielen Fällen, die Performance-Engpässe zu finden.
- Lösen Sie das Problem durch zusätzliche Hardware. Hardware ist (manchmal) preiswerter als Gehirnschmalz. Zusätzliche Prozessoren, schnellere

[21] Ich bleibe hier beim Begriff Performance, obwohl die in Abschnitt 3.5 vorgestellte DIN/ISO Norm 9126 von Effizienz spricht.

Netzwerke oder schnellere Datenbankserver können in manchen Fällen für ausreichende Performance sorgen. Einige Probleme bleiben mit diesem Ansatz jedoch erhalten:
  - Er erfordert teilweise erhebliche (Anfangs-) Investitionen.
  - Sie müssen im Vorfeld den „Beweis" erbringen, dass die zusätzliche Hardware die Performance-Anforderungen erfüllt.
- Versuchen Sie, mit Ihren Auftraggebern die gewünschte Performance des Systems neu zu verhandeln.
- Verringern Sie die Kommunikation der Systemkomponenten. Fügen Sie Platzhalter oder Proxy-Klassen ein, um Kommunikation und Datentransfer zu sparen (Details finden Sie in Kapitel 5).
- Verringern Sie die Flexibilität des Systems. Verzichten Sie auf zusätzliche Abstraktionsschichten.
- Verzichten Sie auf Verteilung. Verlagern Sie performancekritische Teile der Software zusammen auf einen Rechner oder Knoten, statt sie auf unterschiedliche Knoten zu verteilen.
- Führen Sie Redundanzen ein: Sie können Kopien kritischer Daten im Speicher halten, statt sie aus einer Datenbank zu lesen.
- Seien Sie pragmatisch: Wenn Performance wirklich wichtig ist, können Sie den Abstraktionsgrad der Programmiersprache verringern: Setzen Sie betriebssystemnahe Sprachen oder Assembler statt objektorientierter Sprachen ein.

Beispiel: Eine Bank entwickelte ein System für Online-Überweisungen im Internet. Die Zielplattform waren „Personal Digital Assistants" (PDA) in Verbindung mit Mobiltelefonen. Als Programmiersprache sollte Java eingesetzt werden. Die Sicherheit der Datenübertragung sollte durch den „Secure Socket Layer" (SSL) erreicht werden. Die Performance war kritisch für die Akzeptanz und wurde daher hoch priorisiert.

Ein erster Prototyp, vollständig in Java implementiert, benötigte für den (komplexen) Anmeldevorgang (mit SSL-Handshake) am zentralen Server mehr als drei Minuten – eine nicht akzeptable Zeit.

Zusätzliche oder andere Hardware war in diesem Fall nicht möglich. Daher wurde die Architektur des Systems vereinfacht: Abstraktionsschichten innerhalb der Java-Anwendung entfielen. Zusätzlich entschloss sich der verantwortliche Software-Architekt, für die SSL-Implementierung Assembler statt Java einzusetzen. Mit Erfolg – die Anmeldung dauert mittlerweile nur noch etwa 4 Sekunden.

Der Nachteil: Das System hat dadurch massiv an Wartbarkeit und Verständlichkeit verloren. Die erwarteten Vorteile von Java hinsichtlich Portierbarkeit konnten nur eingeschränkt genutzt werden.

3.7.3 Strategien für Anpassbarkeit und hohe Flexibilität

Flexibilität eines Systems umfasst Analysierbarkeit (änderungsbedürftige Teile identifizieren), Modifizierbarkeit (Anpassung) und Stabililität (keine unerwarteten Auswirkungen nach Änderungen). In praktisch allen Fällen kollidiert die Forderung nach hoher Anpassbarkeit und Flexibilität mit den Forderungen nach hoher Performance.

> *Beispiel:* In einem unserer Projekte stand aufgrund der hohen erwarteten Lebensdauer des Systems (mehr als 15 Jahre!) die Flexibilität der Anwendung im Vordergrund aller Anforderungen. Sämtliche Details der eingesetzten Hard- und Softwareplattform, sollten durch Architekturmittel gekapselt werden, CORBA war „politisch" verpönt. Direkte Methodenaufrufe zwischen verschiedenen Komponenten wurden vom Auftraggeber untersagt und ausschließlich über das Entwurfsmuster „Command" erlaubt. Dic Software-Architekten konnten diese Anforderungen durch die Einführung mehrerer Abstraktionsschichten erreichen, die jeweils technische Details der darunter liegenden Schichten kapselten.
>
> Gleichzeitig forderte der Auftraggeber allerdings eine sehr hohe Performance und kurze Antwortzeiten. Diese Forderung kollidiert mit der Schichtenbildung, die für die gewünschte Flexibilität notwendig war.
>
> In diesem Fall zeigte ein ausführlicher technischer Prototyp die Unvereinbarkeit beider Anforderungen. Nach langen Verhandlungen willigte der Kunde ein, die (aus meiner Sicht übertriebenen) Forderungen hinsichtlich Flexibilität zu lockern.

Wenn Flexibilität zu den Projektrisiken (oder wichtigen Anforderungen) Ihres Systems gehört, dann können Ihnen folgende Ratschläge helfen:

Finden Sie gemeinsam mit Auftraggeber und Anwendern des Systems heraus, in welcher Hinsicht das System flexibel sein muss:

- Funktionalität (Hinzufügen neuer oder Modifizieren bestehender Funktionen)
- Datenstrukturen oder Datenmodell
- Eingesetzte Fremdsoftware (Datenbanksystem, GUI-Bibliothek, Middleware oder andere)
- Schnittstellen zu anderen Systemen (neue Schnittstellen, Modifikation bestehender Schnittstellen)
- Benutzerschnittstelle (veränderte Gestaltung oder Inhalte)
- Zielplattform (Portabilität auf andere Betriebssysteme, Datenbanken oder Kommunikationssysteme)

Diese Informationen können den Bereich der notwendigen Flexibilität einschränken und Ihnen beim Entwurf des Systems mehr Freiheiten verschaffen. Sie können auf Basis dieser Informationen „Was-wäre-wenn"-Szenarien entwickeln, mit denen Sie verschiedene Architekturalternativen auf ihre Eignung prüfen können. Mehr zum Thema „Bewertung von Architekturen" finden Sie in Kapitel 6 sowie in [Clements+02], [Bosch2000], [Bass+03] sowie [Parnas72].

- Betreiben Sie möglichst ausgiebig „Information Hiding":
  - Verbergen Sie die internen Details einer Komponente vor anderen Komponenten.
  - Führen Sie interne Abstraktionsschichten ein.
  - Verringern Sie Abhängigkeiten zwischen Komponenten. Dabei kann Ihnen Kapitel 5 über Entwurfsprinzipien helfen.
- Halten Sie die Änderungen möglichst lokal: Die notwendigen oder erwarteten Änderungen sollten auf möglichst wenige Bausteine des Gesamtsystems beschränkt bleiben.
- Entkoppeln Sie Systembestandteile weitmöglichst voneinander:
  - Lassen Sie Bausteine immer über Schnittstellen miteinander kommunizieren – verwenden Sie möglichst niemals Implementierungsdetails der benutzten Bausteine (das gewährleistet die Austauschbarkeit von Bausteinen).
  - Verwenden Sie Adapter, Fassaden oder Proxies (siehe Kapitel 5 und [GoF]), um Bausteine voneinander zu entkoppeln.

Falls Sie auch Flexibilität zur Laufzeit Ihrer Systeme benötigen, können Ihnen die folgenden Vorschläge helfen. Ihr Tenor lautet: Entscheiden Sie möglichst spät.

- Verwenden Sie Konfigurationsdateien, um Installations- oder Laufzeitparameter möglichst lange flexibel zu halten.
- Verwenden Sie Polymorphismus[22], um die Identifikation konkreter Typen erst zur Laufzeit vornehmen zu lassen (leider funktioniert das nur mit objektorientierten Programmiersprachen).

3.7.4 Strategien für hohe Verfügbarkeit

Sie können die Verfügbarkeit Ihrer Systeme durch folgende grundsätzliche Maßnahmen verbessern: Fehlererkennung (*fault detection*), Fehlerbehebung (*fault recovery*) und Fehlerverhütung (*fault prevention*). Zu allen dreien gebe ich Ihnen einige (kurze) Ratschläge, die Sie für Ihre konkreten Anforderungen spezialisieren müssen:

[22] Falls Ihnen der Begriff Polymorphismus nicht behagt: Bruce Eckel nennt es in [Eckel99] „Run-Time-Type-Identification".

- Zur Fehlererkennung: Prüfen Sie frühzeitig auf Situationen, die zu Ausfällen oder Beeinträchtigungen führen können. Spendieren Sie beispielsweise Ihren Systemen eine robuste Ausnahmebehandlung und/oder realisieren Sie Mechanismen, die periodisch (über *ping*- oder *echo*-Mechanismen) oder kontinuierlich (*heartbeat*) die Verfügbarkeit Ihrer Systeme prüfen.
- Zur Fehlerbehebung:
  - Lassen Sie mehrere redundante Bausteine über die Richtigkeit von Ergebnissen abstimmen (*voting*). Dies ist ein beliebtes aber aufwändiges Mittel aus der Hochsicherheitstechnik.
  - Halten Sie Systembestandteile mehrfach redundant verfügbar (*hot spare*) und ersetzen im Fehlerfall den defekten Systembestandteil durch ein solches Ersatzteil. Das gilt für Hardware wie auch für Software. Beispiel hierfür ist die Auslegung großer Rechenzentren, in denen die komplette Hard- und Software mehrfach und voneinander räumlich getrennt vorgehalten wird[23].
- Zur Fehlerverhütung:
  - Verwenden Sie Transaktionen, indem Sie logisch zusammengehörige Operationen klammern. Falls innerhalb einer solchen Transaktion ein Fehler auftritt, setzen Sie das System durch ein Rollback auf den Zustand vor der Transaktion zurück.
  - Speichern Sie periodisch den gesamten Systemzustand in so genannten *Checkpoints*. Im Fehlerfall können Sie auf den letzten Checkpoint zurücksetzen.

[23] Für diese Strategie finden Sie auch den Begriff des *Failover Cluster*, wobei zwischen *Hot-Standby* (Ersatzteil übernimmt ausschließlich im Fehlerfall) und *Active-Active* (alle Teile laufen ständig mit und im Fehlerfall wird der defekte Teil ausgeschaltet) Clustern differenziert wird. Eine gute Erläuterung dazu finden Sie in [Wikipedia].

3.8 Weiterführende Literatur

Die hier vorgestellten Ansätze, Einflussfaktoren zu gruppieren, priorisieren und mit spezifischen Strategien zu adressieren, werden in einigen anderen Disziplinen seit langem erfolgreich angewandt, etwa im Risikomanagement von Projekten (siehe auch [Dorofee96]) oder dem *System Engineering* (siehe [Rechtin2000]).

[Bass+03] diskutieren Qualitätsmerkmale und Möglichkeiten zur Umsetzung als so genannte Architectural Tactics.

[Blaha98] beschreiben Ansätze zum Entwurf datenorientierter Systeme.

[Dorofee96] fokussiert auf ein durchgängiges System von Risikomanagement und beschreibt dazu ein System von Einflussfaktoren auf Projekte.

[Hofmeister2000] beschreibt eine „globale Analyse", die auch auf die Darstellung der Einflussfaktoren sowie die Entwicklung von Strategien abzielt.

[Meszaros97] stellt einige Muster zur Definition von Architekturen vor.

[Möricke04] bietet einen aktuellen Überblick über weitere Aspekte der IT-Sicherheit.

[Rechtin2000] ist eine Fundgrube für Heuristiken und Vorgehensweisen beim Entwurf von Architekturen.

[Siedersleben04] beschreibt das Vorgehen beim Entwurf von Komponenten. Zwar bleiben dabei viele der hier genannten Einflussfaktoren außen vor, jedoch erläutert er nachvollziehbar und praxisorientiert, wie Sie zu einer angemessenen Struktur von Komponenten kommen können.

[Yourdon99] charakterisiert pragmatisch und sehr praxisorientiert die Probleme „unmöglicher" Projekte (*„mission impossible projects"*). Er gibt Ratschläge und Heuristiken zur Schadensminimierung für die Projektbeteiligten.

> Es ist offensichtliche Wahrheit, dass auch
> eine perfekte Architektur nutzlos bleibt,
> wenn sie nicht verstanden wird ...
> Die Architektur zu dokumentieren
> ist der kritische, krönende Schritt
> zu ihrer Erschaffung.
>
> [Bachmann2000]

4 Dokumentation von Software-Architekturen

Fragen, die dieses Kapitel beantwortet:

- Welche Anforderungen muss eine Architekturdokumentation erfüllen?
- Was ist bei der Dokumentation von Architekturen zu beachten?
- Welche grundsätzlichen Regeln gelten für die Dokumentation?
- Was ist eine Sicht auf eine Architektur?
- Welche nützlichen Architektursichten gibt es?
- Wie können Sie diese Sichten dokumentieren?
- Wie entwerfen Sie die Sichten?

In diesem Kapitel möchte ich Ihnen zuerst die Anforderungen an die Dokumentation von Software-Architekturen vorstellen. Im zweiten Schritt erfahren Sie, durch welche einfachen Grundregeln Sie bereits eine ganze Reihe dieser Anforderungen erfüllen können. Im Hauptteil dieses Kapitels lernen Sie dann das Konzept von Sichten und Perspektiven kennen. Danach wissen Sie, wie Sie die Architekturdokumentation in Ihren Projekten aufbauen sollten.

Darum sollten Sie Architekturen dokumentieren

Architekturen ermöglichen effektive (d.h. zielgerichtete) Kommunikation über ein IT-System. Der reine Quellcode kann in realen IT-Systemen aufgrund seines Umfangs[1] sowie seines niedrigen Abstraktionsniveaus diese Aufgabe nicht übernehmen.

Die Lebensdauer von IT-Systems übersteigt in der Regel deutlich die ursprüngliche Erstellungszeit: Viele Systeme entstehen in Projekten von ungefähr einem Jahr Dauer und bleiben für 5 bis 10 Jahre im Einsatz[2]. Verständliche, aktuelle und redundanzfreie Dokumentation ermöglicht es in solchen Situationen, auch über einen langen Zeitraum:

- den Überblick zu wahren,
- auftretende Fehler und Probleme kurzfristig beseitigen zu können,
- geänderte Anforderungen mit angemessenem Aufwand erfüllen zu können und
- auf Änderungen am gesamten technischen Umfeld (Hardware, Betriebssysteme, Middleware, Fremdsysteme, Datenbanken etc.) reagieren zu können.

In IT-Systemen signifikanter Größe korreliert der Aufwand für die oben genannten Aktivitäten direkt mit der Güte der Architekturdokumentation.

4.1 Anforderungen an Architekturdokumentation

In diesem Abschnitt möchte ich Sie mit den wesentlichen Anforderungen an Architekturdokumentation vertraut machen. Dabei unterscheide ich (wie bei der Entwicklung von Software-Systemen üblich) zwischen den *funktionalen* und *nichtfunktionalen* Anforderungen:

- Die funktionalen Anforderungen (an eine Dokumentation) beschreiben, was die Dokumentation für Ihre Leserschaft leisten muss. Konkret stelle ich Ihnen einige typische Fragen vor, die Ihre Architekturdokumentation beantworten muss.
- Die nichtfunktionalen Anforderungen beschreiben, welche Qualitätsmerkmale die Dokumentation haben muss.

1 Aus Hundertausenden bis Millionen Zeilen Quellcode Strukturen und Zusammenhänge zu erkennen, bleibt den menschlichen Denkstrukturen in der Regel versagt. Wir können aufgrund unserer angeborenen (und nicht prinzipiell veränderbaren) Denk- und Lernstrukturen nur relativ kleine Informationsmengen auf einmal verarbeiten, weshalb wir zum Verständnis komplexer Strukturen grundsätzlich auf Abstraktionen angewiesen sind.

2 In manchen Bereichen, wie etwa der Eisenbahntechnik, bleiben Softwaresysteme teilweise länger als 30 Jahre in Betrieb (bzw. die Hersteller müssen für diese Zeit die Wartung und Weiterentwicklung gewährleisten).

4.1.1 Funktionale Anforderungen

Die Software-Architekturdokumentation (SWAD) muss den Stakeholdern eines IT-Systems eine Reihe wichtiger Auskünfte geben und ihre spezifischen Fragen zur Architektur und allen weiteren technischen Aspekten des Systems beantworten.

Universelle Fragen an Architekturdokumentation

Folgende universelle Fragen muss die SWAD beantworten:

- Wie fügt sich das System in seine Umgebung ein, insbesondere in seine technische Infrastruktur sowie die Projektorganisation?
- Wie ist das System als Menge von Implementierungseinheiten strukturiert und welche Beziehungen gibt es zwischen diesen?
- Wie verhalten sich die Bausteine zur Laufzeit und wie arbeiten sie zusammen?

Die meisten Stakeholder haben daneben noch einige spezifische Fragen. Tabelle 4.1 zeigt einige wichtige im Überblick:

Tabelle 4.1: Typische Fragen an die Architekturdokumentation

Stakeholder	Fragen
Kunden und Auftraggeber	■ Hat das Projektteam das Problem verstanden? ■ Passen die Strukturen der geplanten Lösung zum Problem? ■ Ist diese Architektur für den geplanten Einsatz tragfähig hinsichtlich nicht-funktionaler Anforderungen wie Performance und Wartbarkeit?
Manager	■ Was muss der Auftraggeber zuliefern, welche Teile müssen wir selbst entwickeln, welche Teile können wir zukaufen?
Fachexperten, Entwickler und Qualitätssicherer	■ Welchen Teil des Systems entwerfe/realisiere/prüfe ich gerade und wie ordnet sich dieser in das Gesamtsystem ein? ■ Aus welchen Gründen wurden Entwurfsentscheidungen getroffen? ■ An welchen Stellen muss das System flexibel und variabel sein?
Neue Mitarbeiter	■ Was hat das Team bisher entworfen und entwickelt? ■ Wie sieht das System aus der Vogelperspektive aus? Was ist die „Philosophie“ des Systems?
Administrator, Betreiber	■ Wie müssen wir die Bausteine des Systems zur Laufzeit verteilen, damit alles korrekt funktioniert? ■ Welche Regeln und Randbedingungen müssen wir bei der Installation des Systems, im laufenden Betrieb sowie beim Austausch vom Systemteilen beachten? ■ Wie muss die zugrundeliegende Hardware dimensioniert sein? ■ Welche Abhängigkeiten gibt es von anderen Software-Systemen?

Sie erkennen aus dieser (unvollständigen[3]) Übersicht, dass unterschiedliche Projektbeteiligte völlig verschiedene Fragestellungen hinsichtlich der Software-Architektur eines Systems haben.

Ihre Dokumentation muss möglichst alle diese Fragen beantworten. Das weiter unten vorgestellte Konzept unterschiedlicher Sichten hilft dabei, die unterschiedlichen Informationsbedürfnisse der verschiedenen Leser angemessen zu erfüllen.

4.1.2 Nichtfunktionale Anforderungen (Qualitätsanforderungen)

Alle Beteiligten stellen an die (Software-)Architekturdokumentation (SWAD) hohe Qualitätsansprüche.

- Aktuell: Falls die Dokumentation einen veralteten Stand der „Wahrheit" widerspiegelt, wird sie niemand mehr lesen wollen.
- Zielgruppenadäquat: Die Dokumentation muss auf die Bedürfnisse ihrer jeweiligen Leserschaft eingehen und deren jeweilige Fragen beantworten.
- Verständlich: Ihre Leser möchten „abgeholt" werden. Verwenden Sie geeignete Ausdrucksmittel und bitten Sie Ihre Stakeholder, die Verständlichkeit zu bewerten, etwa in Schulnoten. Zur Verständlichkeit gehört auch Konsistenz, also die durchgängige und einheitliche Verwendung von Begriffen, Modellen und Strukturen zur Darstellung bestimmter Aspekte.
- Wartbar: Damit die Forderung nach Aktualität erfüllt werden kann, muss die SWAD leicht angepasst werden können. Dabei hilft Modularität in der Dokumentation erheblich. Verständlichkeit steigt durch kontrollierte Redundanzen, die Wartbarkeit nimmt dadurch allerdings ab.
- Kompakt: Konzentrieren Sie sich auf die wesentlichen Fakten, die Ihre Leser wissen müssen. Arbeiten Sie aktiv und bewusst daran, Texte und Dokumente möglichst kurz und kompakt zu gestalten, Ihre Leser werden es Ihnen danken. Leider ist Kürze und Prägnanz in Dokumenten erheblich schwieriger zu erreichen als übermäßige Länge.
- Top-Down oder hierarchisch organisiert: Sie sollten einen kurzen Überblick über das System bereitstellen sowie davon abgeleitete Verfeinerungen. In den folgenden Abschnitten finden Sie ein paar Vorschläge für geeignete Dokumentarten und Strukturen. Achten Sie immer darauf, trotz vieler Bäume den Wald noch erkennen zu können.
- Kostengünstig: Zumindest Ihre Manager werden lautstark danach rufen. Als Architekt sollten Sie auf diesen berechtigten Ruf hören. Dokumentieren Sie angemessen: soviel wie nötig, aber so wenig wie möglich.

[3] Stellen Sie bitte in Ihren Projekten sicher, dass Sie sämtliche Fragen, die Ihre Stakeholder an die Architekturdokumentation haben, im Vorfeld kennen!

Streben Sie nach Konsistenz und Verständlichkeit

Sie sollten in allen Diagrammen Ihrer Architektur eine grundlegende Konsistenz- und Vollständigkeitsregel beachten, die für das (einheitliche) Verständnis erhebliche Bedeutung besitzt:

> Erklären Sie die Bedeutung jedes Elements und jeder Verbindungslinie. Damit schließen Sie viele mögliche Fehlinterpretationen im Vorfeld bereits aus.

Alles erklären

Deskriptiv und präskriptiv

Eine zusätzliche Anforderung an die Architekturdokumentation entsteht aus ihren beiden grundsätzlich verschiedenen Zwecken, nämlich dem beschreibenden (deskriptiven) als auch vorschreibenden (präskriptiven):

- Während der Systementwicklung (Entwurf, Implementierung, Test) schreibt die Architekturdokumentation vor, in welcher Art und Weise Sie das System zu entwickeln haben und welche Bausteine und Strukturen zu realisieren sind. Sie bietet damit eine Vorschau auf das (zukünftig) zu erstellende System.
- Nach der Entwicklung beschreibt sie die Strukturen des Systems aus verschiedenen Sichten und erklärt dazu Entwurfsentscheidungen und Zusammenhänge. In dieser Rolle zeigt die Architekturdokumentation eine Rückschau auf das (vorher) entwickelte System.

4.2 Grundlagen nützlicher Dokumentation

Nun kennen Sie die (Mindest-)Anforderungen an die Architekturdokumentation, benötigen aber noch geeignete Mittel, sie zu erfüllen. Leider ist es nicht damit getan, einfach „drauflos“ zu schreiben – Dokumentation benötigt Struktur! Ich habe genügend Projekte erlebt, in denen Hunderte, ja Tausende Seiten an (Detail-)Dokumentation produziert wurden, ohne dass die Verständlichkeit oder die Wartbarkeit des Gesamtsystems davon profitiert hätte. Häufig fehlte solchen Dokumentationen (die ihren Namen nicht verdienten) jegliche übergeordnete Struktur, sie blieben unverständlich und letztlich nutzlos.

Schaffen Sie Klarheit (und vermeiden Missverständnisse)

Sie müssen Syntax und Semantik einer Sprache kennen, um Sätze dieser Sprache verstehen zu können. Andernfalls besteht das Risiko von Fehlinterpretationen und Missverständnissen.

Analog verhält es sich mit Architekturbeschreibungen. Sie als Architekt und Ihre Leser, also die Projektbeteiligten, müssen von Syntax und Semantik der Architekturbeschreibung eine identische Vorstellung besitzen. Das nachfolgend beschriebene Modell für Architekturbeschreibungen hilft Ihnen, Missverständnisse und Unklarheiten zu vermeiden. Es gibt Ihnen Hilfestellung bezüglich Zweck, Form und Adressaten für die verschiedenen Sichten von Architekturbeschreibungen.

Ich habe in meiner Projektpraxis mehrfach Architekturbeschreibungen gesehen, die von Architekten, Auftraggebern, Projektleitern und Programmierern völlig unterschiedlich interpretiert wurden, zum Teil mit fatalen Folgen für die Projektziele. In Abschnitt 2.1 haben Sie bereits ein (abschreckendes) Beispiel einer missverständlichen Architekturbeschreibung kennen gelernt.

Einige Tipps für mehr Klarheit und weniger Missverständnisse:

- Schaffen Sie eine Gesamtstruktur Ihrer Dokumentation und legen diese Struktur in Form einer Navigationshilfe oder eines *Documentation Guide* offen (das ist die Architektur-der-Architekturdokumentation[4]).
- Kommunizieren Sie diese Struktur an alle Betroffenen, insbesondere die Leser und die Ersteller der Dokumentation.
- Stellen Sie sicher, dass alle Beteiligten die Syntax und Semantik der verwendeten Sprache oder Modellierungsmethoden kennen.

Beherzigen Sie Grundprinzipien

Aufgrund ihrer zentralen Bedeutung fasse ich für Sie in diesem Abschnitt wesentliche Grundprinzipien für eine nützliche Dokumentation in Form einiger Anregungen zusammen.

Sie sollten diese Prinzipien bei der Erstellung von (Architektur-)Dokumenten beherzigen. Falls Sie als Reviewer solcher Dokumente tätig sind, können Sie die folgenden Ratschläge als Checkliste verwenden.

- Schreiben Sie aus der Sicht der Leser: Dokumente werden häufiger gelesen als geschrieben. Achten Sie darauf, dass Ihre Leser sie auch verstehen können. Sie sind als Autor Dienstleister am Leser. Verwenden Sie das Vokabular Ihrer jeweiligen Leserschaft. Erklären Sie zentrale und für das Verständnis wesentliche Begriffe in einem Glossar.
- Dokumentieren Sie das Warum: Beschreiben Sie die Gründe, die zu einem Entwurf geführt haben. Zu dieser Begründung gehört idealerweise auch die Beschreibung der verworfenen oder zurück gestellten Alternativen.

---

[4] Im Idealfall verfügt ein Projekt über eine *Architektur* der Gesamtdokumentation. Leider ist dieser Idealtypus in der gängigen Praxis nahezu ausgestorben ☹

- Dokumentieren Sie Ihre Annahmen, Rahmenbedingungen und Voraussetzungen: Ihre Entscheidungen werden verständlicher, wenn Sie Annahmen und Voraussetzungen klar beschreiben. Bitte denken Sie daran: Für Sie als Autor sind möglicherweise ganz andere Dinge selbstverständlich als für Ihre Leser.
- Vermeiden Sie zuviele Wiederholungen (Don't repeat yourself, DRY-Prinzip). Auch bekannt als Prinzip des *Single-Point-of-Truth* (SPOT-Prinzip). In der Praxis ist es manchmal nützlich, zur Verbesserung der Verständlichkeit kontrollierte Redundanz zuzulassen, um beispielsweise die Anzahl der Querverweise zu verringern. Beachten Sie, dass Redundanzen den Aufwand für die Pflege von Dokumenten stark erhöhen. DRY & SPOT
- Vermeiden Sie Überraschungen (Principle of least astonishment, POLA-Prinzip). Lösungen sollen möglichst geringe Verwunderung auslösen. In Dokumentationen sollten Sie alle möglichen Ursachen für Verwunderung zumindest ansprechen und erklären. POLA
- Erklären Sie Ihre Notation (oder verwenden Sie Standards, die erklärt sind): Solange Sie die Bedeutung von Symbolen offen lassen, bleibt Spielraum für Interpretation, Mehrdeutigkeit und Missverständnis. Sie sollten es Ihren Lesern möglichst einfach machen, die Bedeutung von Symbolen und Diagrammen so zu verstehen, wie Sie es gemeint haben.
- Geben Sie jedem Diagramm eine Legende. Eine Spezialisierung von „Erklären Sie Ihre Notation". Legende
- Erklären Sie jedes Element in Diagrammen. Erklären Sie sämtliche Elemente (Bausteine und Beziehungen) innerhalb von (Architektur-)Diagrammen. Siehe auch „Vermeiden Sie Mehrdeutigkeit".
- (Möglichst) 7 +/- 2 Elemente pro Diagramm[5]. Eine Regel der kognitiven Psychologie besagt, dass der Mensch im Kurzzeitgedächtnis nur zwischen 5 und 9 Elementen speichern kann. Als Ausnahme gilt die „Architekturtapete" in Abschnitt 4.12.
- Verwenden Sie standardisierte Strukturen. Etablieren Sie eine standardisierte Gliederung für die Architekturdokumentation. Stellen Sie sicher, dass Ihre Leser diese Struktur kennen. Das hilft Ihnen und Ihren Lesern ungemein, Informationen schnell zu finden. Standardisierte Strukturen
- Kennzeichnen Sie offene Punkte. Falls Informationen noch nicht verfügbar sind, sollten Sie, anstatt Abschnitte oder Überschriften wegzulassen, solche Teile mit kurzen Kommentaren (etwa: <TBD> für to-be-done) kennzeichnen. Siehe auch „Keine degenerierten Kapitel". Offene Punkte kennzeichnen

[5] Hier lasse ich Ausnahmen zu – wenn es 20 sinnvolle Bausteine ohne eine Struktur gibt, dann sollten Sie auch keine künstliche Struktur schaffen. In solchen Fällen hilft es manchmal, sich in manchen Diagrammen auf einen Teil der gesamten Bausteine zu beschränken (und zu erwähnen, dass es noch weitere gibt!)

- Prüfen Sie Dokumente auf Zweckdienlichkeit. Führen Sie inhaltliche Reviews der Dokumente durch, die mehr als nur Formalia prüfen. Fragen Sie verschiedene Projektbeteiligte in unterschiedlichen Rollen nach deren inhaltlichem Urteil und Meinung. Lassen Sie Reviewer Schulnoten für die Verständlichkeit vergeben (und beseitigen Sie die Ursachen möglicher schlechter Noten[6]!)
- Keine degenerierten Kapitel[7]. Lassen Sie keine Abschnitte oder Kapitel leer – kennzeichnen Sie absichtlich oder vorläufig leere Teile zumindest mit Stereotypen oder Formatierungen wie <<entfällt>>, <<to-be-done>> oder <<unzutreffend>>.

4.3 Sichten

Ich möchte das Konzept von Sichten mit einer Analogie aus dem Immobilienbau motivieren: Beim Entwurf und Bau von Immobilien entstehen für unterschiedliche Projektbeteiligte völlig unterschiedliche Pläne. Hier eine (unvollständige) Liste:

Tabelle 4.2: Sichten auf Immobilien

Plan/Sicht	Bedeutung	Format	Nutzer
Grund- und Aufriss	Lage und Beschaffenheit von Mauern, Maueröffnungen (Türen, Fenstern, Durchgängen), Böden, Decken.	Normiert nach DIN	Maurer, Käufer
Elektroplan	Lage von spannungsführenden Leitungen, Schaltern, Steckdosen, Verteilern, Sicherungen sowie sonstiger Elektroinstallation.	Normiert nach DIN	Architekt, Käufer, Elektriker, Küchenbauer, Verwaltung (wegen Stromversorgung).
Heizungs-, Wasser- und Sanitärplan	Lage von Wasser- und Abwasserleitungen, Heizungsrohren sowie Gasleitungen.	Normiert nach DIN	Architekt, Heizungs- und Sanitärinstallateur, Käufer, Küchenbauer, Verwaltung (wegen Abwasseranschluss)

[6] Nein, Sie sollen NICHT Ihre Reviewer beseitigen, sondern die schlecht verstandenen Teile der Dokumentation verständlich machen!

[7] Der Begriff „degenerierte Kapitel" spielt auf ein Anti-Pattern des objektorientierten Entwurfs an, bei dem Methoden einer Oberklasse in einer Unterklasse durch leere Implementierungen überschrieben werden. Im OO-Falle bedeutet das eine krasse Verletzung des Liskov'schen Substitutionsprinzips.

Plan/Sicht	Bedeutung	Format	Nutzer
3D-Modell	Dreidimensionale Darstellung des Gebäudes im Ganzen oder in Teilen.	Beliebig, Bilder oder Filme („virtuelle Begehung“)	Käufer, Verkäufer
Raumplan	Zweidimensionale Darstellung von Zimmern und Einrichtung	Beliebig, angelehnt an DIN	Käufer, Innen-architekt, Küchen-bauer

Diese unterschiedlichen Pläne sind allesamt Modelle, d.h. Abstraktionen der Realität. Kein einzelner Plan gibt die gesamte Komplexität eines Hauses wieder, jeder Plan (jede Sicht) vernachlässigt gewisse Details: Jede Zielgruppe erhält genau die Pläne, die sie für ihre jeweilige Projektaufgabe benötigt!

Dieses Prinzip heißt Sichtenbildung. Viele Ingenieurdisziplinen arbeiten danach und verwenden dazu Normen, die Struktur, Syntax und Semantik ihrer Pläne (Sichten) detailliert beschreiben.

Interpretieren Sie eine Sicht als eine spezifische Perspektive, aus der heraus Sie ein beliebiges System betrachten können.

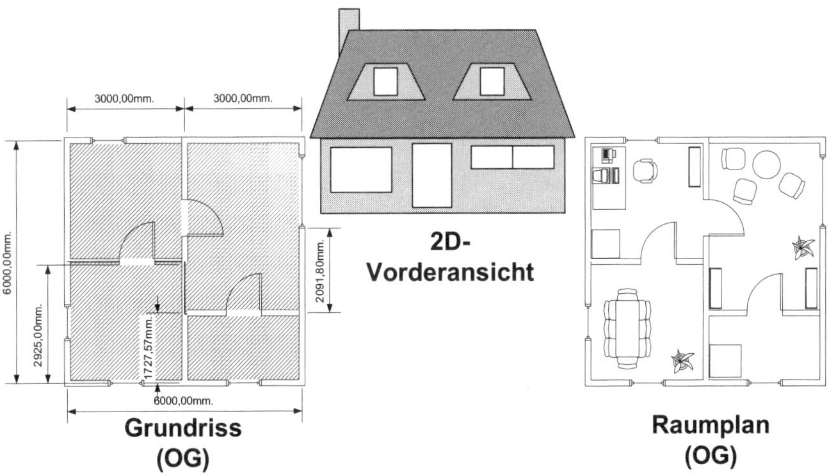

Abbildung 4.1: Drei Sichten auf eine Gebäudearchitektur

Einige Grundannahmen für die Architekturdokumentation

- Eine einzelne Darstellung vermag die Vielschichtigkeit und Komplexität einer Architektur nicht auszudrücken. Betrachten Sie dazu Abbildung 4.1. Daher sollten Sie Architekturen grundsätzlich aus mehreren Sichten oder Perspektiven beschreiben.
- Sichten ermöglichen die Konzentration auf einzelne Aspekte des Gesamtsystems und reduzieren somit die Darstellungskomplexität.

- Die Beschreibung von Architekturen ist für viele Projektbeteiligte mit ganz unterschiedlichen Informationsbedürfnissen wichtig. Zum Beispiel benötigen Auftraggeber und Projektleiter andere Informationen aus der Architekturbeschreibung als Programmierer, Qualitätssicherer und Betreiber.

4.3.1 Ein Modell für Sichten

Abbildung 4.2 zeigt ein Modell der zentralen Aspekte von Architekturdokumentationen. Eine wichtige Abstraktion dieser Darstellung ist die Architekturdokumentation selbst, die sich in der Praxis als ein oder mehrere verschiedene Dokumente manifestiert. Jedes Dokument besteht aus einer Menge von Sichten, die ihrerseits wieder eine interne Struktur besitzen (siehe dazu Abbildung 4.3). Erst die Gemeinsamkeit all dieser Informationen beschreibt die Architektur eines Systems.

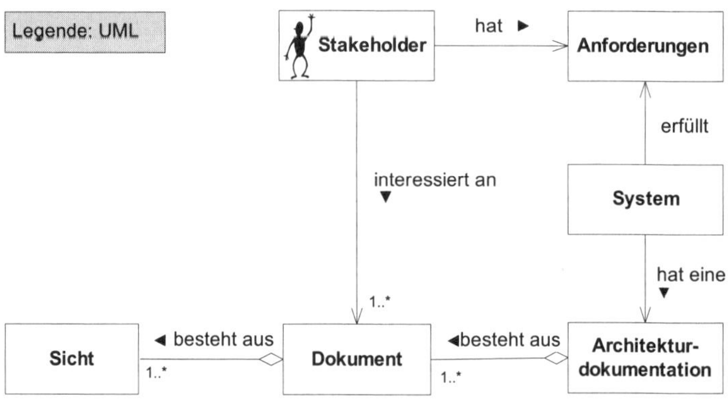

Abbildung 4.2: Begriffe der Architekturbeschreibungen

Betrachten Sie Abbildung 4.2 als Landkarte der wichtigsten Begriffe, die Sie im Zusammenhang mit der Architekturbeschreibung brauchen. Die Erklärung dieser Begriffe vermittelt Ihnen die Grundlagen, die Sie bei der Beschreibung von Softwarearchitekturen benötigen.

Stakeholder, Anforderungen und Dokumente

Stakeholder sind alle Personen, Organisationen oder Rollen, die ein Interesse am Projekt besitzen. Die Anforderungen[8] der S*takeholder* sowie die Randbedingungen und Einflussfaktoren prägen die Architektur eines Systems maßgeblich.

Stakeholder benutzen Dokumente, um Architekturen zu verstehen und darüber zu kommunizieren. Verschiedene Stakeholder benötigen meistens auch unter-

[8] Eine hervorragende Schablone zur Beschreibung von Anforderungen finden Sie in [Volere].

schiedliche Arten von Dokumenten. In Abschnitt 4.11 finden Sie Beispiele einiger typischer Architekturdokumente.

Eine Architekturdokumentation sollte sämtliche architekturrelevanten Belange der Stakeholder adressieren. Sie als Architekt stehen in der Pflicht, diese Stakeholder und deren Belange zu identifizieren und in der Architektur und ihrer Dokumentation zu berücksichtigen.

Sichten, Dokumente und Architekturdokumentation

Eine Sicht zeigt das System aus einer spezifischen Perspektive. Sie abstrahiert von Details, die für diese Perspektive nicht von Bedeutung sind. Sichten erlauben die Konzentration auf bestimmte Details oder bestimmte Aspekte.

Die Analogie aus der Gebäudearchitektur aus Abbildung 4.1 zeigt das Konzept von Sichten: Grundriss, Raumplan und 3D-Darstellung eines Gebäudes sind jeweils Sichten auf dessen Architektur, die jeweils einen bestimmten Aspekt hervorheben und dafür von anderen Details abstrahieren.

Dokumentation von Software- und Systemarchitekturen besteht ebenso aus mehreren Sichten, (meist) verteilt auf mehr als ein Dokument.

Die Diagramme oder textliche Beschreibungen einer Sicht können auch unterschiedliche Abstraktionsebenen oder Detaillierungsstufen beschreiben. Damit können Sie verschiedene Teile einer einzigen Sicht beispielsweise für unterschiedliche Adressaten nutzen.

4.3.2 Beschreibung von Sichten

Die Beschreibung von Sichten erfolgt in einer einheitlichen Struktur, die sowohl grafisch als auch textuell diese Sicht erläutert. Abbildung 4.3 gibt Ihnen einen Überblick.

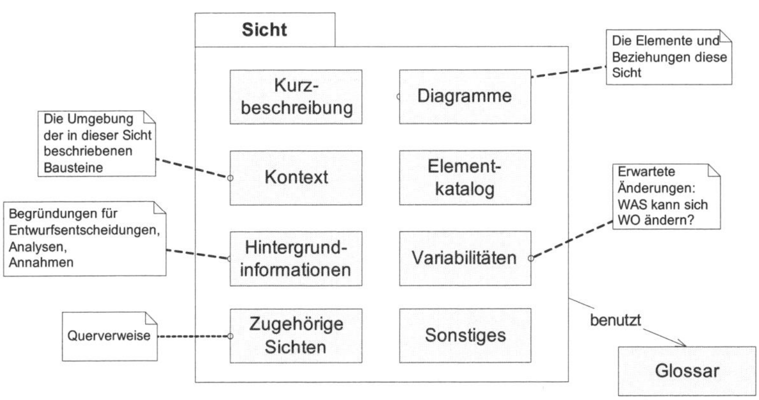

Abbildung 4.3: Struktur von Sichten

Daraus ergibt sich für die Beschreibung von Sichten folgende Gliederung:

Tabelle 4.3: Gliederung von Sichtenbeschreibungen

Überschrift	**Inhalt**
Kurz-beschreibung	Eine kurze textuelle Beschreibung, „worum es geht".
Diagramme	Eine grafische Darstellung, was Sie an dieser Stelle über diese Sicht aussagen möchten. Sie zeigen hier einen Teil des Systems als *White-Box*. Ich empfehle Ihnen zur Darstellung der Diagramme von Sichten die Unified Modeling Language (UML), eine standardisierte und weit verbreitete (grafische) Sprache[9]. Weiterführende Informationen zu UML finden Sie zum Beispiel in Kapitel 8 sowie in [Jeckle+04], [Larman2001], [OMG98] und [Oestereich2002b].
Elementkatalog	Eine textuelle oder tabellarische Aufstellung derjenigen Elemente oder Bausteine, die in dieser Sicht vorkommen. Eventuell verweisen Sie hierbei auf übergreifende Dokumentation, um Redundanzen zu vermeiden. In diese Aufstellung gehören folgende Teile ▪ Elemente und ihre Eigenschaften. ▪ Beziehungen und ihre Eigenschaften. ▪ Schnittstellen zwischen Elementen.
Kontext	Wie hängt das System oder Teile davon mit seiner Umgebung zusammen.
Variabilitäten	Welche in dieser Sicht dargestellten Elemente oder Beziehungen sind variabel. Beantworten Sie hier die Frage: „WAS kann sich WO ändern?". Hier sind jegliche Variabilitäten in Anforderungen, Architektur, Design, beteiligten Fremdsystemen oder Infrastruktur gemeint. Konfigurations-, Installations- und Betriebsparameter können Sie hier ebenfalls erläutern.
Hintergrund-informationen	Erklären Sie den Entwurf. Folgende Teile sollten Sie hier aufnehmen: ▪ Begründung für den Entwurf der dargestellten Sicht. ▪ Ergebnisse von Analysen oder Voruntersuchungen. ▪ Annahmen: Welche Annahmen über das System, beteiligte Komponenten oder die Systemumgebung haben Sie getroffen?

[9] Ich empfinde es als unproduktiv und ineffektiv, für praxisorientierte Software-Architekturen neue Notationen einzuführen. Solche Notationen, wie etwa von [Hofmeister+2000] vorgeschlagen, mögen formal korrekt sein, sie werden in der Praxis aber häufig missverstanden. Architekturbeschreibungen sind dann kein Instrument zur Kommunikation zwischen Stakeholdern mehr, sondern ein Werkzeug, um Projektbeteiligte abzuschrecken. Gerade in agilen Projekten besitzt Kommunikation jedoch höhere Bedeutung als Formalismus.

Überschrift	Inhalt
Zugehörige Sichten	Notieren Sie hier Verweise darauf, welche zugehörigen Sichten es in der SWAD gibt. Denken Sie an Sichten mit höherem Abstraktionsgrad (Eltern-Sichten), Verfeinerungen und Sichten mit vergleichbarem Abstraktionsgrad (Nachbar-Sichten)
Sonstiges	Alle Dinge, die im Zusammenhang mit dieser Sicht wichtig sind und nicht in eine der anderen Gliederungspunkte passen. Hierzu gehören Beispiele, Anwendungsszenarien sowie sonstige Erläuterungen.

Beispiel einer Sichtenbeschreibung

Die hier gezeigte Sichtenbeschreibung ist ein Auszug aus der realen Architekturdokumentation einer Anwendung („MIKS" zur Migration von Kundendaten aus einem Mainframe-basierten Altsystem in eine Java Client/Server Umgebung).

Kurzbeschreibung

Diese Sicht zeigt eine Übersicht über das System MIKS.

Diagramm

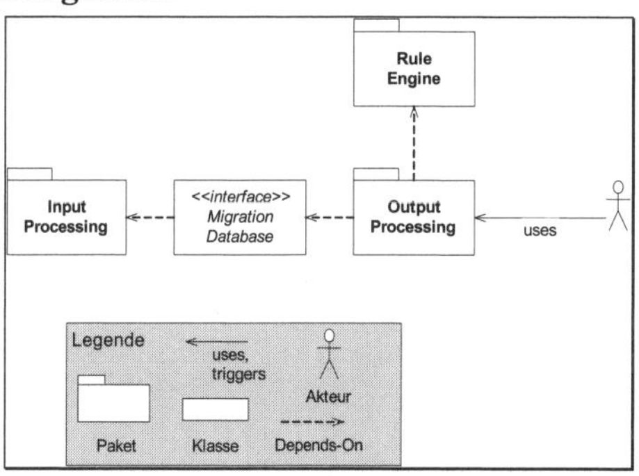

Abbildung: Bausteinsicht (konzeptionelle Übersicht) MIKS

Element	Typ	Beschreibung
Benutzer	Akteur	löst Sonderläufe aus und fordert Reports und Statistiken an.
InputProcessing	Paket	übernimmt das Einlesen der VSAM Binärdaten, EBCDIC/ASCII Konvertierung, Paketierung sowie Speicherung in der MigrationDatabase.
MigrationDatabase	Interface	speichert Meta- und Statusinformation sowie die vorverarbeiteten Daten
OutputProcessing	Paket	übernimmt die fachliche Transformation, unterstützt von einer *RuleEngine*
RuleEngine	Paket	Wendet die fachlichen Migrationsregeln und Plausibilitäten an.

Kontext

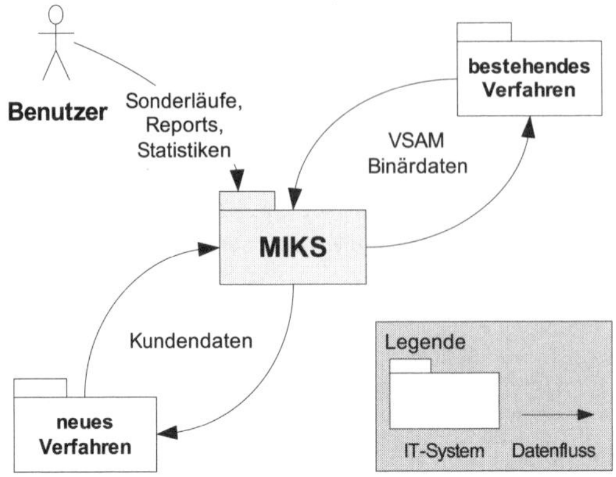

Variabilitäten

Die RuleEngine wird länderspezifisch konfiguriert – es gelten damit jeweils spezifische Plausibilitäten und Transformationsregeln.

Hintergrundinformationen

Entwurfsentscheidungen

- Die von den Kunden geforderte Vielzahl unterschiedlicher Plausibilitäten rechtfertigt den Zusatzaufwand der regelbasierten Transformation über die RuleEngine

Analysen

- Durch Prototypen wurde gezeigt, dass die fachliche Transformation (*OutputProcessing*) den Flaschenhals hinsichtlich Performance darstellt. Aus diesem Grund wird das *OutputProcessing* über die *MigrationDatabase* zeitlich vom *InputProcessing* entkoppelt.

Annahmen

- OutputProcessing ist mehrere Größenordnung komplexer als InputProcessing.

Referenzen auf zugehörige Sichten

- Detaillierte Bausteinsicht von „InputProcessing" und „OutputProcessing".
- Laufzeitsichten und Zuordnungssicht (Infrastruktursicht).

Sichten als Grundlage agiler Software-Architekturen

Die Architektursichten ermöglichen die praxisrelevante Beschreibung von Software-Architekturen. Die Sichten bleiben so flexibel, dass Sie auch unterschiedlichen und heterogenen Projektanforderungen genügen. Damit bilden sie, neben den agilen Prozessen, eine wichtige Grundlage flexibler und anwendungsorientierter Softwareentwicklung.

Bei der Definition der Sichten standen *Agilität* und *Angemessenheit* im Vordergrund:

- Legen Sie Wert auf Flexibilität statt auf starre Muster. Setzen Sie Sichten bedarfsgerecht und effektiv ein, indem Sie die konkreten Informationsbedürfnisse der Stakeholder adressieren. Fragen Sie Ihre Stakeholder ausdrücklich, welche Aspekte des Systems sie für ihre jeweiligen Aufgaben benötigen.
- Und noch eine schwierige Regel: Verwenden Sie so wenig Formalismus wie möglich, aber so viel wie nötig.
- Orientieren Sie den Umfang der Dokumentation (von Sichten) am jeweiligen Risiko: Dokumentieren Sie Komponenten oder Systeme mit vielen Risikofaktoren ausführlich und detailliert. Bei Komponenten mit überschaubarem Risiko können Sie pragmatisch vorgehen und auf manche Details verzichten.

Wenig Formalismus

Orientierung am Risiko

4.4 Vier Arten von Sichten

Abbildung 4.4 zeigt die vier wichtigsten Arten von Sichten, mit denen Sie Software-Architekturen effektiv und bedarfsgerecht beschreiben können. Je nach Art Ihres Projektes können Sie diese Sichten verschieden detailliert darstellen oder unterschiedlich gewichten.

Die Pfeile zwischen den Sichten symbolisieren dabei mögliche Abhängigkeiten oder Wechselwirkungen.

Der Plural bei der Bezeichnung der Sichten drückt aus, dass Sie in der Regel mehr als eine Sicht dieser Arten entwickeln werden:

- Sie verfeinern einzelne Teile der Sichten: Die interne Struktur von Elemente, die in einer (abstrakteren) Sicht als Black-Boxes stehen, wird in Verfeinerungen offengelegt und erläutert.
- Sie beschreiben unterschiedliche Architekturbausteine des gleichen Abstraktionsniveaus in verschiedenen Sichten der gleichen Art. Falls Ihr System beispielsweise aus 3 Subsystemen bestünde, würden Sie zu jedem dieser Subsysteme eine eigene Baustein- und Laufzeitsicht entwickeln.

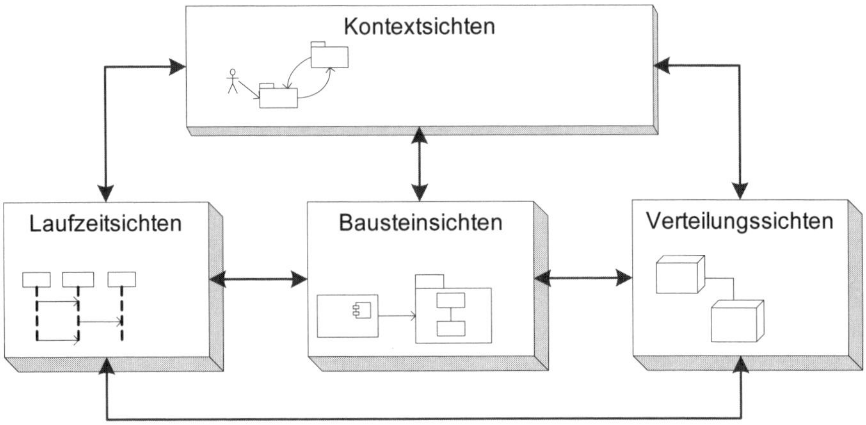

Abbildung 4.4: Vier Arten von Sichten

4.4.1 Die Sichten – ein Überblick

- Kontextsichten zeigen den Zusammenhang des Systems mit seiner Umgebung aus einer Vogelperspektive. Hier zeigen Sie die Schnittstellen zu Nachbarsystemen, die Interaktionen mit wichtigen Stakeholdern sowie die wesentlichen Teile der umgebenden Infrastruktur. Diese Sicht können Sie als „Vision" etwas abstrakter betrachten als die übrigen Sichten[10].
- Bausteinsichten – Wie ist das System intern aufgebaut? Bausteinsichten zeigen die statischen Strukturen der Architekturbausteine des Systems, Subsysteme, Komponenten und deren Schnittstellen. Sie können (und sollten!) die Bausteinsichten top-down entwickeln, ausgehend von einer Kontextsicht. Die letzte mögliche Verfeinerungsstufe der (Baustein-)Zerlegung bildet der Quellcode. Bausteinsichten unterstützen Projektleiter und Auftraggeber bei der Projektüberwachung, dienen der Zuteilung von Arbeitspaketen (in Form von Architekturbausteinen) an Teams und Mitarbeiter und fungiert darüber hinaus als Referenz für Software-Entwickler.
- Laufzeitsichten – Wie läuft das System ab? Die Laufzeitsichten beschreiben, welche Bausteine des Systems zur Laufzeit existieren und wie sie zusammenwirken. Im Gegensatz zu der statischen Betrachtungsweise bei den Bausteinsichten beschreiben Sie hier dynamische Strukturen.
- Verteilungssichten (Infrastruktursichten) – In welcher Umgebung läuft das System ab? Diese Sichten beschreiben die Hardwarekomponenten, auf denen das System abläuft. Sie dokumentiert Rechner, Prozessoren, Netztopologien und -protokolle sowie sonstige Bestandteile der physischen Systemumgebung. Die Infrastruktursicht zeigt das System aus Betreibersicht.

[10] Sie können für die konzeptionelle Sicht auch bunte Marketing-Bilder einsetzen, solange sie inhaltlich konsistent mit den übrigen Sichten bleibt.

Sichten beantworten Fragen

Im vorigen Abschnitt haben Sie einige universelle Fragen an Architekturdokumentation kennen gelernt, die Sie mit Hilfe unterschiedlicher Sichten jetzt beantworten können:

Frage	**Hier steht die Antwort**
In welchem Kontext steht das System, welche Zusammenhänge gibt es zu Nachbarsystemen, Stakeholdern und der technischen Umgebung?	Kontextsicht
Wie ist das System als Menge von Implementierungseinheiten strukturiert und welche Beziehungen bestehen zwischen denen?	Bausteinsicht
Wie verhalten sich die Bausteine des Systems als Laufzeitelemente und wie arbeiten sie zusammen?	Laufzeitsicht
Wie sieht die Verteilung des Systems (geografisch, auf Prozessoren, Prozesse, Abteilungen oder ähnliches) aus, insbesondere auf seine technische Infrastruktur?	Verteilungssicht (Infrastruktursicht)

Gibt es noch weitere Sichten?

Neben den oben genannten Arten von Sichten benötigen manche Stakeholder Ihrer Projekte möglicherweise weitere Darstellungen bestimmter Systemaspekte.

Es spricht vieles dafür, Stakeholdern auch spezifische (oder exotische?!) Wünsche zu erfüllen, denn zufriedene Stakeholder erleichtern die Projektarbeit erheblich, aber:

Mein persönlicher Tipp: Verzichten Sie möglichst auf weitere Sichten. Jede Sicht kostet Erstellungs- und Wartungsaufwand, der Sie eventuell von (wichtigeren) Architekturaufgaben abhält. Die grundlegenden Aspekte der Architektur- und Systementwicklung decken Sie bereits mit den drei Sichten (Bausteinsicht, Laufzeitsicht, Verteilungssicht) ab.

Beispiel (nach Peter Hruschka): Beim Häuserbau könnten Kakteen- und Orchideenzüchter nach der Sonneneinstrahlung in einzelnen Räumen fragen und zum Wohle ihrer pflanzlichen Lieblinge dafür einen gesonderten Plan wünschen. Wie viele Menschen kennen Sie, die beim Bau oder Kauf einer Immobilie diese „pflanzliche" Sicht als Entscheidungskriterium verwendet haben?

Falls Sie unbedingt eine neue Sicht beschreiben wollen (oder müssen): Definieren Sie vorher, welche Art von Elementen diese neuen Sichten enthalten sollen und mit welcher Notation sie beschrieben werden sollen. Sie können die Gliederung zur Sichtenbeschreibung aus Abschnitt 4.3.2 für diese neuen Sichten verwenden.

Wo sind Daten beschrieben?

Bei hochgradig datengetriebenen Anwendungen kann es nützlich sein, Daten- oder Informationsflüsse innerhalb des Systems explizit zu beschreiben. Dafür können Sie eigenständige Datensichten erstellen. Solche sind bei der Modellierung von Geschäftsprozessen nützlich und kommen von daher bei der Entwicklung komplexer betrieblicher Systeme zum Einsatz, die aus vielen unterschiedlichen Softwaresystemen bestehen.

Ich erachte Datensichten nicht als reine Architektursichten, daher habe ich sie nicht in Abbildung 4.4 aufgenommen. Weil jedoch die Beschreibung von Datenstrukturen und -Modellen gerade bei kommerziellen Informationssystemen oftmals große Bedeutung besitzt, finden Sie in Abschnitt 4.10 einige Tipps zu Datensichten.

Wo sind Schnittstellen dokumentiert?

Schnittstellen beschreiben Sie im Normalfall als Teil der Bausteinsichten. Wenn Schnittstellen in Ihren Projekten eine herausragende Rolle spielen, dann extrahieren Sie Schnittstellenbeschreibungen in eigenständige Dokumente (und referenzieren in den Bausteinsichten darauf!).

In Abschnitt 4.8 lernen Sie, wie Sie Schnittstellen effektiv und verständlich beschreiben können.

4.5 Bausteinsicht

Was sind Bausteine von Software-Architekturen?

Unter dem Begriff Bausteine fasse ich sämtliche Software- oder Implementierungskomponenten zusammen. Sie stellen letztendlich Abstraktionen von Quellcode dar. Dazu gehören Klassen, Prozeduren, Programme, Pakete, Komponenten (nach der UML-Definition) oder Subsysteme.

Was zeigt die Bausteinsicht?

Die Bausteinsicht bildet die Funktionalität[11] des Systems auf Software-Bausteine oder -Komponenten ab. In dieser Sicht müssen Struktur und Zusammenhänge zwischen den Bausteinen der Architektur explizit gemacht werden. Bausteinsichten zeigen primär statische Aspekte von Systemen. In dieser Hinsicht entsprechen sie den konventionellen Implementierungsmodellen.

[11] Während der Entwicklung zeigt die Bausteinsicht die gewünschte Funktionalität, beim fertigen System die vorhandene.

In der Bausteinsicht müssen sämtliche Funktionalitäten (Anwendungsfunktionalität, Kontrollfunktionalität sowie Kommunikation) auf Architekturbausteine abgebildet werden.

Die Bausteinsicht beantwortet folgende Fragen:

- Wie wird das System in Komponenten, Pakete, Klassen oder Subsysteme aufgeteilt?
- Welche notwendigen Abhängigkeiten zwischen Bausteinen gibt es?

Ihre Adressaten sind alle an Entwurf, Erstellung und Test von Software beteiligten Projektmitarbeiter, zusätzlich die Qualitätssicherung. Dem Projektmanagement hilft die Bausteinsicht bei der Erstellung von Arbeits- oder Aktivitätsplänen.

4.5.1 Elemente der Bausteinsicht

Verwenden Sie für Bausteine (Implementierungskomponenten) die folgenden Elemente (Symbole) der UML:

- Klassensymbole bezeichnen einzelne Bausteine. Das können Klassen einer objektorientierten Programmiersprache sein, aber auch alle anderen ausführbaren Software-Einheiten (Funktionen, Prozeduren, Programme).
- Komponenten bezeichnen ebenfalls einzelne Bausteine, bieten jedoch die Möglichkeit die ein- und ausgehenden Schnittstellen genau zu beschreiben.
- Pakete stehen für Gruppen, Mengen oder Strukturen von Bausteinen. Diese Symbole zeigen, dass es sich um Abstraktionen handelt (die in der Architektur oder im detaillierten Entwurf weiter verfeinert werden).

Beziehungen und Schnittstellen

Beziehungen dokumentieren

Beziehungen zwischen Bausteinen können verschiedene Interpretationen haben, etwa: Aufruf/Rückgabe (*call-return*), synchron-asynchron, *push/pull* oder Benachrichtigung (*event notification*). Sie sollten die Semantik dieser Beziehungen angemessen dokumentieren:

- Falls Sie eine bestimmte benötigte Semantik mit den Symbolen der UML nicht direkt ausdrücken können, benutzen Sie Notizen oder verfeinern Sie die Darstellung durch zusätzliche Diagramme.
- Beschreiben Sie kritische Schnittstellen, etwa zu Nachbarsystemen, möglichst früh im Projekt und mit der gebotenen Genauigkeit für die Lesergruppe, so dass Überraschungen in der Zusammenarbeit mit Außenstehenden rechtzeitig entdeckt werden können.

Weitere Hinweise und Vorschläge zur Dokumentation von Schnittstellen finden Sie in Abschnitt 4.8.

Dokumentieren Sie Verantwortlichkeiten

Ich empfehle Ihnen, zu jedem Architekturbaustein in Kurzform dessen spezifische Verantwortlichkeit oder Aufgabe zu dokumentieren.

CRC-Karten

Hierzu können Sie die im objektorientierten Entwurf bewährten CRC-Karten (*Class-Responsibility-Collaborators,* Klassenkarten) einsetzen.[12] Eine Verantwortlichkeit beschreibt den Zweck einer Komponente auf abstrakter Ebene (und in wenigen Worten!).

Gemeinsamkeiten zu anderen Systemen ausnutzen

Bevor Sie sich an den Entwurf der Bausteinsicht begeben, prüfen Sie, ob Sie Teile dieses Systems aus anderen Quellen wieder verwenden können. Suchen Sie in anderen Projekten, in der Literatur und bei Anbietern von Software-Komponenten nach Teilen, die Sie für Ihr aktuelles Projekt (wieder) verwenden können!

Suchen Sie dabei auch an den Stellen, die nicht unbedingt zum Kern Ihres konkreten Systems gehören, sondern allgemeine (und daher unauffällige) Basisdienste darstellen!

Selbst wenn diese Wiederverwendung nur kleine Teile des Systems betrifft, die Taktik des „Nicht-mehr-entwerfen-Müssens“ wirkt sich positiv aus!

4.5.2 Notation der Bausteinsicht

UML-Diagramme: siehe Kapitel 8

Zur Notation der Bausteinsicht stehen Ihnen verschiedene Diagrammarten der UML zur Verfügung. Meine Empfehlung: Zeigen Sie diese Sicht in jedem Fall durch Klassendiagramme, bei Bedarf unterstützt durch Komponenten- und Paketsymbole. UML-Klassen in diesen Diagrammen repräsentieren beliebige Bausteine oder Implementierungskomponenten.

Pakete symbolisieren Bausteine, die eine (komplexe) innere Struktur aufweisen, deren exakte Schnittstelle(n) Sie nicht genauer beschreiben wollen oder die keine physische Repräsentation zur Laufzeit besitzen. Sie stellen eine logische Kapselung oder Abstraktion dar.

UML-Komponenten sind Bausteine, für die Schnittstellenbildung und Kapselung wichtig ist. Zur Laufzeit wird es immer mindestens eine Instanz von Komponenten geben.

[12] Details dazu finden Sie unter http://c2.com/doc/oopsla89/paper.html oder in [Wirfs-Brook90]. Eine hervorragende Einführung in den Entwurf mit Verantwortlichkeiten (*General Responsibility Assignment Patterns*, GRASP) finden Sie in [Larman2001].

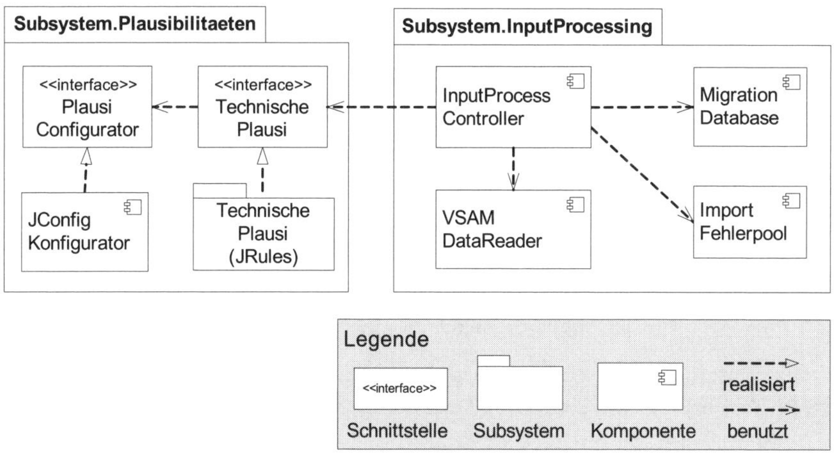

Abbildung 4.5: Beispiel: Diagramm einer Bausteinsicht

4.5.3 Entwurf der Bausteinsicht

Beim Entwurf der Bausteinsicht sind Sie als Architekt sozusagen am Kern des eigentlichen Problems angelangt. Jetzt müssen Sie exakt beschreiben, wie das System (strukturell) aufgebaut ist und aus welchen Bausteinen es besteht.

Beginnen Sie Ihren Entwurf mit einer Vogelperspektive der Implementierungsbausteine. Zerlegen Sie Ihr System dazu in große Architekturelemente, wie Sub- oder Teilsysteme). Mittlerweile sind Sie mit allerlei Rüstzeug gewappnet, diese Herausforderung zu meistern!

- Sie haben auf Basis einer „Systemidee" einen „ersten Wurf" des Systems vor Augen. Falls nicht: Machen Sie einen (literarischen) Ausflug in Kapitel 3 (Entwurf von Architekturen) und kehren anschließend hierher zurück.
- Sie berücksichtigen Einflussfaktoren und Randbedingungen bei der Definition von Bausteinen. Insbesondere kennen Sie
  - die technische Infrastruktur: Wo und wie muss das System ablaufen (Rechner, Betriebssysteme, Netzwerke)?
  - die technischen Einflussfaktoren: Programmiersprachen, Middleware, Datenbank, Transaktionsmonitor, Entwicklungsumgebung.
  - die organisatorischen Einflussfaktoren: Über welche Erfahrung verfügt das Team?
  - die Qualitätsanforderungen: Welche Performance und Zuverlässigkeit muss das System erreichen, welche Ansprüche bestehen hinsichtlich Änderbarkeit und so weiter. Siehe dazu auch Kapitel 3 (Entwurf von Architekturen)
- Sie können beim Entwurf der obersten Abstraktionsebene der Bausteinsichten von Elementen oder Begriffen der Fachdomäne starten.

4.6 Laufzeitsicht

Alias: Ausführungssicht.

Die Laufzeitsicht beschreibt, welche Bestandteile des Systems zur Laufzeit existieren und wie sie zusammenwirken. Dabei kommen wichtige Aspekte des Systembetriebs ins Spiel, die beispielsweise den Systemstart, die Laufzeitkonfiguration oder die Administration des Systems betreffen.

Darüber hinaus dokumentiert die Laufzeitsicht, wie Laufzeitkomponenten sich aus Instanzen von Implementierungsbausteinen zusammensetzen.

Für eingebettete Systeme oder Echtzeitsysteme ist es darüber hinaus wichtig, auch die Abbildung auf Prozesse, Tasks oder Threads detailliert zu beschreiben. Mehr dazu finden Sie in [b-agile2002a].

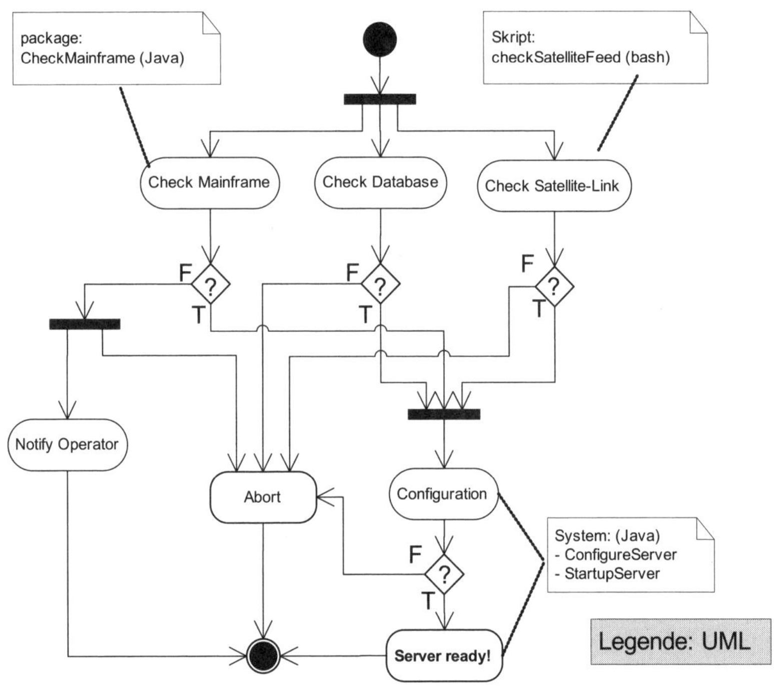

Abbildung 4.6: Beispiel einer Laufzeitsicht (Systemstart)

Dokumentieren Sie das System zur Laufzeit

Neben der internen Struktur von Software-Systemen sollten Sie beschreiben, welche Komponenten zur Laufzeit existieren, wie diese Komponenten zusammengesetzt sind und wie sie ablaufen.

Beispiel: Die Fachlogik eines Systems im industriellen Bereich besteht aus einem Paket von nur 3 Klassen. Zur Laufzeit wird das System durch einen komplexen Konfigurationsprozess für jeden angeschlossenen Client als eigenständiger Betriebssystemprozess gestartet und durch einen Monitorprozess kontinuierlich überwacht.

Die Konfigurations- und Administrationskomponenten stellen einen großen Teil der Laufzeitsicht dar. Sie müssen auch in Bausteinsichten erscheinen. Möglicherweise (da es sich um vorgefertigte Komponenten handelt), werden in der Bausteinsicht nur ihre Schnittstellen beschrieben.

Dokumentieren Sie spezielle Aspekte der Laufzeit:

- Wie arbeiten die Systemkomponenten zur Laufzeit zusammen?
- Wie werden die wichtigsten Use-Cases durch die Architekturbausteine bearbeitet?
- Welche Instanzen von Architekturbausteinen gibt es zur Laufzeit und wie werden diese gestartet, überwacht und beendet?
- Wie arbeiten Systemkomponenten mit externen und vorhandenen Komponenten zusammen?
- Wie startet das System (etwa: notwendige Startskripte, Abhängigkeiten von externen Subsystemen, Datenbanken, Kommunikationssystemen etc.)?

4.6.1 Elemente der Laufzeitsicht

Elemente der Laufzeitsicht sind ausführbare Einheiten sowie deren Beziehungen zueinander:

- Instanzen von Implementierungsbausteinen, das sind alle diejenigen Architekturbausteine, von denen zur Laufzeit Exemplare erzeugt werden. Bitte beachten Sie, dass dies nicht unbedingt für alle Architekturbausteine gilt: denken Sie an abstrakte Klassen oder logische Interfaces. Laufzeitelemente sind nur diejenigen, die als Einheit ausgeführt oder aufgerufen werden.
- Beziehungen zwischen den Laufzeitelementen: Das können sowohl Daten- als auch Kontrollflüsse sein.

4.6.2 Notation der Laufzeitsicht

Dokumentieren Sie die Laufzeitsicht mit UML-Sequenz-, Aktivitäts- oder Kollaborations-/Kommunikationsdiagrammen[13]. In Abbildung 4.7 zeigt ein Sequenzdiagramm das Zusammenwirken einiger Bausteine der Kundendaten-Migration MIKS.

[13] Die UML 2.0 hat die (guten alten) Kollaborationsdiagramme sang- und klanglos in Kommunikationsdiagramme umgetauft: `NrOfUnmotivatedChanges+=1;`

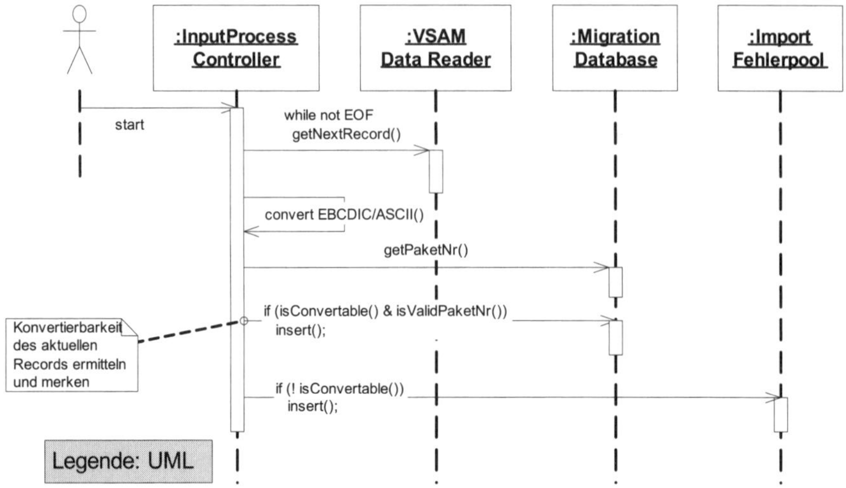

Abbildung 4.7: Beispiel: Laufzeitsicht MIKS InputProcessing

Gerade bei den Sequenzdiagrammen sollten Sie die UML recht pragmatisch einsetzen: Anstelle der üblichen Objektsymbole können Sie bei Bedarf auch Paketsymbole oder andere verwenden. Dazu finden Sie ein Beispiel in Abbildung 4.8.

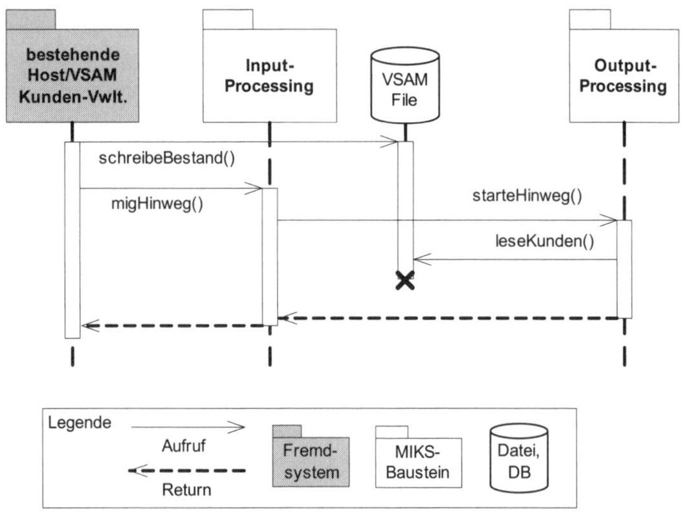

Abbildung 4.8: Beispiel: Laufzeitsicht Top-Level Use-Case MIKS

Eine Laufzeitsicht als Aktivitätsdiagramm zeigt Abbildung 4.6: Dort sehen Sie den Startvorgang eines Systems, bei dem zur Laufzeit die Verfügbarkeit einiger externer Subsysteme geprüft wird, bevor das eigentliche System konfiguriert und gestartet wird. Als UML-Notiz sind dabei noch die Namen einiger beteiligter Skripte und Pakete genannt, die nicht Bestandteil des eigentlichen Systems sind.

4.6.3 Entwurf der Laufzeitsicht

Beachten Sie bei der Dokumentation der Laufzeitsicht auch die Informationsbedürfnisse der Betreiber und Administratoren des Systems, nicht nur die von Managern und Entwicklern.

Elemente der Laufzeitsichten sind Instanzen der (statischen) Architekturbausteine, die Sie in den Bausteinsichten dokumentieren. Ein möglicher Weg zur Laufzeitsicht führt daher über die Bausteinsichten: Beschreiben Sie die Dynamik der statischen Bausteine, beginnend bei den wichtigsten Use-Cases des Gesamtsystems. Eventuell hilft Ihnen dabei auch die Kontextsicht, die Sie in Abschnitt 4.8 kennen lernen.

Ein anderer Weg besteht darin, die Laufzeitsicht auf Basis der Verteilungs-/Infrastruktursicht (siehe folgender Abschnitt) zu entwickeln.

4.7 Verteilungssicht

Alias: Infrastruktursicht.

Technische Infrastruktur

In Verteilungssichten (oder Infrastruktursichten) beschreiben Sie die Ablaufumgebung des Systems in Form von Hardwarekomponenten (wie Prozessoren, Speicher, Netzwerke, Router und Firewalls) mit den beteiligten Protokollen. Sie können in der Infrastruktursicht die Leistungsdaten und Parameter der beteiligten Elemente darstellen, wie etwa Speichergrößen, Kapazitäten oder Mengengerüste. Sie können zusätzlich die Betriebssysteme oder andere externe Systeme aufnehmen.

Die Verteilungssicht besitzt große Bedeutung für die Betreiber des Systems, die Hardware-Architekten, das Entwicklungsteam sowie Management und Projektleitung.

4.7.1 Elemente der Verteilungssicht

In der Verteilungssicht beschreiben Sie folgende Elemente:

- Bestandteile der technischen Infrastruktur, so genannte Knoten. Dies sind entweder Rechner oder Prozessoren, aber auch sonstige Hardware (Firewalls, Router, Speicher oder anderes).
- Laufzeitelemente (siehe Abschnitt 4.6), die auf Knoten ablaufen (und dort installiert, neudeutsch *deployed*, werden).
- Kanäle, das sind Verbindungen zwischen Knoten (physische Kanäle) beziehungsweise zwischen Laufzeitelementen (logische Kanäle). Logische Kanäle müssen immer über physische Kanäle realisiert werden.

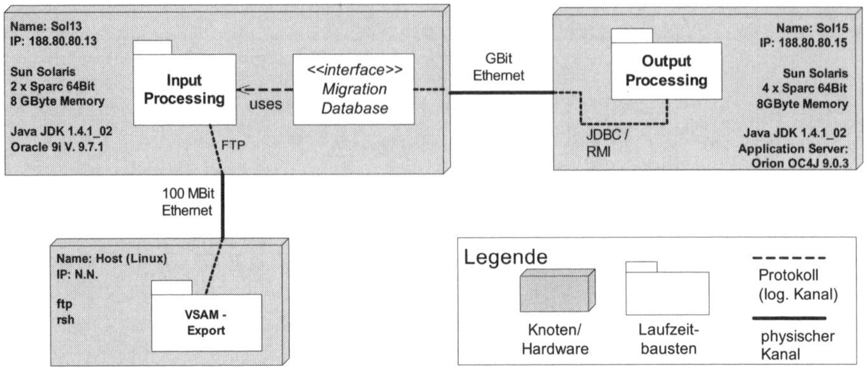

Abbildung 4.9: Beispiel für Verteilungssicht (MIKS)

4.7.2 Notation der Verteilungssicht

Deployment Diagramme

Nutzen Sie für die Verteilungs-/Infrastruktursicht UML-Einsatzdiagramme (*deployment diagrams*). Sie können Knoten für beliebige technische Elemente verwenden, Komponenten- und Paketsymbole für die Laufzeitelemente (Software-Systeme) sowie UML-Beziehungen für die physischen Verbindungen zwischen den Knoten oder Laufzeitelementen.

Ein Beispiel finden Sie in Abbildung 4.9. Dort sind logische Kanäle grafisch von den physischen abgehoben[14].

Noch ein ergänzendes Wort zu den Kanälen: Für manche Stakeholder sind die logischen Kanäle wichtiger als die physischen oder umgekehrt. Erfragen Sie, welche Bedürfnisse Ihre Stakeholder für die Verteilungssicht genau haben. Für Entwickler sind oftmals die logischen interessanter, für Betreiber und Manager die physischen.

4.7.3 Entwurf der Verteilungssicht

Landkarte

- Ein Modell der Infrastruktursicht sollte eine Landkarte der beteiligten Hardware und externen Systeme sein. Diese Information sollte sämtlichen Projektbeteiligten zur Verfügung stehen.
- Gleichen Sie die Infrastruktursicht mit den Mengengerüsten der beteiligten Daten ab. Genügen die verfügbare Hardware und die Kommunikationskanäle, oder gibt es potenzielle Engpässe?
- Sie können Mengengerüste und Datenvolumina mit der Infrastruktursicht überlagern, um potenzielle Engpässe zu erkennen.

[14] ... was gegen die reine UML-Lehre verstößt, aber möglicherweise Stakeholder beglückt.

- Falls Ihre Systeme in verteilten oder heterogenen Umgebungen ablaufen, sollten Sie vorhandene Kommunikationsmechanismen, Protokolle und Middleware in die Infrastruktursicht aufnehmen. Das ermöglicht einen Abgleich mit der Bausteinsicht.
- In heterogenen und verteilten Systemlandschaften sollten Sie eine detaillierte Sicht der technischen Infrastruktur erstellen. Diese sollte mindestens folgende Aspekte berücksichtigen: Netztopologie und Protokolle, real verfügbare Netzkapazitäten (maximale und mittlere Werte), Anzahl und Leistung der vorhandenen Prozessoren sowie die Speicherkapazitäten der beteiligten Rechner.
- Berücksichtigen Sie die realen Verfügbarkeiten der technischen Komponenten. Teilweise sind Komponenten durch nächtliche Datensicherungen, Batch-Läufe oder Wartungsarbeiten regelmäßig nicht verfügbar. Dokumentieren Sie diese Einschränkungen.

Middleware beachten

4.8 Kontextsicht

Was zeigt die Kontextsicht?

Kontext bedeutet Zusammenhang oder Umfeld. Die Kontextsicht zeigt das Umfeld eines Systems sowie dessen Zusammenhang mit seiner Umwelt. In diesem Sinne ist die Kontextsicht eine Vogelperspektive oder konzeptionelle Übersicht[15]. Sie zeigt das System als Black-Box sowie dessen Verbindungen und Schnittstellen zur Umwelt. Es ist eine Sicht auf hoher Abstraktionsebene.

Fast alle Projektbeteiligten benutzen diese Vogelperspektive als Überblick oder Systemlandkarte. Sie erleichtert das Verständnis der übrigen Architektursichten.

4.8.1 Elemente der Kontextsicht

Hohe Abstraktionsebene

Kontextsichten zeigen

- das System als Black-Box, d.h. in einer Sicht von außen,
- die Schnittstellen zur Außenwelt, zu Anwendern, Betreibern und Fremdsystemen, inklusive der über diese Schnittstellen transportierten Daten oder Ressourcen,
- die wichtigsten *Anwendungsfällen* (Use Cases) des gesamten Systems,
- die technische Systemumgebung, Prozessoren, Kommunikationskanäle.

[15] In der Literatur finden Sie auch folgende Bezeichnungen: „Conceptual Architecture View" [Hofmeister2000], „Logical View" [Kruchten95], „Enterprise View" [ISO96], „Capability Viewpoint" [Hilliard99].

Die Kontextsichten stellen also eine Abstraktion der übrigen Sichten dar, jeweils mit dem Fokus auf den Zusammenhang oder das Umfeld des Systems.

4.8.2 Notation der Kontextsicht

Da Sie in der Kontextsicht abstrakte Darstellungen der Baustein-, Laufzeit- und Verteilungs-/Infrastruktursichten zeigen, können Sie auch deren jeweilige Notation verwenden:

- Für die Darstellung der „großen" Systemstruktur verwenden Sie Klassendiagramme, angereichert um Pakete und Komponenten.
- Schnittstellen zur Außenwelt zeigen Sie in Klassendiagrammen über Assoziationen zu anderen Systemen oder Akteuren.
- Anwendungsfälle oder Abläufe zeigen Sie durch dynamische UML-Diagramme (Sequenz-, Kommunikations- oder Aktivitätsdiagramme).
- Die technische Systemumgebung zeigen Sie in Verteilungsdiagrammen.

4.8.3 Entwurf der Kontextsicht

Structural conformance

> Ich empfehle Ihnen, beim Entwurf der Kontextsicht von einer fachlichen Sicht (Facharchitektur) auszugehen und auf dieser Basis eine Vogelperspektive des Systems zu entwerfen. Das minimiert den logischen Unterschied (representational gap) zwischen fachlichen und technischen Architekturmodellen.

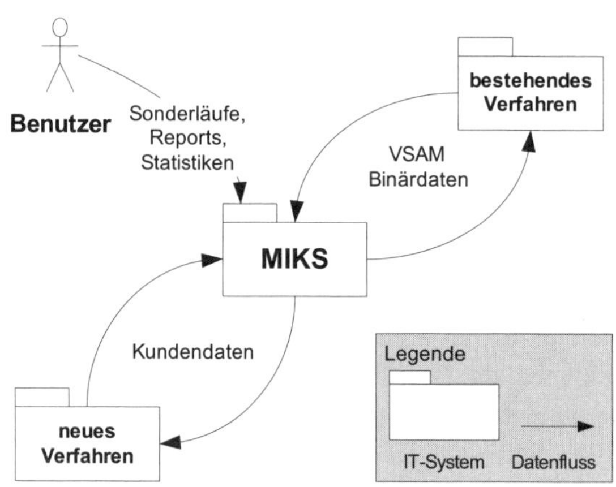

Abbildung 4.10: Beispiel: Diagramm einer Kontextsicht

Eine gute Gelegenheit zur Kommunikation

Kommunizieren Sie

Die Kontextsichten auf die Architektur sowie die ersten Baustein- und Laufzeitsichten bietet Ihnen eine hervorragende Möglichkeit, mit anderen Projektbeteiligten über das System zu diskutieren. Nutzen Sie diese Gelegenheit!

- Erläutern Sie Auftraggebern oder Kunden, wie das System die Anforderungen erfüllen soll (und hören Sie auf deren Rückmeldungen).
- Beschreiben Sie der Projektleitung den Entwurf und weisen Sie auf mögliche Risikofaktoren hin.
- Fragen Sie Entwickler nach ihrer Meinung. Ihr Entwurf befindet sich wahrscheinlich noch „weit weg von Technik“. Entwickler kennen häufig die Risiken und Tücken, von denen in der konzeptionellen Sicht abstrahiert wird!
- Sprechen Sie mit den zukünftigen Betreibern des Systems.
- Lassen Sie die Ergebnisse dieser Gespräche in die Entwürfe einfließen.

4.9 Dokumentation von Schnittstellen

Schnittstellen besitzen als Abgrenzungen zwischen den verschiedenen Bausteinen von Systemen besondere Bedeutung: Über Schnittstellen arbeiten diese zusammen und erzeugen letztlich den Mehrwert des Gesamtsystems.

Schnittstellen beinhalten in der Regel den Transfer von Daten oder Steuerungsinformation. Manche Schnittstellen basieren auf Standardkonstrukten der eingesetzten Programmiersprachen (Methoden- oder Prozeduraufrufe, Remote-Procedure-Calls, Shared-Memory etc.). Andere Schnittstellen sind organisatorischer Art.

Viele Schnittstellen werden bereits als Bestandteile von Sichten dokumentiert, insbesondere in den Bausteinsichten. Häufig besteht seitens einiger Projektbeteiligter der Bedarf nach einer eigenständigen Schnittstellendokumentation.

Struktur von Schnittstellenbeschreibungen

Wie bereits bei der Beschreibung von Sichten sollten Sie bei der Beschreibung von Schnittstellen eine einheitliche Gliederung verwenden.

Nachfolgend bezeichnet der Begriff *Ressource*[16] jeglichen Baustein einer Software-Architektur, der eine Interaktion über die betroffene Schnittstelle anbietet.

[16] Das Konzept der ressourcenbasierten Schnittstellenbeschreibungen stammt aus [Clement+03].

Tabelle 4.4: Struktur von Schnittstellenbeschreibungen

Überschrift	**Inhalt**
Identifikation	Genaue Bezeichnung und Version der Schnittstelle
Bereitgestellte Ressourcen	Welche Ressourcen stellt dieses Element ihren Akteuren (Benutzern, Aufrufern) bereit? Sie müssen hier mehrere Aspekte dokumentieren: ▪ Syntax der Ressource, etwa die Signatur von Methoden, das API. Hierzu können Sie beispielsweise CORBA-IDL verwenden (siehe folgenden Abschnitt). ▪ Semantik der Ressource: Welche Auswirkungen hat ein Aufruf dieser Ressource? Hierzu gibt es mehrere Möglichkeiten: ▫ Welche Events werden ausgelöst? ▫ Welche Daten werden (wie) geändert? ▫ Welche Zustände ändern sich? ▫ Sonstige von Menschen oder anderen Systemen wahrnehmbare Nebenwirkungen. ▪ Restriktionen bei der Benutzung der Ressource.
Fehlerszenarien	Beschreiben Sie sowohl mögliche Fehlersituationen als auch deren Behandlung.
Variabilitäten und Konfigurierbarkeit	Kann das Verhalten der Schnittstelle oder der Ressourcen verändert oder konfiguriert werden? Mögliche Konfigurationsparameter sollten Sie hier beschreiben.
Qualitäts-eigenschaften	Welche Qualitätseigenschaften wie Verfügbarkeit, Performance, Sicherheit gelten für diese Schnittstelle? Neudeutsch heißt dieser Teil der Schnittstellenbeschreibung *Quality-of-Service* (QoS) *Requirements*.
Entwurfs-entscheidungen	Welche Gründe haben zum Entwurf dieser Schnittstelle geführt? Welche Alternativen gibt es und warum wurden diese verworfen?
Benutzungshinweise	Hinweise oder Beispiele zur Benutzung dieser Schnittstelle

Schnittstellenbeschreibung mit CORBA-IDL

Die CORBA *Interface Definition Language*[17] (IDL) erlaubt die Technologie-neutrale und rein deklarative Beschreibung von Schnittstellen. Aufgrund ihrer Unabhängigkeit von Programmiersprachen eignet sie sich gut für die Beschreibung von Schnittstellen zwischen Bausteinen von Software-Architekturen. Nachfolgend zeige ich Ihnen einige wichtige Merkmale der IDL, die Detaillierung genügt für viele Architekturbeschreibungen. Bei Bedarf finden Sie ausführliche Sprachbeschreibungen in der Literatur.

[17] Die Sprache wurde von der Object Management Group (OMG) entwickelt und standardisiert.

- Schnittstellen (*interface*) definieren Operationen (Methoden, Funktionen).
- Die Parameter sowie Rückgabewerte und Aufrufverhalten dieser Operationen werden beschrieben. Parameter besitzen einen Modus (*in, out, inout*), der die Richtung der Datenübergabe definiert, und einen Typ, der den Wertebereich oder Datentyp der Ergebnisse definiert.
- Die IDL ermöglicht die Deklaration eigener Datentypen, unterstützt Vererbung, exakte Spezifikation der Ausnahmebehandlung von Operationen sowie synchrone und asynchrone Operationen.

Nachfolgend finden Sie ein Beispiel für die IDL-Beschreibung einer Schnittstelle.

```
module Geldinstitut {
    interface Konto {
         exception KeineAbhebungMoeglich {string Grund};
              void hebeGeldAb(
                   in float Betrag;
                   out float NeuerKontostand;)
                   raises KeineAbhebungMoeglich); ...
}}
```

IDL und asynchrone Kommunikation

Benutzen Sie zur Beschreibung asynchroner Operationen das IDL-Konstrukt `oneway`. Diese Beschreibung ist rein deklarativ und sagt nichts über Details der Implementierung[18] aus.

Falls Sie weitere Eigenschaften der Kommunikation oder der Schnittstelle beschreiben wollen, stehen Ihnen in der IDL Kommentare und in UML-Diagrammen Notizen sowie die Ball/Socket-Notation zur Verfügung (siehe Kapitel 8)

Für die Realisierung asynchroner Kommunikation gibt es viele technische Möglichkeiten (etwa: Message Queues, Dateien oder E-Mail). Siehe auch die Erläuterung zum Architekturaspekt „Kommunikation" in Kapitel 7.

[18] Hierzu noch eine technische Ergänzung: Das `oneway`-Konstrukt hat eine *„best-effort"* Semantik; entsprechende CORBA-Produkte sollen sich also „größte Mühe" bei der Umsetzung geben. Allerdings *müssen* in CORBA `oneway`-Aufrufe nicht unbedingt asynchron implementiert sein – auch wenn sie in der IDL so deklariert sind. IDL-Compiler besitzen danach die Freiheit, `oneway`-Konstrukte zu ignorieren oder auch synchrone Aufrufe daraus zu erzeugen.

```
module <identifier>
{
        <type declarations >;
        <constant declarations >;
        <exception declarations >;

        interface <identifier> [:<inheritance >]
        {
                <type declarations >;
                <constant declarations >;
                <attribute declarations >;
                <exception declarations >;

                [op_type> <identifier> ( <parameters> )
                        [raises exception];
                ...
                [op_type> <identifier> ( <parameters> )
                        [raises exception];
        }
        interface <identifier> [:<inheritance >]
        {
        ...
        }
}
```

Definiert ein Modul

Definiert eine Schnittstelle (CORBA Klasse)

Definiert eine Operation

Definiert eine Operation

Definiert eine Schnittstelle (CORBA Klasse)

Abbildung 4.11: Struktur einer IDL-Beschreibung

4.10 Datensicht

Alias: Datenmodell, Informationsmodell, Datenfluss.

In manchen Fällen kann es nützlich sein, die von einem System bearbeiteten Daten oder Informationen und ihre Flüsse explizit als eigene Sicht zu beschreiben. Besonders bei stark datenzentrierten Anwendungen erleichtert eine eigenständige Datensicht den Überblick. Sie kann die Kommunikation mit Auftraggebern und Anwendern vereinfachen.

Betrachten Sie die Datensicht lediglich als Ergänzung zu den Baustein-, Laufzeit- und Zuordnungssichten. Sie stellt keine eigenständige Architektursicht dar, weil sie keine Strukturen auf Architekturebene vorgibt.

Die Datensicht erlaubt Ihnen, die Struktur von Datenelementen und ihre Beziehungen zu anderen Bestandteilen der Architektur zu beschreiben:

- Welche Daten werden von Komponenten der konzeptionellen oder Bausteinsicht benötigt oder bearbeitet?
- Infrastrukturkomponenten: Auf welchen Rechnern, Datenbanken oder externen Systemen werden die betreffenden Daten gespeichert oder bearbeitet? Über welche technischen Kanäle werden sie geliefert?

In folgenden Fällen sollten Sie eine Datensicht erstellen:

- Externe Anwendungssysteme oder Datenbanken fungieren als Datenquellen oder -senken des Systems. Solche externen Systeme machen häufig Vorgaben bezüglich der Datenstrukturen oder der Repräsentation von Daten.
- Die Auftraggeber oder Anwender des (neuen) Systems denken stark datenorientiert. Als Indiz hierfür fokussieren diese Stakeholder in Interviews und Gesprächen hauptsächlich auf Daten und Datenstrukturen, weniger auf Algorithmen und Prozessen.

Falls das System hinsichtlich seiner Datenbasis autark ist und nur in geringem Umfang mit externen Systemen zusammenarbeitet, können Sie meist auf eine gesonderte Datensicht verzichten.

4.10.1 Notation der Datensicht

Ich empfehle Ihnen zur Darstellung von Datensichten einige pragmatische Ansätze: Klassendiagramme, Datenlexikon sowie Entity-Relationship-Diagramme.

- Klassendiagramme: Kennzeichnen Sie in UML-Klassendiagrammen Ihre Datencontainer durch den Stereotyp <<entity>>. Beschreiben Sie damit:
  - Beziehungen dieser Daten zu Architekturbausteinen.
  - Zugehörigkeit von Daten zu Paketen oder Subsystemen.
  - Herkunft von Daten (falls diese beispielsweise aus externen Systemen oder Datenquellen stammen).
- Datenlexikon: Wenn Sie die Struktur von Daten spezifizieren wollen, können Sie auf das Datenlexikon zurückgreifen, das sich schon in der strukturierten Analyse (siehe [McMenamin88] oder [Yourdon89]) bewährt hat. Es ist im Allgemeinen leicht verständlich, wird jedoch von UML-Werkzeugen nicht unterstützt. Das Datenlexikon benutzt eine Textnotation mit einfachen Symbolen (siehe Tabelle 4.5).

  Beispiel (nach [Yourdon89]):

```
name = titel + vorname + nachname
titel = {[Herr | Frau | Dr. | Professor ]}
** titel ist Iteration einer Auswahl,
vorname = {erlaubtesZeichen}
nachname = {erlaubtesZeichen}
erlaubtesZeichen = [A-Z|a-z|-|'| |]
```

Sie können zur Beschreibung auch eine andere Notation (etwa SQL) wählen, sollten aber die Bedeutung der Notation in einer Legende und einigen Beispielen erklären!

Tabelle 4.5: Notation des Datenlexikons

Symbol	Bedeutung
=	besteht aus
+	und
( )	optional (kann vorhanden sein oder nicht)
[ ]	wählt eine von mehreren alternativen Möglichkeiten aus
{ }	Iteration
**	Kommentar
@	Eindeutiger Bezeichner (Schlüssel)
|	trennt verschiedene Alternativen in der Auswahl mit [ ]

- Entity Relationship Diagramme (ERDs) dienen der Beschreibung von Zusammenhängen zwischen Daten. Diese Diagrammart ist im Datenbankbereich sehr verbreitet und wird daher von vielen Datenbank-Administratoren und -Designern sowie von Software-Entwicklern gut verstanden.

4.11 Entwurf der Sichten

Der Entwurfsprozess der Sichten wird durch deren starke Wechselwirkungen und Abhängigkeiten geprägt. Software-Architekturen sollten daher iterativ entstehen, weil die Auswirkungen mancher Entwurfsentscheidungen erst über die Grenzen von Sichten hinweg spürbar werden.

Wechselwirkungen der Architektursichten

Der Entwurf einer bestimmten Architektursicht hat oftmals prägenden Einfluss auf andere Sichten. Änderungen einer Sicht ziehen Anpassungen anderer Sichten nach sich.

Betrachten Sie dazu nochmals Abbildung 4.4. Die Linien zeigen, wie sich die einzelnen Sichten gegenseitig beeinflussen. Nebenbedingungen oder Einschränkungen in einer der Sichten wirken sich auf die übrigen aus.

In welcher Reihenfolge entstehen die Sichten?

Letztlich spielt es kaum eine Rolle, mit welcher Architektursicht Sie beginnen. Im Laufe des Entwurfs der Software-Architektur werden Sie an allen Sichten nahezu parallel arbeiten oder häufig zwischen den Sichten wechseln.

Einige Tipps zum Vorgehen: Beginnen Sie den Entwurf der Architektursichten mit einer

- Kontextsicht, wenn Sie auf Basis der Anforderungen schnell eine Übersicht über konzeptionelle Bausteine und deren Zusammenspiel benötigen.

- detaillierten Bausteinsicht, wenn Sie:
  - bereits ähnliche Systeme entwickelt haben und eine genaue Vorstellung von benötigten Implementierungskomponenten besitzen.
  - ein bereits teilweise bestehendes System verändern müssen und damit Teile der Bausteinsicht vorgegeben sind.

Pragmatismus und Effektivität

Sie erhalten mit den Sichten ein mächtiges Werkzeug, das Sie in Projekten vielseitig unterstützen kann. Setzen Sie dieses Werkzeug angemessen und pragmatisch ein.

- Machen Sie die Architekturdokumentation allen Projektbeteiligten zugänglich.
- Stellen Sie sicher, dass alle Projektbeteiligten die Architektur verstehen. Kommunizieren Sie die Architektur und die zugehörigen Entwurfsentscheidungen. Denn: „Sie glauben nur solange, dass Ihr Entwurf perfekt ist, bis Sie ihn jemand anderem gezeigt haben.“ (nach [Rechtin2000]).
- Dokumentieren Sie nur soviel wie nötig. Identifizieren Sie konkrete Informationsbedürfnisse der Projektbeteiligten, dann können Sie Ihre Dokumentation darauf ausrichten.
- Beachten Sie Rückmeldungen der Projektbeteiligten. Auch ein Entwurfs- oder Programmierfehler kann eine solche Rückmeldung sein – vielleicht hätten Sie anders dokumentieren sollen.

Wie viel Aufwand benötigt welche Sicht?

Rechnen Sie damit, dass Sie häufig 60 bis 80% der Zeit, die Sie für den Entwurf der Architektursichten insgesamt benötigen, alleine für die Ausgestaltung der Bausteinsicht aufwenden. Der ausschlaggebende Grund hierfür: Die Bausteinsicht wird oftmals wesentlich detaillierter ausgeführt als die übrigen Sichten.

Dennoch sind die übrigen Sichten für die Software-Architektur und das Gelingen des gesamten Projektes wichtig! Lassen Sie sich von diesem relativ hohen Aufwand für die Bausteinsicht in keinem Fall dazu verleiten, die anderen Sichten zu ignorieren.

Dokumentieren Sie spezielle Wechselwirkungen

Sie sollten in Ihren Architekturbeschreibungen die Entwurfsentscheidungen dokumentieren, die besonderen Einfluss auf andere Sichten haben. Beispielsweise bestimmt die Entscheidung für eine zentrale Datenhaltung in der Bausteinsicht maßgeblich den Aufbau der technischen Infrastruktur.

Es gibt eine Reihe von Gründen dafür, die Wechselwirkungen zwischen den Architektursichten zu beschreiben:

Traceability

- Es vereinfacht die Nachvollziehbarkeit (*traceability*) von Entwurfsentscheidungen.

Impact analysis

- Sie können die Auswirkungen von Änderungen auf andere Aspekte des Systems leichter erkennen (*impact analysis*).
- Es erleichtert das Verständnis der Architekturbeschreibung, weil Zusammenhänge zwischen einzelnen Sichten und Aspekten verdeutlicht werden.

4.12 Typische Architekturdokumente

In diesem Abschnitt stelle ich Ihnen einige häufig benötigte Arten von Dokumenten und deren mögliche Gliederung vor. Sie können diese Vorlagen als Ausgangsbasis Ihrer eigenen Architekturdokumentation verwenden:

- Übersichtspräsentation: Eine Folienpräsentation, mit der Sie in maximal einer Stunde die Architektur Ihres Systems fachlich und technisch motivieren und die Strukturen in den Grundzügen erläutern können.
- Architekturüberblick: Ein kompaktes Dokument (maximal 30 Seiten), das die Architektur des Systems motiviert und ihre wesentlichen Strukturen erläutert. Es beschreibt die Funktionsweise des Systems und begründet die wesentlichen Architekturentscheidungen.
- Dokumentationsübersicht: Ein Verzeichnis sämtlicher architekturrelevanten Dokumente, sozusagen die Architektur der Architekturdokumentation.
- Zentrale Architekturbeschreibung: Die ausführliche Referenz. Enthält sämtliche Sichten auf die Architektur. In größeren Projekten auf mehrere Einzeldokumente (mit klaren Verantwortlichkeiten) aufgeteilt.
- Architekturtapete: Eine Mischung aus Baustein- und Verteilungssicht, die viele Architekturaspekte zusammen zeigt. Eine solche Tapete widerspricht dem „5 +/- 2"-Prinzip, kann allerdings manchmal eine gute Diskussionsbasis für Architekten und Entwickler sein.
- Handbuch zur Architekturdokumentation: Hierin beschreiben Sie, wie die Architekturdokumentation in Ihrem Projekt funktioniert. Sie benennen Ihre Sichten mit zugehöriger Notation und erläutern die Struktur Ihrer Sichtenbeschreibungen. In vielen Fällen genügt das vierte Kapitel aus diesem Buch[19].
- Technische Informationen zum Entwicklungsprozess. Ein oder mehrere Dokumente mit den wichtigsten Informationen für Entwickler und Tester hinsichtlich Entwicklungsmethoden, Programmierung, Übersetzung/Bau,

[19] Zugegeben, dies ist ein schamloser Fall von Eigenwerbung. Lieber wäre es mir natürlich, Sie würden mich mit einer spezifischen Anpassung beauftragen ☺

sowie Start und Test des Systems. Ein solches Dokument können Sie *Programmers' Daily Reference Guide* nennen und sehr kurz halten – seine typische Leserschaft bevorzugt einstellige Seitenzahlen.

Übersichtspräsentation der Architektur

Im Laufe eines Projektes ergibt sich immer wieder die Notwendigkeit, die Architektur des Systems in Form einer Präsentation zu erläutern. Dazu sollten Sie eine Übersichtspräsentation erstellen, die Sie (möglicherweise in leichten Variationen) dann wieder verwenden können. Ich schlage Ihnen dazu folgende Gliederung vor:

- Einführung: Welches Problem löst das System? Verwenden Sie zwei bis drei Folien, nehmen Sie die allerwichtigsten Anforderungen an Architektur und technische Infrastruktur mit auf.
- (Architektonischer) Lösungsansatz: Beschreiben Sie auf ca. zwei Folien die Strategie sowie die Besonderheiten der Architektur. Benennen Sie grundlegende Architekturmuster oder -stile.
- Kontext des Systems: Zeigen Sie eine Kontextsicht mit den Grenzen des Systems sowie seinen Nachbarsystemen. Nehmen Sie in die Übersicht nur die wesentlichen Daten- und Kontrollflüsse auf. Falls notwendig sollten Sie eine Verfeinerung bereitstellen, die sämtliche Flüsse in und aus dem System zeigt.
- Architektursichten: 5 bis 15 Folien zeigen jeweils eine Grafik mit Erläuterungen einiger wichtiger Architekturbausteine. Verweisen Sie auf die Elementkataloge in den detaillierten Sichtenbeschreibungen. Hierin sollten mindestens ein bis zwei Bausteinsichten, eine Laufzeitsicht (für die wichtigsten Use-Cases des Systems) sowie eine Infrastruktursicht enthalten sein.
- Funktionsweise der Architektur hinsichtlich der wichtigsten Qualitätsmerkmale: Welche Maßnahmen haben Sie als Architekt ergriffen, um die geforderten Qualitätsmerkmale (etwa: Effizienz/Performance, Flexibilität, Skalierbarkeit, Sicherheit etc.) zu erreichen? (zwei bis drei Folien)
- Übersicht über die Projektbeteiligten: ein bis zwei Folien zeigen möglichst alle Projektbeteiligten mit deren Zielen oder Intentionen sowie deren spezifisches Informationsbedürfnis.
- Glossar, falls benötigt.

Architekturüberblick

Der Architekturüberblick ist ein Textdokument, das die Inhalte der Übersichtspräsentation enthält, jedoch ohne weitere Erläuterung verständlich sein muss.

Im Architekturüberblick ist Kürze gefragt, nicht Vollständigkeit. Meine persönliche Zielvorstellung liegt bei diesen Überblicksdokumenten bei maximal

30 bis 40 Seiten – mehr mag kaum ein gestresster Projektleiter oder termingeplagter Manager lesen.

In jedem Fall enthält dieses Dokument die zentralen Sichten und erläutert daran die Funktionsweise der Architektur hinsichtlich der wichtigsten funktionalen und nichtfunktionalen Anforderungen.

Bei der Gliederung können Sie sich an der Übersichtspräsentation orientieren.

Dokumentationsübersicht

In der Regel werden Architekturdokumentationen aus mehreren Einzeldokumenten bestehen. Der Zusammenhang zwischen diesen Teilen wird in einer eigenständigen Dokumentationsübersicht *(Documentation Roadmap)* beschrieben.

- Welche Dokumente gibt es (mit Namen und Ablageort)?
- Was ist deren Ziel und Inhalt (Abstract)?
- Welche Projektbeteiligten sollten was und in welcher Reihenfolge lesen?
- Welche Abhängigkeiten existieren zwischen den Dokumenten?

Zentrale Architekturbeschreibung

Die zentrale Architekturbeschreibung stellt den umfangreichsten und auch detailliertesten Teil der Architekturdokumentation dar. Sie heißt manchmal auch SWAD- oder Architektur-Gesamtdokument, Architektur-Referenz oder auch *Architecture-State-of-the-Art*. In Tabelle 4.6 finden Sie einen Gliederungsvorschlag:

Tabelle 4.6: Gliederungsvorschlag für das Architektur-Gesamtdokument

Überschrift	**Erläuterung**
1. Management Summary	
2. Fachlicher Kontext	Sollte neben einer Erläuterung mindestens ein Kontextdiagramm enthalten, aus dem die Systemgrenzen und die unmittelbaren Nachbarsysteme hervorgehen.
2.1. Geschäftsprozesse	Stellen Sie die vom System bearbeiteten Geschäftsprozesse als Use-Cases (Text und Diagramm) dar. Wichtige oder komplexe Abläufe stellen Sie zusätzlich in grafischer Form (Aktivitäts-, Kollaborations- oder Sequenzdiagramm) dar. Eine geeignete Schablone für Use-Cases finden Sie unten.
2.2. Funktionale und nichtfunktionale Anforderungen.	Beschreiben Sie weitere wesentliche (d.h. für die Architektur relevante) funktionale und nichtfunktionale Anforderungen. Dabei handelt es sich um eine Ergänzung des Anforderungsdokumentes, teilweise um technische Aspekte angereichert.

Überschrift	Erläuterung
	Hier sollten insbesondere architekturrelevante Themen wie Performance, Sicherheit, Protokollierung und ähnliches angesprochen werden.
2.3. Mengengerüste	Benennen und quantifizieren Sie wichtige Größen des Systems, etwa Datenaufkommen und Datenmengen, Dateigrößen, Anzahl Benutzer, Anzahl Geschäftsprozesse, Transfervolumen und andere.
2.4 Einflussfaktoren und Randbedingungen	Führen Sie organisatorische und technische Randbedingungen auf, die Auswirkungen auf Architekturentscheidungen besitzen können.
3. Verzeichnis der Architektursichten	In den folgenden Kapiteln beschreiben Sie 1-n Sichten in einheitlicher Struktur aber unterschiedlicher Detaillierungsgrade. Orientieren Sie sich hierbei an der Liste der Stakeholder sowie deren Zielsetzung. Stellen Sie hier bei Bedarf den Zusammenhang der einzelnen Sichten als Navigations- oder Verständnishilfe tabellarisch oder grafisch dar. Die Struktur der Sichten ist weiter unten erläutert.
4. Kontextsichten	Sichten aus der „Vogelperspektive“, zeigt die Zerlegung des Systems in (große) Bausteine, Module oder Subsysteme und den Zusammenhang zu Nachbarsystemen, wichtigen Stakeholdern sowie der technischen Infrastruktur.
5. Bausteinsichten	Verfeinerte Darstellung der Aufteilung in Architekturbausteine und deren Zusammenhänge und Abhängigkeiten (statische Sichten).
6. Laufzeitsichten	Zeigen Sie das Zusammenspiel der Laufzeitelemente. Stellen Sie hier dar, wie das Erfolgsszenario der zentralen Use-Cases bearbeitet wird. Bei Bedarf beschreiben Sie die verfeinerte Darstellung der Laufzeitelemente sowie ihr Zusammenwirken.
7. Verteilungs- oder Infrastruktursicht	Diese Sichten zeigen die Abbildung von Laufzeitelementen auf die zugrunde liegende Hardware.
8. Weitere Architektursichten	Zeigen Sie weitere Sichten, wenn Sie unbedingt müssen (oder wo Sie es für angemessen halten). Erläutern Sie Besonderheiten oder Eigenarten, getreu dem Prinzip der geringst möglichen Verwunderung.
9. Schnittstellen nach außen	Hier dokumentieren Sie wichtige Schnittstellen zu beteiligten Fremdsystemen. Sie sollten mindestens diejenigen Systeme und Bausteine berücksichtigen, die eine aktive Rolle[20] bei der Bearbeitung spielen.

[20] Der Begriff „aktive Rolle“ bezieht sich auf Systeme und Bausteine, die unmittelbar an der Schnittstelle beteiligt sind, d.h. eine Interaktion anstoßen oder von einer solchen angestoßen werden.

Überschrift	Erläuterung
	Falls diese Schnittstellen bereits in den Bausteinsichten beschrieben sind, stehen hier nur noch Verweise, keinesfalls Wiederholungen!
10. Globale Entwurfsentscheidungen	Entscheidungen über Konzept und Aufbau des gesamten Systems.
11. Glossar	Falls nötig, ansonsten Verweis auf das Projektglossar.

Architekturtapete

In manchen Fällen kann eine Gesamtansicht vieler Architekturelemente auf einem einzigen Diagramm die Diskussion zwischen Architekten und Entwicklern vereinfachen. Eine solche Darstellung eignet sich in der Regel nicht als Einstieg oder Referenz, ermöglicht jedoch schnelle Sprünge von abstrakten zu detaillierten Aspekten der Architektur.

In meiner Berufspraxis habe ich so manches Mal die Nützlichkeit dieser „Tapeten" erlebt:

- Sie beeindrucken damit in der Regel Ihre Manager.
- Sie können Architekturelemente (Bausteine, Knoten oder Schnittstellen) mit Statusinformationen überlagern, etwa hinsichtlich Fertigstellungsgrad, Risiko, Performance oder ähnlichen wichtigen Managementinformationen.

Beachten Sie, dass die Erstellung riesiger Diagramme auch riesig viel Aufwand kostet, ebenso wie deren Pflege. Erstellen Sie die Architekturtapete erst dann, wenn Stakeholder danach fragen.

4.13 Beispiel einer Software-Architektur-Dokumentation (SWAD)

Nachfolgend finden Sie eine kurze Architekturdokumentation, die sowohl die Bestandteile von SWAD als auch deren inhaltliches Zusammenwirken aufzeigt.

> **Anmerkung**: Dieses Beispiel ist ein kurzer Auszug einer realen Dokumentation. Es erhebt keinen Anspruch auf Vollständigkeit.

Wichtige Teile von realen Architekturbeschreibungen fehlen in diesem Beispiel, etwa:

- Die ausführliche Beschreibung aller Elemente und Beziehungen der Architektur (hier werden nur wenige Elemente erläutert).
- Die Darstellung von technischem und fachlichem Kontext für jede einzelne Sicht.
- Die (realiter notwendige) Dokumentation verschiedener Verfeinerungen.
- Die Begründung von Architekturentscheidungen.
- Die (realiter notwendigen) Verweise auf jeweils zugehörige Sichten.

Software-Architektur-Dokumentation für Konto-Integration

1 Einführung & Management Summary

Das System realisiert den bidirektionalen Datenaustausch zwischen Cobol-basierten Mainframe-Anwendungen und einer in Java implementierten Client/Server-Anwendung. Dabei werden neben den technischen Transformationen (EBCDIC-ASCII, OR-Mapping) auch komplexe fachliche Transformationen zwischen beiden abgewickelt.

1.1 Projektbeteiligte & Stakeholder

<verkürzt>: Auftraggeber, Anwender, Betreiber Altsystem, Betreiber Neusystem, Entwickler Neusystem, Tester, Projektleiter und -manager, Sicherheitsbeauftragte, QS-Beauftragte

2 Fachlicher Kontext

Aus der bestehenden Mainframe- und Cobol-basierten Anwendungslandschaft einiger Rechenzentren werden Teile der Adress- und Buchungssysteme zukünftig durch Java-Client/Server-Systeme ergänzt. Über einen Zeitraum von voraussichtlich mehreren Jahren wird es einen Parallelbetrieb beider Infrastrukturen geben, während dessen die zugrunde liegenden Daten zwischen beiden Plattformen zeitnah ausgetauscht werden müssen

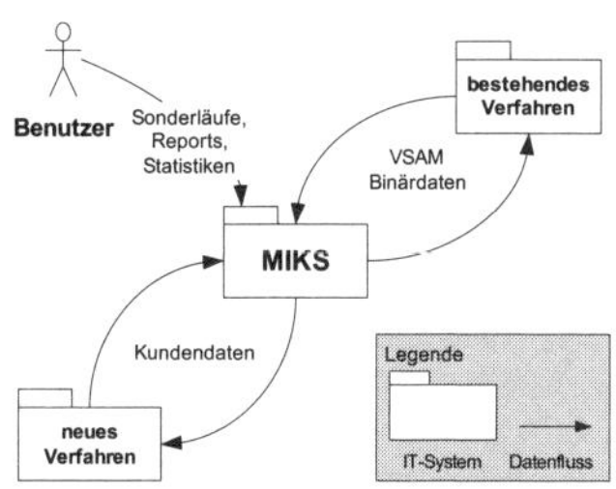

Abbildung 2.1: Kontextdiagramm

2.1 Geschäftsprozesse & Use-Cases

Name	Einmalige Datenmigration (Altsystem nach Neusystem)	
Beteiligte	**Beteiligte**	**Ziel**
	Neues Verfahren	Daten werden korrekt importiert.
	Bestehendes Verfahren	Möglichst wenige Daten werden beim Import als „fehlerhaft" markiert.
	Benutzer	Zeitnahe und korrekte Auswertungen.
	Operator	Reibungsloser Ablauf ohne manuelle Eingriffe
Vorbedingungen	Datei mit Datensätzen in VSAM-Format wurde vom bestehenden Verfahren exportiert und in das Import-Verzeichnis des neuen Verfahrens kopiert.	

Mindestgarantie	Die Bearbeitung jedes Datensatzes der Ausgangsdatei wird protokolliert.	
Erfolgsgarantie	Alle vom bestehenden Verfahren exportierten Datensätze sind erfolgreich in das neue Verfahren importiert.	
Auslöser	Zeitgesteuert durch Job-Control-System des bestehenden Verfahrens.	
Erfolgsszenario	**Schritt**	**Aktion**
	1	Alle zu einem Kunden gehörigen Datensätze des bestehenden Verfahrens werden eingelesen.
	2	Die Datensätze werden aus VSAM in ASCII-Textformat transformiert.
	3	Validiere die Plausibilität der Datensätze.
	4	Transformiere die Datensätze gemäß den aktuell gültigen Transformationsregeln.
	5	Übernehme das transformierte Konto in das neue System.
Ausnahmen und Fehler	Hier nur auszugsweise dargestellt: ▪ 3a: Plausibilitäten schlagen fehl: Eintrag in Fehler-DB. ▪ 4a: Spezielle Konstellation in Transformationsregeln nicht beschrieben.	
Variationen	▪ Die Bearbeitung kann durch einen Operator manuell gestartet werden.	

<Use-Case der täglichen Integration weggelassen>.

2.2 Funktionale und nichtfunktionale Anforderungen

Das System muss drei zentrale Anforderungen erfüllen:

- Die gesamten betroffenen Daten des bestehenden Verfahrens BV initial in die Daten- und Objektstrukturen des neuen Verfahrens NV konvertieren (einmalige Hinwegmigration). Diese Operation darf höchstens 12 Stunden dauern.
- Die in beiden Verfahren bearbeiteten Daten müssen tagesaktuell abgeglichen werden (tägliche Datenintegration). Diese Operation darf höchstens 120 Minuten dauern.
- Für unterschiedliche Anwendergruppen müssen die Transformationsregeln einfach anpassbar sein (Änderungsaufwand <3PT pro Regel):

2.3 Mengengerüste

- Hinwegmigration: Etwa 500.000 Datensätze (Konten), jeweils <10kByte.
- Datenintegration: Täglich etwa 200.000 Buchungen auf Konten, jeweils <10kByte.
- Keine interaktiven Benutzer.

3 Architektursichten

Nachfolgend beschreiben wir das System „Konto-Integration“ aus den folgenden Perspektiven:

- Bausteinsicht (zeigt Architekturbausteine und Implementierungseinheiten):
- Laufzeitsicht des InputProcessing.
- Infrastruktursicht des Gesamtsystems.

3.1 Übersicht der Architekturbausteine des Gesamtsystems

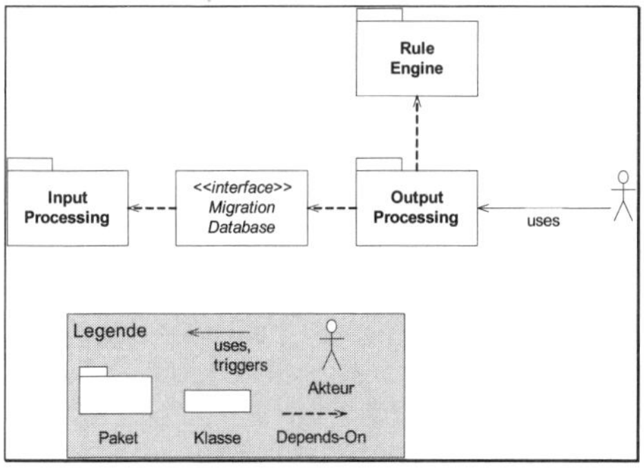

Abbildung 3.1: Grobe Bausteinsicht Gesamtsystem

Die Aufgaben Hinwegmigration und tägliche Datenintegration werden auf vier Bausteine (Module) verteilt:

- InputProcessing übernimmt das Einlesen der VSAM-Binärdaten, EBCDIC/ASCII-Konvertierung, Paketierung und Segmentierung sowie Speicherung in der *MigrationDatabase*.
- MigrationDatabase speichert Metainformation, vorverarbeitete Daten sowie Information zu Fehlerfällen.
- OutputProcessing übernimmt die fachliche Transformation, unterstützt von einer Rule-Engine.

3.2 Bausteinsicht InputProcessing

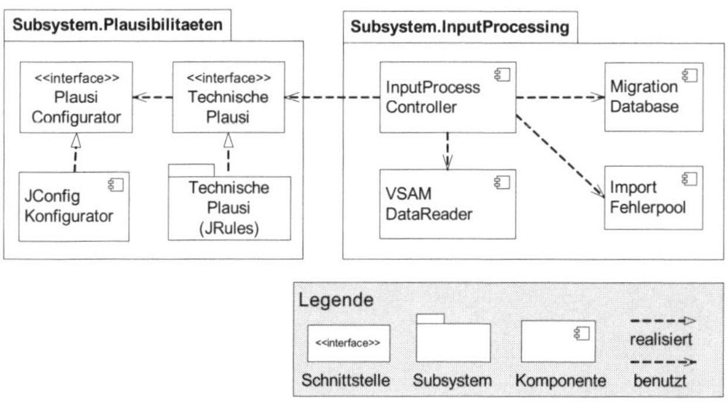

Abbildung 3.2: Implementierungssicht ImportProcessing und Plausibilitäten

Diese Implementierungssicht zeigt eine Verfeinerung der konzeptionellen Sicht. Sie stellt das Subsystem ImportProcessor als Menge von Implementierungseinheiten dar:

- ImportProcessController: Steuert den Ablauf des ImportProcessor. Insbesondere ist er für die Instanziierung der übrigen Komponenten verantwortlich. Speziell gehört die Übernahme der jeweilig konfigurierten Plausibilitäten zu seinen Aufgaben: Diese Plausibilitäten unterscheiden sich je nach Bundesland. In Fällen schlechter Datenqualität (>15% Einträge im ImportFehlerpool) können die Plausibilitäten per Konfiguration abgeschwächt werden.
- MigrationDatabase: Schnittstelle zu einer relationalen DB, die korrekt importierte, konvertierte und zu fachlichen Paketen zusammengefasste Kontodaten enthält.
- Der VSAMDataReader prüft, öffnet und liest die vom Host übertragene VSAM-Datei satzweise. Er liest dazu in seiner Initialisierungsphase die XML-Beschreibung der VSAM-Sätze.

- Der ImportFehlerPool enthält (in Klartext) diejenigen Sätze, die nicht korrekt importiert werden konnten.

3.3 Laufzeitsicht des InputProcessing

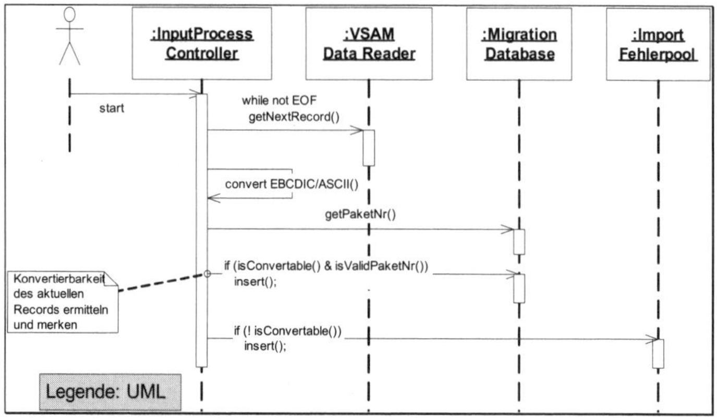

Abbildung 3.3: Laufzeitsicht des InputProcessing

Das InputProcessing verarbeitet satzweise die vom Host übertragenen VSAM-Dateien. Nicht konvertierbare Sätze erfüllen die geforderten Plausibilitäten nicht (mangelnde Datenqualität) und werden in den ImportFehlerpool (Bestandteil der MigrationDatabase) eingestellt. Dort werden sie manuell nachbearbeitet.

Die Implementierungsbausteine (siehe Abschnitt 3.2 - Implementierungssicht) werden sämtlich auch zur Laufzeit instanziiert.

Sämtliche Verbindungen zwischen Laufzeitkomponenten erfolgen durch synchrone Methodenaufrufe innerhalb einer einzigen Java-VM.

3.4 Sicht auf die Infrastruktur

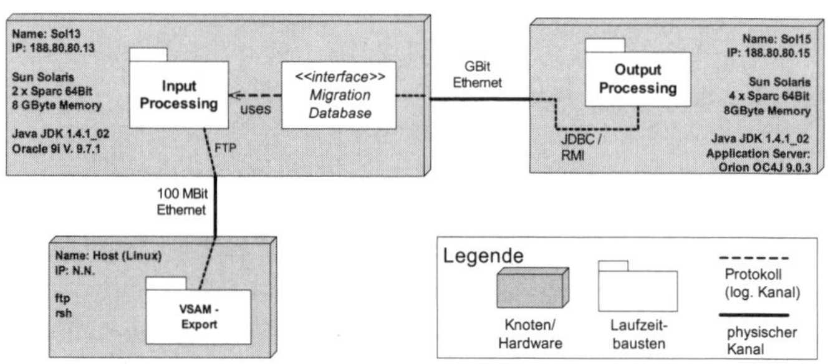

Abbildung 3.4: Infrastruktursicht

Die Infrastruktursicht bildet die Bausteine der Implementierungssicht auf folgende Hardwareknoten ab:

- 2-Prozessor Sun-Solaris (SOL13) für das InputProcessing sowie die Migration Database.
- 4-Prozessor Sun-Solaris (SOL15) für den OutputProcessor. Hier laufen auf jedem Prozessor getrennte Instanzen des Application Servers.
- Die Verbindung zwischen SOL13 und SOL15 über Fibre Channel.

4 Schnittstellen

- Schnittstelle zum bestehenden Verfahren über Dateiaustausch. Details entfallen hier.

5 Globale Entwurfsentscheidungen

- Kommunikation mit dem neuen Verfahren grundsätzlich über ein erweitertes Value-Object Pattern (hier: *TransferObject*).
- Datenspeicherung grundsätzlich in einer relationalen Datenbank (Oracle 9i). Einsatz eines OR-Mapping Frameworks möglich, jedoch nicht abschließend untersucht.

6 Glossar

<Entfällt>.

4.14 Weiterführende Literatur

[ARC42] ist eine Sammlung von Architekturhilfsmitteln, Prozessbeschreibungen und Beispielen. Unter anderem finden Sie auf der Website einige Schablonen und Vorlagen für typische Architekturdokumente, basierend auf einem Metamodell. ARC42 ist das für Software- und Systemarchitekten, was [Volere] für Systemanalytiker und Requirements-Engineers ist.

[Bachmann2000] beschreibt die Bedeutung von Architekturdokumentation.

[Clements+03] stellt einen flexiblen Ansatz zur Architekturdokumentation vor, der Möglichkeiten zur Definition eigener Sichten offen lässt. Leider geben die Autoren kaum Empfehlungen, welche Aspekte von Software-Architekturen konkret zu dokumentieren sind.

[Hofmeister2000] stellen in den Kapiteln 3-7 ein System aus vier Sichten (*views*) vor (konzeptionelle Sicht, Modulsicht, Codesicht, Ausführungssicht). Zur Notation benutzen die Autoren eine über Stereotypen erweiterte UML.[21]

[ISO96] Der ISO-Standard 10746 spezifiziert ein Referenzmodell für „Open Distributed Processing" (RM-ODP). Er führt fünf unterschiedliche Sichten (*viewpoints*) auf Systeme ein (*Enterprise, Information, Computational, Engineering, Technology*). Für jede dieser Sichten enthält der Standard eine eigene Beschreibungssprache beziehungsweise die für eine entsprechende Sprache notwendigen Konzepte. Dies erschwert die Anwendung von ISO 10746 beträchtlich, da kaum kommerzielle Werkzeuge die geforderten Beschreibungssprachen unterstützen. Siehe dazu auch [Putman2001].

[Kruchten95] stellt ein Modell von fünf Sichten vor: Logische Sicht, Prozess-Sicht, Physische Sicht, Entwicklungssicht und Use-Case Sicht.

[21] Leider unterstützen nur wenige kommerzielle CASE-Werkzeuge diese grafischen UML-Erweiterungen.

[Rüping03] beschäftigt sich mit dem Thema, wie Sie die zu dokumentierenden Aspekte von Software-Projekten finden und die Inhalte Ihrer Dokumente verständlich strukturieren und layouten.

[Siedersleben04] streift das Thema Dokumentation zwar nur sehr kurz. Er fordert in Projekten jeweils die Innen- und Außensicht von Komponenten zu dokumentieren: Die Außensicht beschreibt die Schnittstelle, die Innensicht legt die interne Struktur von Komponenten offen.

[Youngs99] differenziert zwischen operationalen und funktionalen Aspekten der Architekturbeschreibung.

> Der Schlüssel zur Maximierung der Wiederverwendung liegt im Voraussehen von neuen Anforderungen … sowie im Entwurf Ihrer Systeme derart, dass sie sich entsprechend entwickeln können.
>
> [Gamma95] (Übersetzung Dirk Riehle)

5 Entwurfsprinzipien und Entwurfsmuster

Fragen, die dieses Kapitel beantwortet:

- Was sind Heuristiken?
- Wie können Sie Komplexität beherrschen?
- Was sind Schichten, Layer und Tiers?
- Welche wichtigen Grundregeln gelten für den Entwurf von Software?
- Warum sind Abhängigkeiten ein gravierendes Problem?
- Wie kann man die negativen Folgen von Abhängigkeiten in Entwürfen minimieren oder verhindern?
- Welche Entwurfsmuster reduzieren oder verhindern Abhängigkeiten?
- Wie hängen Entwurf und Qualitätssicherung zusammen?

Aus Fehlern klug werden: Software-Architekten haben zu wenig Zeit

Erfolg kommt von Weisheit.
Weisheit kommt von Erfahrung.
Erfahrung kommt von Fehlern. *[Rechtin2000]*

Dieses Zitat umschreibt die Erfahrung, dass man aus Fehlern hervorragend lernen kann. Leider sind nur wenige Auftraggeber bereit, die für Ihre Erfahrung als Software-Architekt notwendigen Fehler zu akzeptieren.

Heuristik ist Erfahrung

In dieser Situation helfen Heuristiken. Sie kodifizieren Erfahrungen anderer Architekten und Projekte, auch aus anderen Bereichen der Systemarchitektur.

Heuristiken sind nicht analytisch

Heuristiken, Abstraktionen von Erfahrung, sind nicht analytisch. Es sind Regeln zur Behandlung komplexer und wenig strukturierter (= schwieriger) Probleme (für die es meist beliebig viele Lösungsalternativen gibt). Heuristiken können helfen, Komplexität zu reduzieren.

Statt Heuristiken können Sie auch die Begriffe „Regel", „Muster" oder „Prinzip" verwenden; im Grunde geht es immer um Ratschläge, die aus konkreten Situationen verallgemeinert oder abstrahiert wurden.

Heuristiken geben Orientierung, keine Garantie

Auf dem Weg in den sicheren Hafen (des fertigen Systems) bieten Heuristiken Orientierung im Sinne von Wegweisern, Straßenmarkierungen und Warnschildern. Aber Vorsicht: sie geben lediglich Hinweise und garantieren nichts. Es bleibt in Ihrer Verantwortung, die passenden Heuristiken für eine bestimmte Situation auszuwählen:

> *Die Kunst der Architektur liegt nicht in der Weisheit der Heuristiken, sondern in der Weisheit, a priori die passenden Heuristiken für das aktuelle Projekt auszuwählen.* *[Rechtin2000]*

Heuristiken effektiver Architektur

- Erfolg wird vom Kunden definiert, nicht vom Architekten.
- Beginnen Sie mit den schwierigsten Teilen. Diese Teile enthalten das höchste Risiko. Erstellen Sie Prototypen für diese Teile des Systems.
- Nehmen Sie nicht an, dass die ursprünglichen Anforderungen notwendigerweise die richtigen sind. Die endgültigen Anforderungen sind ein Ergebnis der Architektur! Hinterfragen Sie Anforderungen, weisen Sie auf Konsequenzen und Alternativen hin. Helfen Sie Auftraggebern und Projektleitung dabei, Aufwand und Nutzen der Anforderungen abzuwägen.
- Ein Modell ist keine Realität. Verifizieren Sie Ihre Modelle, möglichst gemeinsam mit Kunden und Auftraggebern.
- Wenn Sie glauben, Ihr Entwurf ist perfekt, dann haben Sie ihn noch niemandem gezeigt. Diskutieren Sie frühzeitig mit anderen Projektbeteiligten über Alternativen und Konsequenzen Ihrer Entwurfsentscheidungen.
- Entwerfen (und behalten) Sie so lange wie möglich Alternativen und Optionen in Ihren Entwürfen. Sie werden sie brauchen.

5.1 Von der Idee zur Struktur

Ich möchte Ihnen hier einige Techniken vorstellen, mit denen Sie die Komplexität eines Systems beherrschen können. Diese Heuristiken helfen Ihnen bei der Strukturierung von Systemen.

Komplexität beherrschen

> *Wenn Du es nicht in fünf Minuten erklären kannst,*
> *hast Du es entweder selbst nicht verstanden,*
> *oder es funktioniert nicht.* [Rechtin2000]

Komplexität wird durch Zerlegung beherrschbar

Ein klassischer und systematischer Ansatz der Beherrschung von Komplexität lautet „teile und herrsche" (*divide et impera*). Zerlegen Sie Ihr Problem in immer kleinere Teile, bis diese Teilprobleme eine überschaubare Größe annehmen. Diesen Grundsatz der systematischen Vereinfachung können Sie für Software-Architekturen in verschiedenen Ausprägungen anwenden:

- „In Scheiben schneiden": Zerlegen Sie ein System in (horizontale) Schichten. Jede Schicht stellt einige klar definierte Schnittstellen zur Verfügung und nutzt Dienste von darunter liegenden Schichten.
- „In Stücke schneiden": Zerlegen Sie ein System in (vertikale) Teile: Jeder Teil übernimmt eine bestimmte fachliche oder technische Funktion.

Bei der Vereinfachung durch Zerlegung sollten Sie ein zentrales Prinzip der Informatik beachten, die Kapselung (*information hiding*). Wenn Sie zerlegen, dann kapseln Sie Komplexität in Komponenten.

Betrachten Sie diese Komponenten als „black box" und verschonen Sie die Umgebung dieser Komponenten durch klar definierte Schnittstellen vom komplexen Innenleben.

Ohne Kapselung wird alles schwieriger

Wenn Sie die Kapselung missachten, entstehen ungewollte und schwierige Abhängigkeiten zwischen den einzelnen Systemteilen (Subsystemen, Komponenten), die insgesamt zu einer höheren Komplexität führen. Ohne Kapselung erschwert eine Zerlegung des Systems das Problem, statt es zu vereinfachen (denn: was bekannt ist, wird auch ausgenutzt!).

Zerlegen – aber wie?

Der wichtigste Ratschlag für die Strukturierung Ihrer Systeme: Dokumentieren Sie die Entscheidungen, die zu einer bestimmten Struktur führen. Andere Projektbeteiligte werden sie zukünftig verstehen müssen.

Einige allgemeine Tipps zur Zerlegung von Systemen:

- Eine Struktur soll geringe Kopplung und hohe Kohäsion besitzen.

Dieses Prinzip ist als „*Kopplung und Kohäsion*" schon 1979 von Larry Constantine und Ed Yourdon beschrieben worden. Kopplung ist ein Maß dafür, wie eng zwei Komponenten miteinander in Beziehung stehen oder voneinander abhängig sind. Kohäsion ist ein Maß, wie eng die Funktionen, die zwei Komponenten ausführen, miteinander in Beziehung stehen. Jedes Subsystem als Ergebnis einer Zerlegung sollte eine Menge von Konzepten oder Abstraktionen enthalten, die logisch oder inhaltlich eng zusammengehören (= hohe Kohäsion). Insbesondere soll die Kopplung von Komponenten innerhalb eines solchen Subsystems enger sein als zu Teilen anderer Subsysteme.

Unabhängigkeit

- Wählen Sie bei der Zerlegung die Elemente so, dass sie so unabhängig wie möglich voneinander sind. Wenige Abhängigkeiten deuten häufig auf hohe Flexibilität und leichte Wartbarkeit von Systemen hin. Der ganze Abschnitt 5.4 ist diesem Thema gewidmet.

Alternativen schaffen

- Betrachten Sie Alternativen. Betrachten Sie das Problem von einem anderen Standpunkt aus. Überdenken Sie vermeintlich offensichtliche Ansätze.

Änderungen ermöglichen

- Eine Struktur sollte spätere Änderungen ermöglichen. Sie können das erreichen, indem Ihre Entwürfe modular, verständlich und nachvollziehbar bleiben und Sie Verantwortlichkeiten trennen und kapseln (siehe Abschnitt 5.3.2).

Keine Annahmen über andere

- Komponenten sollen keine Annahmen über die Struktur anderer Komponenten machen.

Trennen Sie fachliche und technische Teile

- Trennen Sie zuerst die Interaktion des Systems mit seinen Benutzern von der Anwendungslogik ab. Sie erhalten durch diese Trennung eine Komponente „Präsentation" oder „Benutzeroberfläche".
- Trennen Sie als Nächstes die Aspekte der Fachdomäne von der Technik, die Logik von der Infrastruktur.

Trenne Fachlichkeit von Implementierung

Durch diese Trennungen minimieren Sie die Abhängigkeit der essenziellen (fachlichen) Aspekte des Systems von den Details der konkreten Umsetzung (Implementierung, Technik, Infrastruktur). Das erlaubt Ihnen, fachliche und technische Änderungen am System getrennt voneinander durchzuführen.

Anschließend zerlegen Sie die Fachdomäne in weitere Bestandteile. Die folgenden Abschnitte geben Ihnen dazu einige Tipps.

Das Prinzip der Trennung in die logischen Bestandteile „Präsentation", „Fachdomäne" und „Infrastruktur" ist seit langer Zeit als Schichtenbildung bekannt. Aufgrund ihrer hohen praktischen Bedeutung widme ich den Schichten den gesamten Abschnitt 5.2.

Strukturierung der Fachdomäne

Für die Zerlegung der Fachdomäne möchte ich Ihnen einige Tipps geben:

Konzeptionelle Integrität

- Bewahren Sie vor allem die konzeptionelle Integrität: Zerlegen Sie möglichst alle Teile nach ähnlichen Aspekten. Versuchen Sie, dieses „Konzept“ der Zerlegung (oder Kapselung) im System konsistent anzuwenden.
- Kapseln oder gruppieren Sie Aspekte ähnlicher Änderungsrate. Gruppieren Sie Elemente, die in ähnlichen Intervallen modifiziert werden.[1]

Sie können die Fachdomäne anhand zweier typischer Schemata strukturieren, die ich Ihnen hier vorstelle:

Struktur nach Fachobjekten

Die Zerlegung erfolgt in diesem Falle nach Fachobjekten (oder Fachklassen). Diese Zerlegung entspricht im Wesentlichen der objektorientierten Zerlegung.

Wie auch bei der objektorientierten Modellierung kann es schwierig sein, die Verantwortlichkeit der eigentlichen Ablauflogik zu identifizieren.

Objektorientierte Zerlegung

Strukturierung nach Fachobjekten eignet sich, wenn:

- Teile der Fachlogik in anderen Systemen wieder verwendet werden sollen;
- die Fachlogik komplex, umfangreich oder flexibel ist;
- Architekten und Entwickler das objektorientierte Paradigma beherrschen.

Struktur nach Benutzertransaktionen

Eine Benutzertransaktion umfasst eine Aktion, die ein Benutzer des Systems ausführen kann, inklusive sämtlicher systeminterner Operationen (etwa: Eingabedaten prüfen, Berechnungen ausführen, Ausgabedaten bereitstellen und anzeigen). Eine solche Benutzertransaktion kapselt einen systeminternen Ablauf.

Strukturierung nach Benutzertransaktionen ist geeignet, wenn:

- die Fachlogik im Wesentlichen aus Datenbeschaffung und einfachen Operationen auf diesen Daten besteht;
- die Fachlogik im Wesentlichen aus der Integration verschiedener Fremdsysteme besteht;

[1] Dieser Ratschlag gilt auch für die Gestaltung grafischer Oberflächen!

- sehr einfache oder sehr wenig Fachlogik vorliegt;
- Architekten oder Entwickler nur wenig mit Objektorientierung vertraut sind (und die Strukturierung nach Fachobjekten nicht beherrschen).

5.2 Architektur und Schichten

Schichten, Layer

In Software-Architekturen hat sich die Schichtenbildung (*layering*[2]) als ein klassisches Mittel zur Strukturierung etabliert.[3] Eine Schicht stellt dabei eine „virtuelle Maschine" dar, die den darüber liegenden Schichten eine bestimmte Menge von Diensten (*services*) anbietet. Eine Schicht kapselt die Details ihrer Implementierung gegenüber der Außenwelt. Sie kann dabei ein beliebig komplexes Subsystem darstellen.

Komponenten innerhalb einer Schicht besitzen einen ähnlichen Abstraktionsgrad. So kapseln „niedrige" Schichten oftmals technische oder sogar physikalische Aspekte von Systemen („Hardware- oder Infrastrukturschicht").

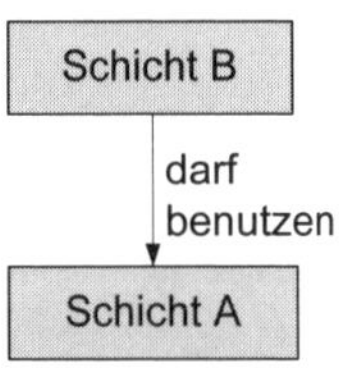

Abbildung 5.1: Schichten

Schichten funktionieren analog einer Zwiebel – jede Schicht verbirgt die darunter liegenden Schichten vor dem Zugriff durch äußere Schichten.

Gegenüber anderen Zerlegungsmechanismen legt die Schichtenbildung einige wichtige Eigenschaften fest (siehe Abbildung 5.1). So darf eine höhere Schicht („B") Dienste einer darunter liegenden Schicht („A") benutzen.

Die umgekehrte Nutzung (eine darunter liegende Schicht benutzt eine höhere) sollten Sie mit Vorsicht einsetzen. Sie erzeugt zusätzliche Abhängigkeiten, die Unabhängigkeit einer Schicht von den darunter liegenden wird beschränkt. Wenn die gegenseitige Nutzung von Komponenten notwendig ist, sollten sich diese Komponenten möglichst in ein- und derselben Schicht befinden.

Schichten haben Vorteile ...

- Schichten sind voneinander unabhängig, sowohl bei der Erstellung als auch im Betrieb von Systemen.
- Sie können die Implementierung einer Schicht austauschen, sofern die neue Implementierung die gleichen Dienste anbietet.
- Schichtenbildung minimiert Abhängigkeiten zwischen Komponenten.
- Schichtenbildung ist ein leicht verständliches Strukturkonzept.

Ein Beispiel für (erfolgreiche) Schichtenbildung sind die OSI/ISO-Schichten für Kommunikation. So können Sie jederzeit einen eigenen ftp-Klienten auf

[2] Layer (englisch): Schicht, Lage, Ebene.

[3] [Buschmann96] beschreibt noch weitere Ansätze (Pipes & Filter sowie Blackboards).

Basis der TCP/IP-Schicht schreiben, ohne die Details darunter liegender Schichten zu kennen (siehe Abschnitt 7.4 (Kommunikation)).

... aber auch Nachteile

- Schichtenbildung kann die Performance eines Systems beeinträchtigen, weil Anfragen unter Umständen durch mehrere Schichten durchgereicht werden, bis sie anschließend bearbeitet werden. Abhilfe schafft das so genannte *Layer-Bridging:*[4] Es erlaubt das „Überspringen" von Zwischenstufen (siehe dazu Abbildung 5.2). Ein Aufruf der Schicht S3 an einen Service, der von Schicht S1 bereitgestellt wird, kann eine Schicht überspringen. Der Vorteil besserer Performance wird durch die zusätzliche Abhängigkeit (Schicht S3 hängt von Schicht S1 ab) erkauft.

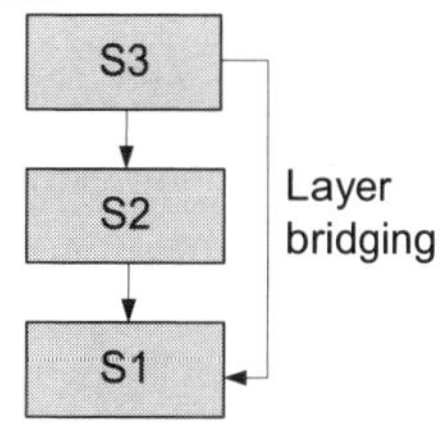

Abbildung 5.2: Layer Bridge

- Manche Änderungen eines Systems werden von Schichten schlecht unterstützt. Beispiel:[5] Sie fügen einem System ein neues Datenfeld hinzu, das sowohl gespeichert als auch in der grafischen Benutzeroberfläche angezeigt werden soll. Das zieht Änderungen an allen Schichten nach sich.

Ein (Standard-)Vorschlag für Schichten

Die folgenden Schichten bieten einen guten Startpunkt für weitere Zerlegung:

- Präsentation (Benutzeroberfläche).
- Fachdomäne (*Business Architecture*): Ein solches Subsystem ermöglicht seinen Entwicklern, sich auf die fachlichen Aspekte des Systems zu konzentrieren.
- Infrastruktur (*Technical Architecture*): Kapselt die Komplexität der technischen Infrastruktur gegenüber der Fachdomäne und der Präsentation. Die technische Infrastruktur können Sie bei Bedarf in weitere Komponenten oder Schichten zerlegen. Typische Untergliederungen hierfür sind:
  - Persistenz und Datenhaltung
  - Physikalische Infrastruktur (Schnittstellen zu Hardware)
  - Integration (von Fremdsystemen)
  - Sicherheit
  - Kommunikation und Verteilung

Client/Server

Interessant für die Praxis ist häufig die Aufteilung der Präsentation in einen Client- und einen Server-Teil. Der Client-Teil läuft dabei auf den Client-Rechnern ab, die Server-Präsentationsschicht auf dem Server.

---

[4] Meiner praktischen Erfahrung nach gibt es nur wenige kommerzielle Systeme, bei denen KEIN Layer-Bridging eingesetzt wird.

[5] Nach Martin Fowler, www.martinfowler.com.

- Vermeiden Sie es, Aspekte der Fachdomäne (fachliche Logik) in die Präsentationsschicht zu verlagern. Das führt einerseits zu schwer wartbaren Systemen, andererseits reduziert es die Möglichkeit der Wiederverwendung innerhalb der Fachdomäne.
- Wenn Sie viele externe Ressourcen (Fremdsysteme) integrieren, kann eine Aufteilung der Infrastrukturschicht in Integrationsschicht und Ressourcenschicht übersichtlich sein.[6]

Schichten und Tiers

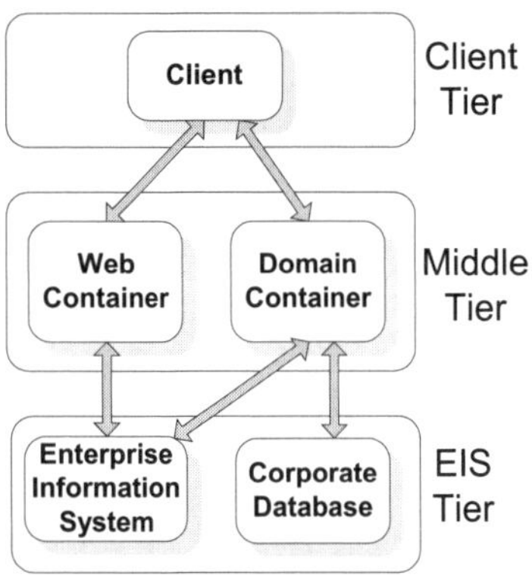

Abbildung 5.3: Web-basiertes 3-Tier-System

In vielen modernen Systemen spricht man von „n-Tier"[7]-Architekturen. Diese Tiers sehen Schichten sehr ähnlich, bedeuten oftmals aber eine Abbildung von Software-Komponenten auf die zugrunde liegende Infrastruktur.[8]

Sie können mit dem Begriff „n-Tier" Ihr Management davon überzeugen, dass Ihre Architektur modern ist.

Abbildung 5.3 enthält einige Abhängigkeiten zwischen den Tiers in jeweils beide Richtungen. Dies widerspricht den eindeutig gerichteten Abhängigkeiten des formalen Schichtenbegriffs, wird aber in der Praxis häufig eingesetzt.

Schichten und Stil

Architektur-Stil

In der Literatur zu Software-Architektur finden Sie häufig den Begriff „Architektur-Stil" im Zusammenhang mit Strukturvorschlägen. Neben der Zerlegung in Schichten gibt es die Pipes & Filter (etwa für die verschiedenen Phasen von Compilern), Interpreter und andere (siehe [Buschmann96] und [Shaw96a]). Ich beschränke mich in diesem Buch auf Schichten, weil sie die größte praktische Bedeutung besitzen.

---

[6] Diese Unterteilung wird für Enterprise-Java-Systeme vorgeschlagen, siehe java.sun.com.

[7] Tier (englisch): Stufe, Lage, Reihe, Schicht.

[8] Präziser und weniger missverständlich ist die Infrastruktursicht auf Software-Architekturen, die Sie in Kapitel 4 kennen lernen.

5.3 Heuristiken zum Entwurf

Sämtliche der hier vorgestellten Entwurfsprinzipien sind bereits seit langer Zeit dokumentiert. Ich stelle bei der Analyse bestehender Systeme jedoch immer wieder mit Schrecken fest, dass sie in der Praxis oft sträflich vernachlässigt werden.

5.3.1 Das So-einfach-wie-möglich-Prinzip

Einfachheit oder Schlichtheit sind wünschenswerte Eigenschaften eines jeglichen Softwareentwurfs. (Es sei denn, Sie möchten verhindern, dass andere Menschen diesen Entwurf verstehen.)

Möglichst einfach!

> Entwerfen Sie nach dem Prinzip „So einfach wie möglich". Fragen Sie bei jeder, aber wirklich jeder Entwurfsentscheidung immer wieder: Wie geht das einfacher? Dieser Ratschlag gilt für alle Ebenen des Entwurfs, für Geschäftsmodelle, Architekturen und Klassendiagramme.

Schlichtheit und Einfachheit erleichtern allen Personen, die Ihre Entwürfe später lesen, das Verständnis. Sie vermeidet, dass potenzielle Probleme durch überflüssige Komplexität verdeckt werden. Einfachheit hilft, Probleme bereits im Vorfeld zu erkennen.

> Welche Komponenten Ihres Systems werden garantiert die wenigsten Fehler enthalten? Diejenigen, die Sie durch sinnvolle Vereinfachung weglassen konnten.

Angemessen komplex entwerfen

Das So-einfach-wie-möglich-Prinzip hängt eng mit dem Begriff der Angemessenheit zusammen:

Angemessen komplex

> Setzen Sie Komplexität in dem Maße ein, wie es Ihnen für den Sachverhalt angemessen erscheint. Im Zweifelsfall wählen Sie die weniger komplexe Alternative.

Für „Angemessenheit" kann ich Ihnen hier keine Faustregel oder Metrik angeben. Dieses Kapitel stellt einige Prinzipien vor, die Ihnen bei der Entscheidung für angemessene Entwurfsalternativen helfen können.

Ich habe in Projekten Architekturdiagramme gesehen, die auf tapetengroßen Ausdrucken mehr als hundert Module gleichzeitig darstellten. Mit solchen Ungetümen können Sie bestenfalls Ihren Chef beeindrucken und schlimmstenfalls neue Mitarbeiter abschrecken. Als Entwurfsdokumentation für Projekte eignen sie sich mit Sicherheit nicht.

Eine Faustregel der kognitiven Psychologie (die sich seit vielen Jahren auch bei Systemanalytikern etabliert hat) besagt, dass Diagramme zwischen fünf und neun Komponenten enthalten sollen.[9] Daran müssen Sie sich nicht sklavisch halten. Sie sollten aber darauf achten, eine angemessene (da ist dieser schwammige und ungenaue Begriff schon wieder!) Komplexität in Entwürfen zu erreichen.

Einfachheit und Agilität hängen eng zusammen

Einfache und schlichte Strukturen sind leichter verständlich und dadurch leichter veränderbar. Abhängigkeiten werden leichter erkannt und können leichter beseitigt werden.

In agilen Entwicklungsprozessen wird Einfachheit und Schlichtheit zu einer grundlegenden Maxime erhoben. Agile Prozesse funktionieren hochgradig iterativ. In kurzen Intervallen werden die aktuellen Kundenbedürfnisse mit den Vorgaben der Projekte abgeglichen. Dadurch entstehen Systeme, die an den aktuellen Bedürfnissen orientiert sind (und nicht an den Bedürfnissen von vor drei Jahren, als das Projekt gestartet wurde!).

Agile Prozesse versuchen, die Softwareentwicklung durch bedarfsgerechte, angemessene Maßnahmen bei allen Entwicklungsaktivitäten zu verbessern.

5.3.2 Entwerfen Sie nach Verantwortlichkeiten

Verantwortlichkeit

- Eine wichtige Regel des effektiven Entwurfs ist es, sich jeweils auf spezifische Verantwortlichkeiten, Zuständigkeiten oder Sachverhalte zu konzentrieren.

Separation of concern

- Unterteilen Sie komplexe Diagramme in mehrere einfache, die jeweils einen einzelnen Aspekt modellieren. Setzen Sie gegebenenfalls Hierarchien oder zusätzliche Abstraktionen ein, um einzelne Sachverhalte darzustellen.
- Nennen Sie Verantwortlichkeiten beim Namen! Beschreiben Sie sie in kurzen, präzisen Sätzen.

Verantwortlichkeit sollten Sie auf allen Ebenen des Entwurfs beachten, für einzelne Klassen in objektorientierten Entwürfen genauso wie für ganze Systeme und Subsysteme.

[9] Bereits die „Klassiker“ der strukturierten Analyse, [McMenamin88] sowie [Yourdon89] erwähnen diese Regel. Solche Diagramme sind besser lesbar als Tapeten, beeindrucken aber nicht alle Chefs.

Verantwortlichkeiten gibt es für „Wissen“ (*knowing*) und „Handeln“ (*doing*):

- Wissen: Eine Komponente ist für eine bestimmte Menge an Information verantwortlich.
- Handeln: Eine Komponente ist für bestimmte Aktivitäten verantwortlich (etwa: Steuern, Kontrollieren, Berechnen, Erzeugen).

Wenn Sie Verantwortlichkeiten an Komponenten delegieren, müssen Sie die Auswirkungen dieser Verantwortung berücksichtigen. Insbesondere haben Verantwortlichkeiten große Auswirkungen auf die Kopplung und Kohäsion von Komponenten untereinander. Diese Begriffe diskutiere ich in Abschnitt 5.4, in dem es um Abhängigkeiten von Bausteinen geht.

Trennung von Technik und Fachlichkeit

Besonders wichtig ist die Trennung technischer und anwendungsspezifischer (d.h. fachlicher) Teile des Systems. Halten Sie diese beiden Aspekte in Ihren Entwürfen strikt getrennt, um später sowohl Technik als auch Fachlichkeit getrennt voneinander weiter entwickeln zu können.

Die strikte Trennung dieser unterschiedlichen Aspekte des Systems erfüllt die Forderungen nach geringer Kopplung und hoher Kohäsion (siehe Abschnitte 5.4.1ff.). Sie erleichtert die Arbeitsaufteilung, weil sich Teams dadurch auf bestimmte Aspekte konzentrieren und spezialisieren können.

Modularität

Die Modularität eines Systems besagt, ob und wie es in eine Menge jeweils in sich geschlossener Bausteine (Module) zerlegt wurde. Jedes Modul sollte bestimmte Verantwortlichkeiten kapseln, die über wohldefinierte Schnittstellen zugänglich sind. Die Bausteine eines modularen Systems sollten Black-Boxes sein, deren Innenleben möglichst verborgen bleibt: es genügt, die Schnittstelle von Bausteinen zu kennen.

Modularität hat eine Reihe bestechender Vorteile: Modulare Bausteine

- können getrennt voneinander entwickelt,
- unabhängig voneinander geändert und
- ohne Nebenwirkungen durch andere Bausteine mit identischer Schnittstelle ausgetauscht werden.

5.3.3 Konzentrieren Sie sich auf Schnittstellen

Das Ganze ist mehr als die Summe seiner Teile. Dieses „Mehr“ resultiert aus den gegenseitigen Beziehungen zwischen den Teilen des Systems. Diese Beziehungen werden durch Schnittstellen ermöglicht.

Von technischen Details abgesehen, stecken die wichtigsten Aspekte für Architekten in den Schnittstellen und Beziehungen zwischen den Komponenten ([Rechtin2000]). Das hat mehrere Gründe:

- Aus diesen Beziehungen resultiert, wie oben gesagt, der Mehrwert des Systems gegenüber den Einzelkomponenten. Die Beziehungen ermöglichen die einzigartige Funktion des Systems. Keine Komponente kann (auf Systemebene) die gewünschte Funktionalität allein bieten.
- Die einzelnen Komponenten oder Teilsysteme kommunizieren und kooperieren über Schnittstellen miteinander. Diese Zusammenarbeit bildet die Basis des Gesamtsystems.
- Die Spezialisten für einzelne Teilsysteme konzentrieren sich auf ihre (lokalen) Probleme. Sie betrachten die übrigen Systeme oder Komponenten als „Peripherie". Sie als Architekt halten die Fäden des Systems zusammen – eben über die Schnittstellen.
- Über Schnittstellen findet auch die Kommunikation mit der Außenwelt statt – ohne die jedes System nutzlos bleibt.

5.3.4 Berücksichtigen Sie Fehler

Sie sollten bei Entwürfen daran denken, dass Fehler praktisch unvermeidlich sind. Das gilt gleichermaßen für Analyse-, Entwurfs-, Implementierungs- und Bedienungsfehler. Einige Tipps dazu:

- Sorgen Sie dafür, dass Fehler leicht gefunden werden können. Streben Sie in Entwürfen nach Einfachheit, Schlichtheit und Verständlichkeit.
- Halten Sie Auswirkungen von Fehlern möglichst lokal. Vermeiden Sie Störungen des Gesamtsystems nach dem Eintritt von Fehlersituationen.
- Streben Sie Robustheit an. Falsche Eingaben (*garbage-in*) dürfen niemals zu falschen Ausgaben (*garbage-out*) führen.
- Sorgen Sie dafür, dass alle beteiligten Entwickler diese Tipps beherzigen. Robuste Entwürfe sind ohne robusten Quellcode nutzlos.

5.4 Minimieren von Abhängigkeiten

Struktur von Software degeneriert mit der Zeit

Viele Abhängigkeiten lassen Design verfaulen

Architekten und Designer haben zuerst eine saubere und flexible Struktur für ein Softwaresystem entworfen. Auch in der ersten Version der Software ist diese Struktur erkennbar. Dann jedoch kommt die Software zum praktischen Einsatz, und es geschieht das Unvermeidliche: Anforderungen ändern sich.

Die Software wird angepasst, verändert, erweitert, gepflegt. Manchmal übersteht die ursprüngliche Struktur diese Änderungen. In den meisten Fällen jedoch entsteht über die Zeit ein schwer verständlicher, unwartbarer Moloch ohne erkennbare Struktur. Änderungen sind schwierig und führen zu Problemen an völlig anderen Stellen. Das System wird labil, Erweiterungen werden immer riskanter. Robert C. Martin bezeichnet in [Martin2000] diesen Zustand als „verfaultes Design".

Architektur muss Rahmen für Änderungen sein

Diese verbreitete Entwicklung resultiert daraus, dass der ursprüngliche Entwurf nicht berücksichtigt hat, dass später neue und geänderte Anforderungen hinzukommen können. Die Architektur war eben kein „Rahmenwerk für zukünftige Änderungen", wie der Methodenguru Tom DeMarco es von guten Architekturen fordert.

Symptome von verfaultem Design

Es sind im Wesentlichen drei Eigenschaften von Software, die auf ein verfaultes Design hinweisen:

- Starrheit: Selbst einfache Änderungen an der Software sind schwierig und bedingen Modifikationen in einer Vielzahl abhängiger Komponenten.
- Zerbrechlichkeit: Änderungen an einer Stelle des Programms führen zu Fehlern an ganz anderen Stellen.
- Schlechte Wiederverwendbarkeit: Selbst innerhalb eines Projektes können Komponenten kaum wieder verwendet werden, weil sie zu viele Abhängigkeiten zu anderen Programmteilen enthalten.

Entwurf muss Wandel ermöglichen

Die Ursache dieser (in der Praxis verbreiteten Probleme) liegt in den ständigen Änderungen der Anforderungen an Software begründet. Alle Stakeholder wissen, dass sich Anforderungen ändern!

> *Wenn unsere Entwürfe aufgrund der permanent wechselnden Anforderungen versagen, so ist das der Fehler unserer Entwürfe! Wir müssen einen Weg finden, unsere Entwürfe unverwüstlich gegen solche Änderungen zu machen und sie vor Verfaulen zu schützen.* *[Martin2000, p.4]*

Abhängigkeiten verwalten

Unsere Herausforderung liegt darin, die gegenseitigen Abhängigkeiten aller Bestandteile von Software (Subsysteme, Komponenten, Pakete, Klassen, Funktionen) in einer vernünftigen Weise zu verwalten. Manche Abhängigkeiten zwischen Modulen lassen sich nicht vermeiden oder sind sogar erwünscht (etwa: einer anderen Klasse muss eine bestimmte Nachricht geschickt werden, eine bestimmte Funktion eines anderen Subsystems muss aufgerufen werden).

Wir müssen in Entwürfen die Abhängigkeiten zwischen Komponenten derart konstruieren, dass künftige Änderungen keine neuen Abhängigkeiten erzeugen.

Dabei gilt es, einige fundamentale Prinzipien zu berücksichtigen, die ich Ihnen im nachfolgenden Abschnitt vorstellen möchte. Diese Prinzipien beziehen sich vordergründig auf den Entwurf objektorientierter Strukturen. Sie sollten diese Grundsätze jedoch auch bei anderen Betrachtungseinheiten beherzigen, weil sie Ihre Entwürfe erheblich stabiler gegenüber künftigen Änderungen machen. Auf der Ebene von Software-Architekturen helfen diese Prinzipien, die Wartbarkeit und Erweiterbarkeit Ihrer Systeme zu verbessern.

Als zusätzliches Hilfsmittel, mit dem Sie Abhängigkeiten in Ihren Entwürfen und Architekturen systematisch reduzieren können, haben sich einige Entwurfsmuster[10] (*design patterns*) erwiesen. Einige davon lernen Sie in Abschnitt 5.5 kennen.

5.4.1 Lose Kopplung

Die oben geforderte Wandlungsfähigkeit unserer Entwürfe beruht in hohem Maße darauf, wie eng die Bausteine eines Systems voneinander abhängen. Wenn es Ihnen gelingt, die Kopplung einzelner Bausteine voneinander zu minimieren, dann können Sie diese Bausteine unabhängig voneinander variieren – Ihr Gesamtsystem bleibt wandlungsfähig und flexibel.

Möglichst lose koppeln!

Die Kopplung von Bausteinen ist ein Maß für die zwischen diesen Bausteinen bestehenden Abhängigkeiten. Geringe Kopplung erfüllt die Forderung nach Einfachheit (siehe Abschnitt 5.3.1) und ist eine wichtige Voraussetzung für Flexibilität und Verständlichkeit von Entwürfen. Hohe Kopplung bedeutet gleichzeitig hohe Komplexität und Starrheit der Entwürfe.

Kopplung von Systemen können Sie ausgezeichnet auf Quellcodeebene kontrollieren. Viele Werkzeuge[11] können entsprechende Metriken ermitteln. Setzen Sie solche Metriken ein, und beobachten Sie kontinuierlich die Kopplung Ihrer Systembausteine. Falls die Kopplung während der Entwicklung signifikant ansteigt, sollten Sie durch Zerlegung und Umstrukturierung gegensteuern.

[10] Entwurfsmuster sind zum großen Teil für objektorientierte Systeme publiziert. Das Verständnis dieser Muster besitzt aus unserer Erfahrung jedoch positiven Einfluss auf beliebige Softwaresysteme. Siehe insbesondere [Gamma95] und [Buschmann96].

[11] Suchen Sie im Internet nach „Dependency Analyzer".

5.4.2 Hohe Kohäsion

Die Kohäsion, zu deutsch „Zusammenhangskraft", eines Architekturbausteins, gibt an, wie sehr dessen Elemente inhaltlich zusammengehören. Es ist sinnvoll, in Entwürfen nach hoher Kohäsion, das heißt nach hohem Zusammenhang von Bausteinen zu streben: Zusammen, was zusammengehört.

Möglichst hohe Kohäsion

In Abschnitt 5.3.2 hatte ich Sie bereits aufgefordert, Verantwortlichkeiten, insbesondere fachliche und technische Aspekte, in Entwürfen zu trennen. Das war ein Vorgriff auf die Forderung nach hoher Kohäsion: Fachliche und technische Aspekte besitzen in der Regel kaum inhaltliche Zusammenhänge und gehören daher getrennt.

5.4.3 Offen für Erweiterungen, geschlossen für Änderungen

> Komponenten sollen offen für Erweiterung sein, aber geschlossen für Änderungen (Offen-Geschlossen-Prinzip, OGP).[12]

OGP ist Ziel jeder Architektur!

Komponenten sollten grundsätzlich so beschaffen sein, dass künftige Erweiterungen ohne Änderungen des Quellcodes möglich werden. Egal, ob Sie Klassen, Pakete oder andere Strukturen entwerfen: Wenn Komponenten dem Offen/Geschlossen-Prinzip (OGP) genügen, können Sie neue und zusätzliche Eigenschaften hinzufügen, ohne bestehenden Code modifizieren zu müssen. OGP stellt sicher, dass künftige Erweiterungen ohne Nebenwirkungen funktionieren, weil sich Änderungen nicht in bestehenden und funktionierenden Code fortpflanzen können!

Wenn Sie funktionierenden Code ohne Änderung beibehalten, werden alle Komponenten, die diesen Code nutzen, auch weiterhin so arbeiten wie bisher!

Betrachten Sie das folgende (schlechte) Codefragment:

```
...
void draw(Form f) {
     if (f.type == circle)
          drawCircle( f );
     else if (f.type == square)
          drawSquare( f );
...
}
```

Hier soll in einer Methode `draw()` eine geometrische Form gezeichnet werden. Je nach deren Typ (Kreis oder Quadrat) wird über eine geschachtelte Abfrage die eigentliche Zeichenmethode aufgerufen.

[12] Bei der Benennung dieses Prinzips hat Robert C. Martin Pate gestanden.

Falls dieses Programm um weitere Formen, etwa Ellipse oder Dreieck, erweitert werden soll, müsste jedes Mal die oben gezeigte `draw()` Methode entsprechend erweitert und im Quelltext angepasst werden.

Abbildung 5.4 zeigt eine sinnvolle Modellierung dieses Sachverhalts. Das Zeichnen geometrischer Objekte wurde in einer Schnittstelle (*interface*) modelliert. Die geometrischen Objekte selbst implementieren diese Schnittstelle. Das aufrufende System ist nur von der Schnittstelle abhängig und kennt die Klassen der beteiligten Objekte nicht mehr.

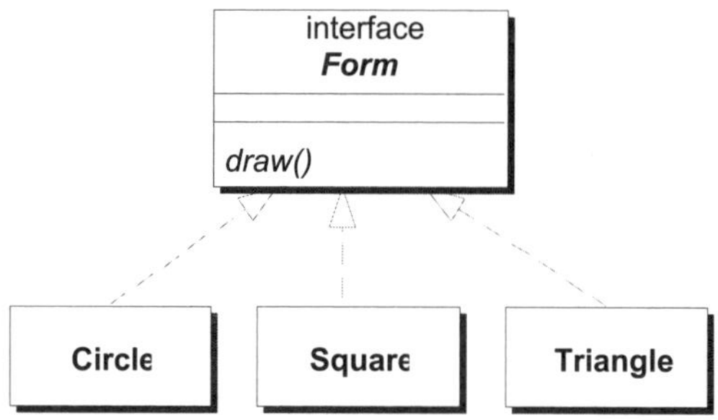

Abbildung 5.4: (Besseres) polymorphes Modell geometrischer Formen, genügt dem OGP

Polymorphismus

Diese Art der Modellierung nutzt eine der grundlegenden Eigenschaften[13] objektorientierter Sprachen aus, den Polymorphismus. Der Begriff entstammt dem Griechischen und bedeutet *Vielgestaltigkeit*. Kurz gesagt entkoppelt Polymorphismus die Schnittstelle von der Implementierung, das „Was" vom „Wie".

In den meisten objektorientierten Sprachen funktioniert Polymorphismus auf Basis von dynamischem Binden. Hierbei wird die Zuordnung zwischen aufrufendem und aufgerufenem Objekt erst zur Laufzeit getroffen. Prozedurale Sprachen legen diese Zuordnung bereits zur Übersetzungszeit statisch fest.

OGP für nicht objektorientierte Systeme

OGP verbessert Entwürfe

Das Sprachmittel der Polymorphie steht in der Regel nur bei objektorientierten Programmiersprachen zur Verfügung. Dennoch können Sie in allen Fällen vom OGP profitieren. Selbst wenn nur die Modelle Ihrer Systeme dem Offen-Geschlossen-Prinzip genügen und die Implementierung ohne den Komfort von Polymorphismus auskommen muss – die konzeptionelle Auflösung von Abhängigkeiten verbessert die Qualität der Entwürfe.

[13] Die anderen beiden zentralen Eigenschaften sind Datenabstraktion und Vererbung.

5.4.4 Abhängigkeit nur von Abstraktionen

Erlauben Sie Abhängigkeiten nur von Abstraktionen, nicht von konkreten Implementierungen.

Die Abhängigkeit von Abstraktionen[14] anstelle von konkreten Implementierungen ist der Schlüssel zu flexiblen und erweiterbaren Architekturen.

Klassische Entwürfe für prozedurale Sprachen zeigen eine sehr charakteristische Struktur von Abhängigkeiten. Wie Abbildung 5.6 illustriert, beginnen diese Abhängigkeiten meist an einer zentralen Stelle, etwa dem Hauptprogramm oder dem zentralen Modul einer Anwendung. Die Module auf einer solch hohen Ebene implementieren oft abstrakte Prozesse. Sie sind aber direkt von der Implementierung der konkreten Einheiten, nämlich den einzelnen Funktionen, abhängig.

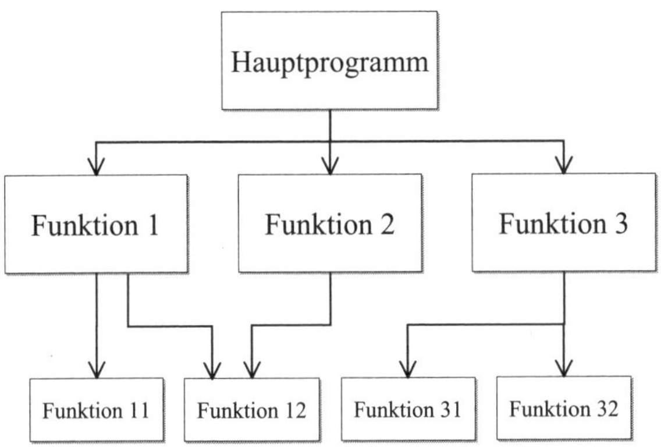

Abbildung 5.6: Typische (schlechte) Abhängigkeiten prozeduraler Systeme

Abhängigkeit schafft Probleme

Diese Abhängigkeit schafft in der Praxis große Probleme. Sie verhindert nämlich, dass die Implementierung konkreter Funktionen geändert werden kann, ohne Auswirkungen auf das Gesamtsystem zu haben.

Es tritt genau das Gegenteil davon ein, was Sie sich für flexible Architekturen wünschen. Möchten Sie beispielsweise die proprietäre Verwaltung der Zugriffsrechte eines Systems durch eine Standardkomponente[15] ersetzen, stellt die Abhängigkeitsstruktur von Abbildung 5.6 ein großes Problem dar.

Ihre Entwürfe werden viel flexibler und wartbarer, wenn Sie Abhängigkeiten möglichst nur von Abstraktionen zulassen. Betrachten Sie Abbildung 5.7. Dort hängt der zentrale Geschäftsprozess ausschließlich von abstrakten Klassen oder

[14] In der Literatur, etwa [Martin2000], wird dieses Prinzip oft „Prinzip der Umkehrung von Abhängigkeiten" (*dependency inversion principle*) genannt.

[15] Wie etwa das standardisierte LDAP (lightweight directory access protocol) oder das bei Mainframes verbreitete System RACF.

Schnittstellen ab. Konkrete Implementierungen hängen durch die Vererbungsbeziehung ebenfalls von Schnittstellen oder abstrakten Klassen ab. Auf hoher Ebene gibt es dabei keine Abhängigkeit von konkreten Implementierungen.

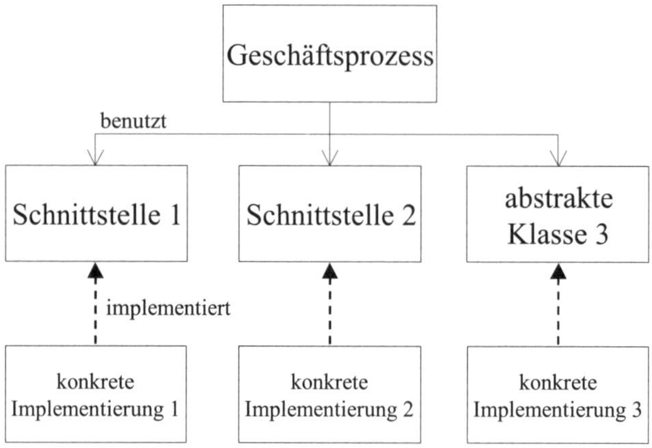

Abbildung 5.7: Ideale Abhängigkeitsstruktur

Abhängigkeitsstrukturen dieser Art erlauben es, Implementierungskomponenten austauschbar zu halten. Sie sind deshalb die Basis wichtiger Komponentenmodelle, etwa CORBA, COM oder EJB.

5.4.5 Abtrennung von Schnittstellen

Mehrere spezifische Schnittstellen sind besser als eine große Universalschnittstelle.

Wenn eine Komponente von mehreren anderen Komponenten eines Systems benutzt wird, dann entwerfen Sie mehrere nutzerspezifische Schnittstellen.

Modellieren Sie die verschiedenen Verantwortungsbereiche einzelner Komponenten in jeweils einer Schnittstelle.

Spezifische Schnittstellen

Jede dieser spezifischen Schnittstellen modelliert ausschließlich Aufgaben einer Komponente. So vermeiden Sie umfangreiche Universalschnittstellen. Das hält die einzelnen Schnittstellen einfacher und verringert somit Komplexität.

Was geschieht, wenn Sie dieses Prinzip nicht anwenden, sehen Sie in Abbildung 5.8.[16] Eine Klasse wird von zwei Komponenten benutzt (im Bild als Client A und Client B bezeichnet). Wird eine der ausschließlich von Client A genutzten Methoden geändert, muss auch der Code von Client B neu übersetzt, getestet und ausgeliefert werden.

[16] In Anlehnung an [Martin2000].

In Abbildung 5.9 sehen Sie eine bessere Modellierung dieses Systems. Die spezifischen Schnittstellen für Client A und Client B sind explizit als solche modelliert. Eine Änderung in den spezifischen Methoden für Client A zieht keine Änderung an Client B nach sich. Insgesamt ist das System flexibler und wartungsärmer geworden.

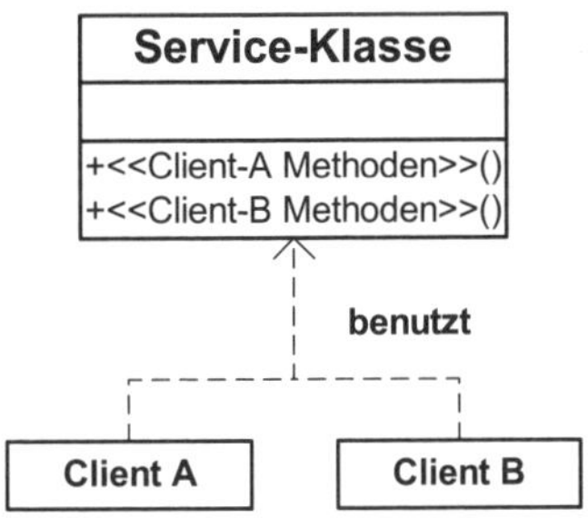

Abbildung 5.8: (Schlechte) Universalschnittstelle

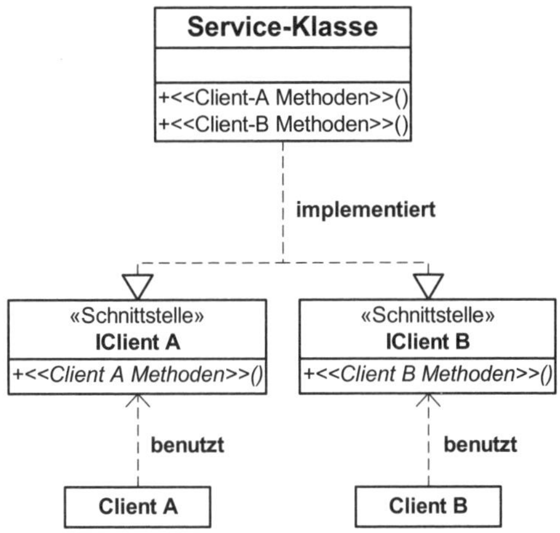

Abbildung 5.9: (Bessere) separierte Schnittstellen

Aus einem etwas anderen Blickwinkel betrachtet: Wählen Sie Schnittstellen mit einem (einzigen) semantischen Zusammenhang, beispielsweise „sortierbar“. Klassen können solche einfachen Schnittstellen leichter implementieren als große Schnittstellenmonolithen wie etwa „sortierDruckUndSpeicherbar“.

Schnittstellen angemessen abtrennen

Die Einführung neuer Schnittstellen zur Entkopplung von Benutzern und Anbietern verbessert in vielen Fällen die Erweiterbarkeit und Flexibilität von Entwürfen. Gerade beim Entwurf von Klassenstrukturen kann die Abtrennung von Schnittstellen allerdings schnell unübersichtlich werden, weil die Anzahl der Schnittstellen stark wächst.

Beachten Sie daher das Prinzip der Schlichtheit: Wenn Ihre Entwürfe nach der Abtrennung von Schnittstellen unübersichtlich werden, dann

- gruppieren oder kategorisieren Sie Klassen und
- modellieren Sie Schnittstellen für jede Gruppe oder Kategorie.

Falls einzelne Methoden Ihrer Service-Klasse von mehreren Klassen genutzt werden, können Sie diese Methoden problemlos in mehrere Schnittstellen aufnehmen.

5.4.6 Zyklische Abhängigkeiten vermeiden

Vermeiden Sie zyklische Abhängigkeiten (wie der Vampir den Knoblauch!).

Zyklische Abhängigkeiten sind für alle Arten von Strukturen problematisch, weil sie die Wartbarkeit und Änderbarkeit von Systemen erschweren. Abbildung 5.10 zeigt eine solche Struktur. Drei Module hängen zyklisch voneinander ab. Stellen Sie sich nun vor, Sie hätten die Implementierung von Modul A verbessert. Bevor Sie eine neue Version des Moduls freigeben können, müssen Sie nicht nur Modul A testen, sondern aufgrund der zyklischen Abhängigkeiten auch noch die Module B und C.

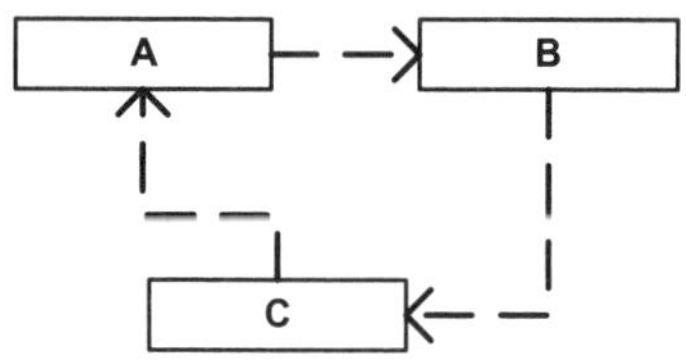

Abbildung 5.10: Zyklische Abhängigkeit

Praktisch werden Sie zyklische Abhängigkeiten nicht immer vermeiden können. Ihnen stehen jedoch einige Mittel zur Abhilfe zur Verfügung:

- Erzeugen Sie ein neues Modul oder Paket, je nachdem, welche Abstraktionsstufe eines Entwurfs Sie bearbeiten. Es enthält diejenigen Bestandteile aus A, die von C genutzt werden.
- Wenden Sie das Prinzip der Abhängigkeit von Schnittstellen an, wie in Abbildung 5.11 gezeigt: Modellieren Sie eine Schnittstelle für die von C genutzten Bestandteile des Moduls A und platzieren Sie diese in Modul C. Dadurch ersetzen Sie die *benutzt*-Beziehung zwischen den Modulen durch eine Vererbungsbeziehung.

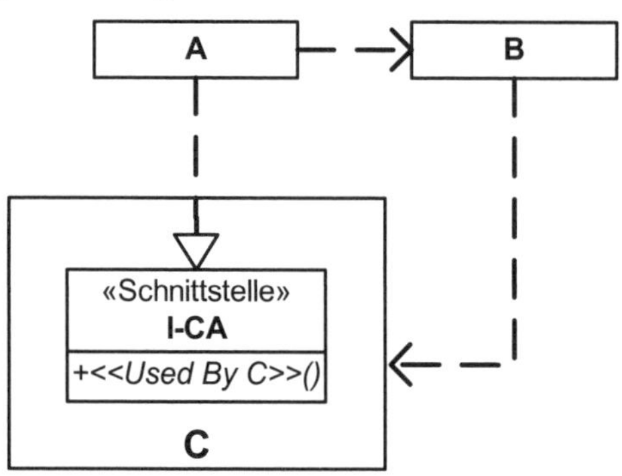

Abbildung 5.11: Auflösung einer zyklischen Abhängigkeit

5.4.7 Liskov Substitutionsprinzip (LSP)

Klassen sollen in jedem Fall durch ihre Unterklassen ersetzbar sein. (Wenn Sie schon Vererbung einsetzen, dann auch richtig!)

Das Substitutionsprinzip wurde von Barbara Liskov in [Liskov81] beschrieben.[17] Es besagt, dass jede Basisklasse immer durch ihre abgeleiteten Klassen (Unterklassen) ersetzbar sein soll. Abbildung 5.12 illustriert dieses Prinzip: Eine Methode, die ein Objekt vom Typ der Basisklasse erwartet, soll auch korrekt funktionieren, wenn ein Objekt der Unterklasse U übergeben wird.

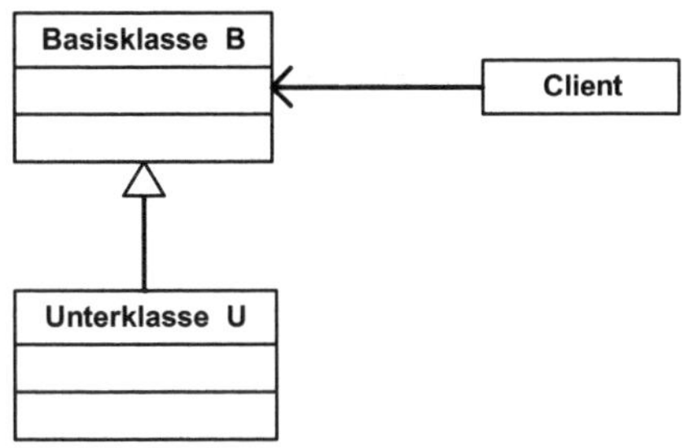

Abbildung 5.12: Substitutionsprinzip

So selbstverständlich das klingt – die Technik der Vererbung erlaubt auch anderes Verhalten.

Betrachten Sie das Beispiel von Kreis und Ellipse (nach [Martin2000]): Die Schulweisheit, dass ein Kreis lediglich eine spezielle Ellipse darstellt, könnte dazu verleiten, die Vererbungsbeziehung aus Abbildung 5.13 zur Modellierung zu nutzen. Konzeptionell ist diese Darstellung zwar korrekt, die Implementierung birgt jedoch versteckte Risiken.

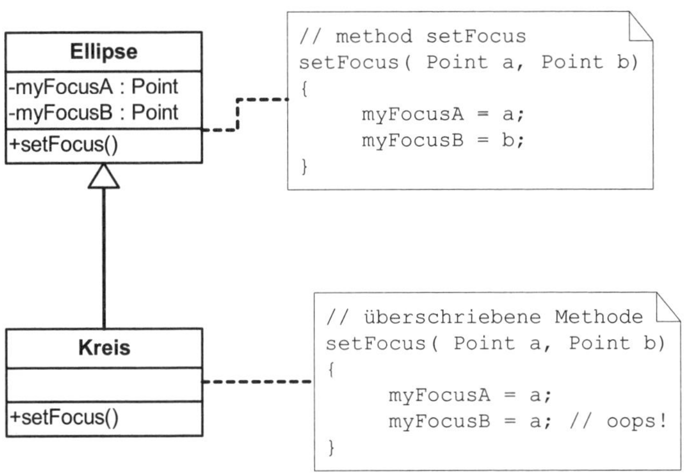

Abbildung 5.13: (Riskantes) Modell von Kreis und Ellipse

So besitzt eine Ellipse zwei Brennpunkte, ein Kreis jedoch nur einen, nämlich seinen Mittelpunkt. Die Implementierung der `setFocus()`-Methode der Ellipse wird in der Unterklasse Kreis überschrieben. Die Klasse Kreis stellt da-

[17] [Martin2000] bringt es mit dem „Design-by-Contract“ von Bertrand Meyer in Verbindung.

mit sicher, dass ihre Objekte nur einen einzigen Mittelpunkt haben. Das ist mathematisch korrekt, schafft jedoch ein Problem:

Ein Benutzer einer Ellipse darf erwarten, dass folgendes Stück Code erfolgreich funktioniert:

```
void f( Ellipse e) {
     Point p1 = new Point( 1,1);
     Point p2 = new Point( 2,2);
     e.setFocus( p1, p2 );
     assert ( e.getFocusB() == p2); // oh je!
}
```

Die Funktion setzt zwei Brennpunkte einer Ellipse und prüft anschließend, ob diese korrekt übernommen wurden.

Für Ellipsen funktioniert obiger Code problemlos. Sie können der Funktion jedoch auch eine Instanz von Kreis übergeben. In diesem Fall arbeitet die obige Methode jedoch fehlerhaft: Die überschriebene `setFocus()`-Methode der Klasse Kreis verhält sich anders als erwartet!

Substituierbarkeit gewährleistet Einhaltung von Verträgen

Wenn Sie das Substitutionsprinzip durchgängig berücksichtigen, erfüllen sämtliche Unterklassen die impliziten „Verträge" ihrer Oberklassen. Überschriebene Methoden besitzen keine stärkeren Vorbedingungen als die der Oberklasse und keine schwächeren Nachbedingungen. Robert Martin formuliert es prägnant:

> Unterklassen sollen nicht mehr erwarten und nicht weniger liefern als ihre Oberklassen.

5.5 Entwurfsmuster

Gang-Of-Four

Entwurfsmuster beschreiben einfache und elegante Lösungen für häufige Entwurfsprobleme. Die in Software-Kreisen mittlerweile berühmte „Gang-of-Four"[18] (GoF) haben mit [Gamma95] den Grundstein zu diesem interessanten und in der Praxis sehr wichtigen Gebiet des Software-Entwurfs gelegt. Ich habe hier einige Muster zusammengestellt, die auch über den Entwurf von Klassenstrukturen hinaus Bedeutung besitzen. Insbesondere können sie Ihnen dabei helfen, Abhängigkeiten in Entwürfen zu reduzieren.

[18] Erich Gamma, Rich Helm, Ralph Johnson, John Vlissides

5.5.1 Entwurf mit Mustern

Als Software-Architekt helfen Ihnen Entwurfsmuster sowohl bei der eigentlichen Entwurfstätigkeit als auch bei der Kommunikation mit Designern und Entwicklern.

Muster vereinfachen Kommunikation

Weil viele wichtige Muster von ihren Autoren sehr präzise dokumentiert wurden, vermeiden sie Missverständnisse bei der Diskussion von Entwürfen. Mit ihrer Hilfe lässt sich leichter ein gemeinsames Verständnis von Entwürfen auf hohen Abstraktionsebenen herstellen. Die prägnanten Bezeichnungen von Mustern erlauben es, auch komplexe Strukturen in vergleichsweise wenigen Worten[19] präzise zu beschreiben. Das erleichtert es Teams, die „Vision" eines Entwurfs zu entwickeln und prägnant zu beschreiben.

Muster können Ihnen helfen, sich bei der Dokumentation Ihrer Entwürfe auf das Wesentliche zu konzentrieren, nämlich die Besonderheiten Ihrer konkreten Aufgabe. Wenn Sie Muster verwenden, können Sie unter Umständen mit 5 Seiten Entwurfsdokumentation auskommen, wo Sie bislang 50 Seiten benötigten.

Abschließend aber eine Mahnung zur Vorsicht: Setzen Sie Muster bedarfsgerecht ein. Muster machen Ihre Entwürfe oft komplexer, indem sie zusätzliche Abstraktionen oder Komponenten einführen. Schlichtheit und Verständlichkeit können jedoch wichtiger sein als hohe Flexibilität. Wählen Sie im Zweifelsfall die schlichte Alternative (und dokumentieren Sie diese Entwurfsentscheidung).

5.5.2 Adapter

> [Ein Adapter] *passt die Schnittstelle einer Klasse an eine andere von ihren Klienten erwartete Schnittstelle an. Das Adaptermuster lässt Klassen zusammenarbeiten, die ansonsten dazu nicht in der Lage wären.* *[Gamma95]*

Wenn Sie DIES brauchen, aber DAS haben,[20] kann Ihnen das Adapter-Muster helfen. Genauer gesagt: Ein Adapter soll die Schnittstelle eines existierenden Moduls ändern.

Setzen Sie dieses Muster ein, wenn Sie ein existierendes Modul verwenden wollen, dessen Schnittstelle nicht mit der von Ihnen benötigten Schnittstelle übereinstimmt.

---

[19] Erich Gamma und Kent Beck haben das mit [Gamma99] brillant vorgemacht. Die beiden beschreiben auf wenigen Seiten einen komplexen Testframework. Sie benutzen Entwurfsmuster, um die Konzepte dieser Architektur erstaunlich kompakt, aber dennoch präzise und verständlich darzustellen.

[20] Frei übersetzt nach [Eckel2001].

Abbildung 5.13 zeigt das Adapter-Muster. Sie erkennen darin eine vorhandene Klasse, die DAS anbietet, und einen Klienten, der DIES braucht.

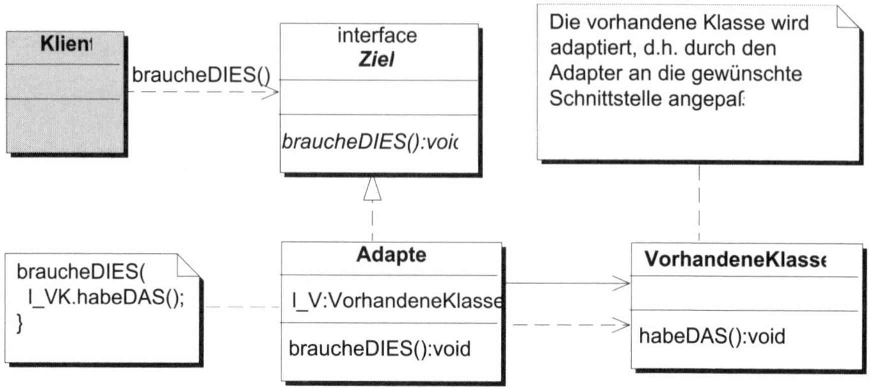

Abbildung 5.13: Entwurfsmuster „Adapter"

Adapter unterstützt Kapselung

Das Adapter-Muster benötigen Sie auch, wenn Sie bestehende Anwendungssysteme kapseln. Somit ist es ein wichtiges Werkzeug für die Integration und das Umwickeln (*Wrapping)* von Altsystemen (siehe Abschnitt 7.2).

[Gamma95] beschreibt das Muster im Detail und schlägt verschiedene Erweiterungen vor, etwa den Zwei-Wege-Adapter oder den steckbaren Adapter.

5.5.3 Beobachter (Observer)

Ein Observer definiert eine kontrollierte Abhängigkeit zwischen Objekten, sodass die Änderung eines Objektes die Benachrichtigung und Aktualisierung aller abhängigen Objekte auslöst.

Verwenden Sie Observer, wenn eine Komponente in der Lage sein soll, andere Komponenten zu benachrichtigen, ohne zu wissen,

- wer die anderen Komponenten sind;
- wie viele Komponenten geändert werden müssen (nach [Gamma95]).

Beobachter reagiert auf Zustands-änderung

Es kommt vor, dass eine Komponente (= ein Beobachter) auf eine Zustandsänderung einer anderen Komponente (= das konkrete Subjekt) reagieren soll, ohne dass das Subjekt den Beobachter kennt. Ein Subjekt kann eine beliebige Zahl von Beobachtern besitzen. Verändert das Subjekt seinen Zustand, so werden alle diese Beobachter benachrichtigt. Als Reaktion darauf synchronisiert sich jeder Beobachter mit dem Subjekt, indem er dessen Zustand erfragt.

In Abbildung 5.14 verwaltet das Subjekt seine Beobachter. Es bietet ihnen eine Schnittstelle zum dynamischen An- und Abmelden. Konkrete Beobachter kennen ihre beobachteten (konkreten) Subjekte.

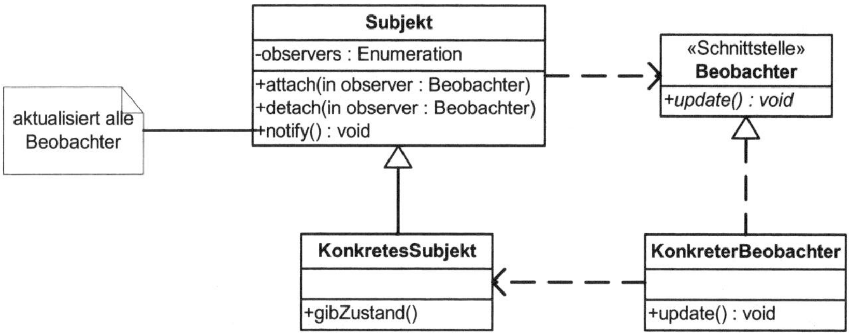

Abbildung 5.14: Entwurfsmuster „Beobachter“

Es ist interessant, das dynamische Verhalten des Beobachtermusters zu betrachten (siehe Abbildung 5.15).

Das Beobachtermuster ist die Grundlage des Model-View-Controller-Musters, das häufig bei Entwurf und Implementierung von Benutzeroberflächen eingesetzt wird (siehe Abschnitt 7.6, Ablaufsteuerung von GUIs).

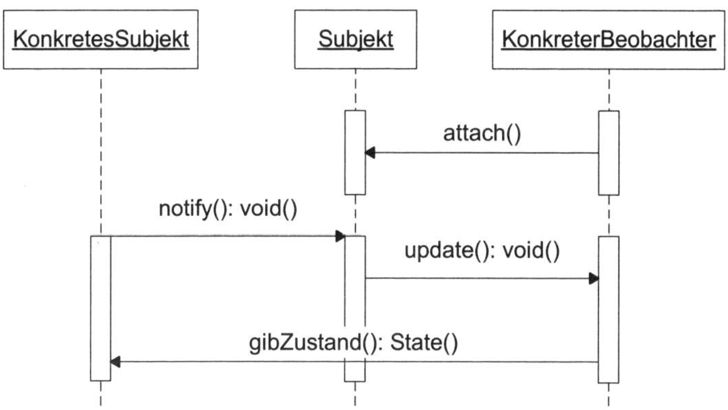

Abbildung 5.15: Dynamisches Verhalten des Beobachtermusters

5.5.4 Dekorierer (Decorator)

Ein Dekorierer erweitert eine Komponente dynamisch um Funktionalität.

Verwenden Sie das Dekorierermuster, um einer Komponente dynamisch und transparent Funktionalität hinzuzufügen, ohne die Komponente selbst zu erweitern (nach [Gamma95]).

Im Gegensatz zum Adapter (siehe Abschnitt 5.5.2) verändert ein Dekorierer Funktionalität, nicht aber die Schnittstelle einer Komponente. Ein Adapter liefert hingegen eine neue Schnittstelle.

Wie der Adapter besitzt auch das Dekorierer-Muster Bedeutung für die Integration, Kapselung und Weiterbenutzung bestehender Anwendungssysteme.

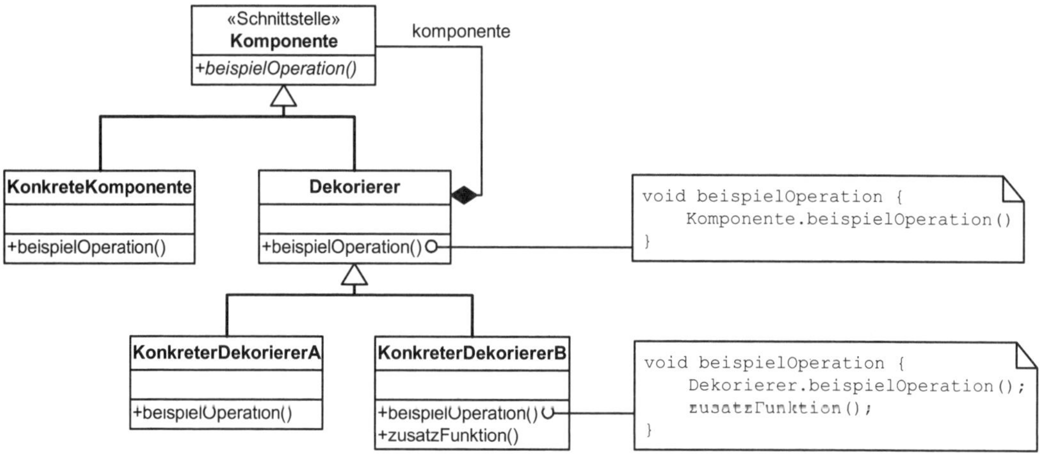

Abbildung 5.16: Entwurfsmuster „Dekorierer"

5.5.5 Stellvertreter (Proxy)

Ein Stellvertreter (Proxy) stellt einen Platzhalter für eine andere Komponente (Subjekt) dar und kontrolliert den Zugang zum echten Subjekt.

Die Schnittstelle des Stellvertreters ist identisch mit der Schnittstelle des echten Subjektes, sodass der Stellvertreter als Ersatz des Subjektes auftreten kann.

Sie können das Stellvertreter-Muster einsetzen, wenn Sie den Zugriff auf das echte Subjekt kontrollieren wollen. Der Proxy kann das echte Subjekt erzeugen und löschen.

Darüber hinaus kann er weitere Verantwortlichkeiten besitzen:

- Entfernte Stellvertreter (*remote proxies*) sind verantwortlich für die Abwicklung von Anfragen an das entfernte Subjekt (das möglicherweise auf einem anderen Rechner existiert).
- Virtuelle Stellvertreter (*virtual proxies*) können Informationen des echten Subjektes enthalten, um den Zugriff auf das echte Subjekt zu verzögern. Dies ist nützlich, falls der Zugriff auf das echte Subjekt langsam oder teuer ist, falls dazu etwa Datenbankoperationen notwendig werden.
- Schützende Stellvertreter (*protection proxies*) prüfen, ob Zugreifer auf das echte Subjekt über die notwendigen Rechte verfügen.

Abbildung 5.17 zeigt die Struktur des Stellvertreter-Musters. Zur Laufzeit leitet ein Proxy Anfragen erst im Bedarfsfall an das echte Subjekt weiter.

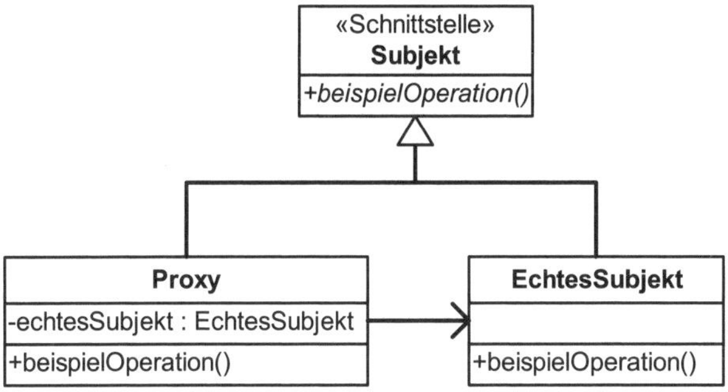

Abbildung 5.17: Entwurfsmuster „Stellvertreter (Proxy)“

5.5.6 Fassade

> Eine Fassade „*bietet eine einheitliche Schnittstelle zu einer Menge von Schnittstellen eines Subsystems*“. [Gamma95]

Fassade reduziert Abhängigkeiten

Das Entwurfsmuster Fassade bietet eine weitere Möglichkeit, Abhängigkeiten zwischen unterschiedlichen Systemkomponenten zu reduzieren. Betrachten Sie dazu Abbildung 5.18. Sie illustriert, wie die Fassade die internen Komponenten des Subsystems nach außen verbirgt.

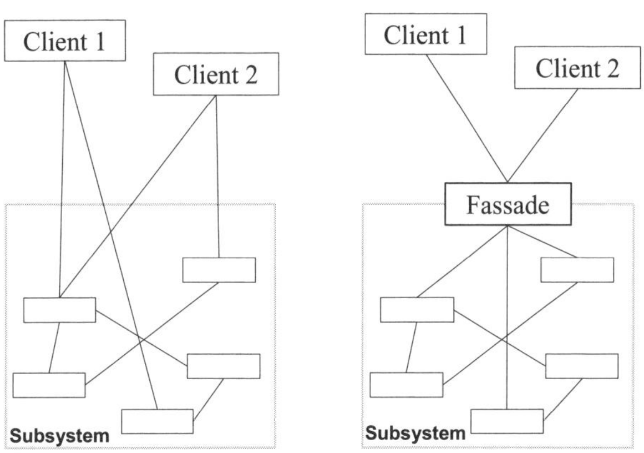

Abbildung 5.18: Entwurfsmuster „Fassade“

Verwenden Sie das Fassade-Muster, wenn Sie

- zu einem komplexen Subsystem eine einfache Schnittstelle anbieten wollen;
- Klienten eine vereinfachte Sicht auf das Subsystem anbieten wollen (Klienten brauchen nicht hinter die Fassade zu schauen!);
- ein System in Schichten aufteilen wollen und einen (definierten) Eintrittspunkt in jede Schicht benötigen.

Eine Fassade kennt die internen Details des Subsystems. Sie muss wissen, welche der internen Komponenten für eine bestimmte Anfrage oder einen Aufruf zuständig sind. Sie delegiert Anfragen von Clients an die jeweils zuständigen Subsystemkomponenten (nach [Gamma95]).

Eine Spezialisierung des Fassade-Musters ist die Wrapper-Fassade, die sich auf die Kapselung von Daten und Funktionen nicht-objektorientierter Programmierschnittstellen bezieht. Siehe [Schmidt2000].

5.5.7 Zustand (State)

> Das Zustandsmuster „*ermöglicht einem Objekt, sein Verhalten zu ändern, wenn sein interner Zustand sich ändert. Es wird so aussehen, als ob das Objekt seine Klasse gewechselt hat*". [Gamma95]

Es kommt häufig vor, dass Komponenten abhängig von ihrem Zustand ein spezielles Verhalten zeigen sollen. In der UML modellieren Sie das in Zustands- oder Zustandsübergangsdiagrammen. In einem bestimmten Zustand darf eine Komponente dann nur bestimmte Operationen ausführen.

Das Zustandsmuster löst dieses Problem über Polymorphismus: Die in einem bestimmten Zustand möglichen Operationen werden durch eine (konkrete) Unterklasse implementiert, die bei Zustandsübergängen bei Bedarf ausgetauscht werden. Zur Laufzeit wird die jeweilige Operation vom (abstrakten) Zustand (in Abbildung 5.19 heißt er ItsState) über Polymorphismus durch den jeweilig instanziierten konkreten Zustand realisiert.

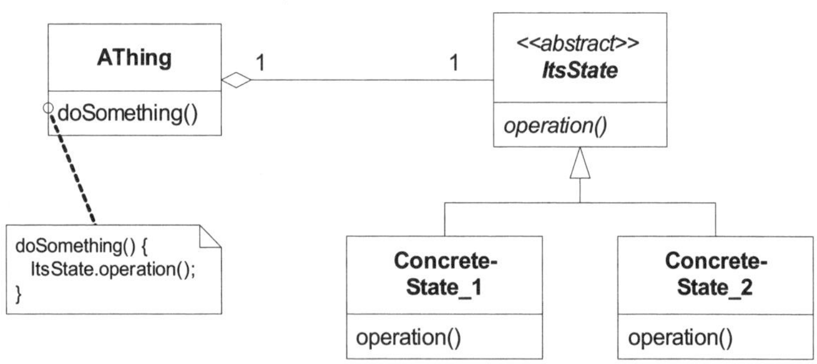

Abbildung 5.19: Entwurfsmuster „Zustand" (nach [Gamma95])

Eine leichte Variation dieses Musters, zusammen mit dem zugehörigen Zustandsdiagramm, finden Sie in Abbildung 5.20. Die konkreten Zustandsklassen implementieren sämtliche für ihren eigenen Zustand benötigten Operationen.

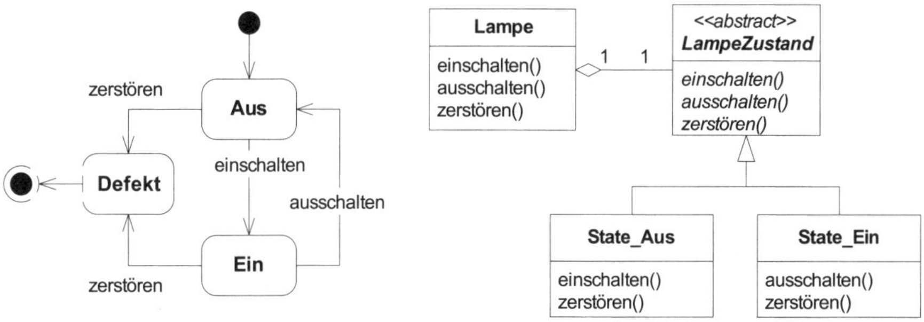

Abbildung 5.20: Beispiel für Zustandsmuster einer Lampe

5.6 Entwurf, Test, Qualitätssicherung

Die Themen Test und Qualitätssicherung werden in manchen Projekten mit den funktionalen Tests der Implementierung gleichgesetzt. Für Software-Architekten sollten Tests und Qualitätssicherung jedoch wesentlich früher beginnen. Bereits die einzelnen Sichten auf die Software-Architektur können hinsichtlich der Anforderungen geprüft und bewertet werden. Details zur Bewertung von Architekturen finden Sie im nachfolgenden Kapitel 6 sowie in [Bass+03], [Bosch2000] und [Clements+03].

Bewertung: Kapitel 6

Daneben sollten Sie als Architekt die Testbarkeit des fertig implementierten Systems im Auge behalten.

Einige wichtige Ratschläge zu diesem Thema:

Fehler sind gesellig

- Die Anzahl der nach einem Test *nicht entdeckten* Fehler ist proportional zur Anzahl der in diesem Test *entdeckten* Fehler. Der Faktor ist selten kleiner als 0,5. Anders formuliert: Wenn Sie in einer Komponenten bereits viele Fehler gefunden haben, werden Sie dort noch weitere Fehler finden. Konzentrieren Sie sich beim Test auf diese (kritischen) Komponenten!
- Die Kosten der Fehlerbehebung steigen exponenziell mit der Anzahl der Entwicklungsphasen, die seit dem Eintritt/Entstehen des Fehlers in das System vergangen sind.
- Die Kosten für die Entdeckung eines Fehlers sind konstant. Entwickeln Sie daher Prototypen, um Fehler möglichst früh zu finden!
- Beheben Sie Fehler immer sofort, nicht erst später.

5.7 Weiterführende Literatur

Obwohl das Thema Softwareentwurf zu den wichtigsten Fundamenten der Informationstechnik zählt, gibt es nur relativ wenig Literatur, die systematisch die Grundlagen dieses Gebietes darstellt.

Zu Grundlagen des Entwurfs

GRASP

[Larman2001] beschreibt die praktische Anwendung von UML und Mustern. Er orientiert sich stark am Begriff der „Verantwortlichkeit" (*responsibility*). Larman definiert dazu einige Muster (*General Responsibility Assignment Patterns,* GRASP) und illustriert an vielen Beispielen deren Anwendung. Mein persönlicher Favorit zu Objektorientiertem Entwurf.

[Martin96] beschreibt die Grundlagen des Objektorientierten Entwurfs. Seine Beispiele illustriert Robert Martin an der Sprache C++, die Entwurfsprinzipien gelten jedoch für sämtliche objektorientierten Sprachen, teilweise sind sie sogar unabhängig von der Objektorientierung.

[Martin2000] stellt neben einigen der auch hier beschriebenen Entwurfsprinzipien noch weitere vor, etwa einige Prinzipien zur Aufteilung von Klassen auf Pakete.

[D'Souza98] beschreibt in Teil III/Kapitel 7 des Buches einige Strategien zur Zerlegung in bedarfsgerechte Strukturen. Hierzu gehören die horizontale und vertikale Zerlegung sowie die Zerlegung nach Domänen.

[Liebherr89] stellt das so genannte „Gesetz von Demeter" vor, wonach Objekte möglichst wenig Annahmen über die Struktur anderer Objekte machen sollen.

[Siedersleben04] erläutert den Entwurf von Komponenten anhand der Trennung in technische und anwendungsbezogene Teile. Seine Darstellung des Themas ist sowohl gründlich als auch praxisbezogen.

Zu speziellen Aspekten des Entwurfs

[Blaha98] beschreibt Grundlagen des objektorientierten Entwurfs sowie der Implementierung von Datenbankanwendungen.

[Fowler99] erläutert die Methode des Refactoring. Sie stellt einen systematischen Umbau von Programmen dar und ermöglicht es, den Entwurf und die Implementierung bestehender Systeme zu verbessern.

[Eckel99] ist zwar primär eine Einführung in die Sprache Java, enthält jedoch viel grundlegendes Wissen zur Verbesserung des „Entwurfs" von Java-Programmen. Insbesondere zeigt der Autor, wie Polymorphie und Typidentifikation zur Laufzeit (*Run-Time Type Identification, RTTI*) ein Programm erheblich wartbarer und flexibler machen können.

Zu Entwurfsmustern

Eine generelle Empfehlung zu Entwurfsmustern sind die Beiträge zu den Konferenzen über Entwurfsmuster (*Pattern Languages of Programs*, PloP, ChiliPloP) und deren europäische Schwesterkonferenz, EuroPloP. Die meisten Beiträge sind online verfügbar, die Heimat der Pattern-Gemeinde im Internet ist http://www.hillside.net.

[Gamma95] ist das Kultbuch für alle, die Software-Entwurf betreiben. Sollte zur Pflichtlektüre der entwerfenden und programmierenden Zunft gehören!

In [Gamma99] beschreiben Erich Gamma und Kent Beck die praktische Anwendung einiger Entwurfsmuster anhand des Testframeworks JUnit. Der Artikel zeigt eindrucksvoll, wie ein Entwurf durch Muster systematisch aufgebaut werden kann. Weitere Informationen dazu im Internet unter www.junit.org.

[Buschmann96] benutzen einige der grundlegenden Muster von [Gamma95] als Grundlage erweiterter oder umfangreicherer Architektur-Muster. So beschreiben sie ausführlich Schichten (*Layer*), Pipes-and-Filter, Model-View-Controller sowie den Befehlsverarbeiter (*Command Processor*).

[Eckel2001] Der Autor beschreibt Entwurfsmuster aus der Sicht von Programmiersprachen.

[Eilebrecht+04] gibt einen kompakten Überblick über Muster.

[Fowler02] geht Muster von der pragmatischen Seite an: Fowler zeigt Lösungsmuster für typische Problemstellungen kommerzieller Informationssysteme auf. Der Titel des Buches (*Patterns for Enterprise Application Architecture*) ist meiner Meinung nach jedoch irreführend: Im Fokus des Buches liegen eindeutig Entwurfs- und Programmiermuster – Architekturmuster im Stil von [Buschmann96] suchen Sie dort vergeblich.

[Schmidt2000] führt unter anderem die *WrapperFacade* ein.

Zu Test und Qualitätssicherung

Test-Bibel: [Binder2000]

Eine Fülle von Büchern beschäftigt sich mit Test von Software-Systemen, für unterschiedliche Teststufen (System-, Integrations- oder Komponententest) und verschiedene Programmiersprachen. Als Software-Architekt sollten Sie meiner Meinung nach die Test-Bibel von Robert Binder [Binder2000] lesen – er beweist auf über 1000 Seiten, dass Testen ein spannendes Thema sein kann. Wenn Sie das Buch trotz meiner eindringlichen Empfehlung nicht selbst lesen wollen, stellen Sie zumindest sicher, dass Ihre Tester es gelesen haben!

Brian Marick gehört zu den Koryphäen auf dem Gebiet „Testen“ und sein Artikel [Marick97] über *Classic Testing Mistakes* zu den Augenöffnern!

> *To measure is to know.*
>
> *James Clerk Maxwell*[1]

6 Bewertung von Software-Architekturen

Fragen, die dieses Kapitel beantwortet:

- Warum sollten Sie Architekturen bewerten?
- Wie sollten Sie bei der Bewertung von Architekturen vorgehen?
- Welche Stakeholder sollten bei der Bewertung mitwirken?

Darum sollten Sie Architekturen bewerten

Steuerbarkeit beruht auf Messbarkeit

„*You cannot control what you cannot measure*", so sagt Tom DeMarco treffend. Positiv formuliert bedeutet diese Aussage für IT-Projekte und Systementwicklung: Wenn Sie kontrolliert auf Ihre Projektziele zusteuern möchten, benötigen Sie dafür Messungen. Sie müssen das Maß Ihrer jeweiligen Zielerreichung ermitteln, um bei Bedarf steuernd einzugreifen und korrigierende Maßnahmen einleiten zu können.

Von den vielen Artefakten, die innerhalb von Software-Projekten entstehen, eignen sich Architekturen meiner Meinung nach besonders für die Bewertung:

- Architekturen entstehen als eines der ersten Artefakte innerhalb der Software-Entwicklung, deutlich früher als die vollständige Implementierung.
- In der Architektur werden Entwurfsentscheidungen von großer Tragweite getroffen, sowohl für die zu entwickelnden Systeme als auch für die Projekte und Organisationen, die diese Systeme realisieren, benutzen und

---

[1] http://de.wikipedia.org/wiki/James_Clerk_Maxwell: Formulierte die Maxwellgleichungen, Grundlagen der Berechnung elektromagnetischer Wellen.

betreiben. Viele dieser Entwurfsentscheidungen fallen unter Unsicherheit oder (vagen) Annahmen und sind daher risikobehaftet. Architekturbewertung hilft, diese Risikofaktoren zu identifizieren.

Was Sie in der IT bewerten können

Sie können in Software-Projekten zwei Arten von „Dingen" bewerten:

- Prozesse, wie etwa Entwicklungs- oder Betriebsprozesse: Hierbei können Sie organisatorische Aspekte betrachten oder aber den Einsatz von Ressourcen bewerten. Leider können Sie auf Basis der Prozesse kaum Aussagen über die Qualität der entwickelten Systeme treffen[2].
- Artefakte, wie beispielsweise Anforderungen, Architekturen, Quellcode und andere Dokumente. Einige Artefakte (wie beispielsweise Quellcode) können Sie quantitativ, das heißt in Zahlen, bewerten. Andere (wie etwa die Software-Architektur) entzieht sich der rein zahlenmässigen Bewertung. Diese Gruppe von Artefakten bewerten Sie qualitativ, also ihrer Beschaffenheit oder Güte nach.

Die qualitative Bewertung von Architekturen stelle ich Ihnen ab Abschnitt 6.1 vor. Zuvor möchte ich Sie kurz mit den Möglichkeiten quantitativer Metriken vertraut machen.

Quantitative Metriken

Es gibt eine ganze Reihe quantitativer Metriken, die Sie für Ihre Projekte und Ihren Quellcode ermitteln können. Einige Beispiele:

- Für Anforderungen: Anzahl der geänderten Anforderungen pro Zeiteinheit.
- Für Tests und Testfälle: Anzahl der Testfälle, Anzahl Testfälle pro Klasse/Paket, Anzahl Testfälle pro Anforderung, Testabdeckung[3]
- Für Fehler: Mittlere Zeit bis zur Behebung eines Fehlers, Anzahl gefundene Fehler pro Paket.
- Für Prozesse: Anzahl der implementierten/getesteten Features pro Zeiteinheit, Anzahl neue Codezeilen pro Zeiteinheit, Zeit für Meetings in Relation zur gesamten Arbeitszeit, Verhältnis der geschätzten zu benötigten Arbeitstage (pro Artefakt), Verhältnis Manager zu Entwickler zu Tester.
- Für Quellcode: Abhängigkeitsmasse (Kopplung), Anzahl Codezeilen, Anzahl Kommentare in Relation zur Anzahl Programmzeilen, Anzahl statische Methoden, Komplexität (der möglichen Ablaufpfade, *cyclomatic complexity*), Anzahl Methoden pro Klasse, Vererbungstiefe und einige mehr.

---

[2] Sie können jedoch durch gezielte Reflektionen oder Projekt-Retrospektiven signifikante Verbesserungen erreichen, die zumindest mit hoher Wahrscheinlichkeit positive Auswirkungen auf die Qualität von Systemen haben.

[3] Testabdeckung ist eine verbreitete Metrik, jedoch auch eine sehr kritische. [Binder2000] und [Marick97] beschreiben einige der damit verbundenen Probleme im Detail.

Sie sehen, eine ganze Menge von Eigenschaften können Sie durch solche quantitativen Metriken charakterisieren. Dieser Ansatz hat sich nach meiner Erfahrung in der Praxis noch kaum durchgesetzt. Insbesondere liegen in vielen Unternehmen noch keine Erfahrungswerte oder Vergleichszahlen für diese Metriken vor, was ihre Nützlichkeit deutlich mindert (und bei Managern die Akzeptanz erschwert).

Beispiel: In einem mittelgroßen Client/Server-Projekt gab der Kunde einem Forschungsinstitut den Auftrag, die etwa 1000 entwickelten und bereits produktiv (und zur Zufriedenheit des Kunden) eingesetzten Java-Klassen durch Metriken zu analysieren. Ziel dieser Untersuchung sollte sein, spätere Wartungsaufwände besser abschätzen zu können.

Im ersten Bericht der Forscher wurde die Qualität der Software heftig kritisiert, weil verschiedene Metriken starke Abweichungen vom wissenschaftlichen Ideal zeigten.

Kunde, Architekt, Entwickler und Projektleiter waren entsetzt – die Software funktionierte einwandfrei, dennoch wurde die Qualität bemängelt. Damit war die Akzeptanz von Software-Metriken im Entwicklungsteam auf ein Allzeit-Tief gesunken.

Übrigens stellte sich später heraus, dass ein übereifriger Forscher neben den Klassen der Anwendung den gesamten GUI-Framework sowie die zugekaufte Middleware mit analysiert hatte – und die bemängelten Metrik-Defekte ausschließlich in den Schnittstellen zu diesen Frameworks lagen.

Einige Ratschläge zum Einsatz von quantitativer Metriken (insbesondere Code-Metriken):

- Metriken benötigen einen fachlichen und technischen Kontext, um vergleichbar zu sein. Sammeln Sie Daten aus Vergleichsprojekten.
- Metriken können gute Hinweise für strukturelle Veränderungen von Software geben – über die Funktionsfähigkeit und Qualität zur Laufzeit sagen Metriken hingegen nichts aus.
- Metriken können bei unvorsichtiger Anwendung wichtige strukturelle Aussagen über Entwürfe im Zahlendschungel verbergen. Daher: Minimieren Sie die Anzahl der Metriken und konzentrieren Sie Analysen auf überschaubare Ausschnitte. Weniger ist oft mehr!
- Insbesondere sollten Sie Abhängigkeiten im Quellcode durch ein Werkzeug bei jedem Build[4] messen und überwachen (siehe Abschnitt 5.4.1).
- Wenden Sie Metriken möglichst schon auf Entwürfe an, nicht erst auf Quellcode.

[4] Sie haben doch hoffentlich einen *Daily-Build* etabliert, inklusive tägliche Durchführung sämtlicher Unit-Tests, oder? Solche Werkzeuge (wie (n)ant, CruiseControl oder Maven) können Abhängigkeitsmetriken berechnen.

Systeme nur auf Basis ihrer Implementierung zu bewerten ist riskant, weil grundlegende Schwachstellen erst sehr spät im Entwicklungszyklus aufgedeckt werden. Möglicherweise notwendige Änderungen der Architektur sind dann in der Regel teuer und aufwändig. Daher möchte ich mich auf den folgenden Seiten auf die qualitative Bewertung von Architekturen konzentrieren[5].

6.1 Was Sie an Architekturen bewerten können

Messen bedeutet, etwas mit bekannten Größen zu vergleichen. Jeder kennt den Meter als Maß für Entfernung oder Länge. Was jedoch ist der Software-Architektur-Meter? An welchem Maß können Sie Ihre Architekturen messen?

Bewertung von Qualitätsmerkmalen

Die Antwort lautet *Qualität*. Genauer gesagt bewerten Sie Architekturen danach, inwieweit sie die Erreichung bestimmter Qualitätsmerkmale ermöglichen.

Wenn Sie Software- und Systemarchitekturen bewerten, dann treffen Sie beispielsweise Aussagen darüber, in welchem Maß das jeweilige System den Anforderungen an Wartbarkeit, Flexibilität, Performance oder Sicherheit genügt.

Dabei liefert eine Architekturbewertung kein absolutes Maß, d.h. sie bewertet nicht die „Güte-über-alles", sondern bewertet nur im Hinblick auf spezifische Kriterien. Architekturbewertung hilft auch, Risiken zu identifizieren, die sich aus möglicherweise problematischen Entwurfsentscheidungen ergeben.

Geeignete Messgrößen für Software-Architekturen

In Kapitel 3 (Entwurf von Architekturen) haben Sie wichtige Qualitätsmerkmale von Software-Systemen kennen gelernt. Ich habe Ihnen aufgezeigt, wie Sie mit Hilfe von Szenarien diese Qualitätsmerkmale beschreiben und operationalisieren können.

Mit Hilfe von Szenarien können Sie spezifische Messgrößen für Ihre Systeme definieren, oder noch besser, von den maßgeblichen Stakeholdern definieren lassen.

Dabei gilt es zu ermitteln, welche spezifischen Kriterien die Architektur zu erfüllen hat. Anhand dieser Kriterien können Sie dann die „Güte" oder „Eignung" der Architektur ermitteln.

Eine Architektur ist in diesem Sinne geeignet, wenn sie folgende Kriterien erfüllt:

[5] Ich rate Ihnen aber, in Entwicklungsprojekten Codemetriken zur Steigerung der Qualität einzusetzen. Sie sollten in jedem Fall Komplexitäts- und Abhängigkeitsmaße auf Codeebene messen und überwachen – viele Entwicklungsumgebungen unterstützen Sie dabei.

- Das System (das mit dieser Architektur entwickelt wird oder wurde) erfüllt sowohl seine funktionalen als auch seine nichtfunktionalen Anforderungen (Qualitätskriterien).
- Das System kann mit den zur Verfügung stehenden Ressourcen realisiert werden: Das Budget, der Zeitplan, das Team, die beteiligten Fremd- und Legacy-Systeme, die vorhandene Basistechnologie und Infrastruktur sowie die gesamte Organisationsstruktur beeinflussen die Umsetzbarkeit einer Architektur.

Zur Bewertung einer Architektur ist es daher von entscheidender Bedeutung, die spezifischen Qualitätskriterien des betroffenen Systems zu kennen. In der Praxis werden diese Kriterien oder Qualitätsziele oft erst bei einer Architekturbewertung expliziert.

6.2 Vorgehen bei der Bewertung

Der fundamentale Schritt bei der Architekturbewertung ist die Definition der von den maßgeblichen Stakeholdern geforderten Qualitätsmerkmale in möglichst konkreter Form. Als Hilfsmittel dazu verwenden Sie Qualitätsbäume und Szenarien (siehe auch Abschnitt 3.5.2), ein Beispiel sehen Sie in Abbildung 6.1 auf der nächsten Seite.

Maßgebliche Stakeholder bestimmen

Da die konkreten Ziele Ihrer Architekturen ausschließlich durch die spezifischen Ziele Ihrer Stakeholder vorgegeben werden, müssen Sie im ersten Schritt jeder Architekturbewertung die hierfür entscheidenden Stakeholder bestimmen. In der Regel geht eine Architekturbewertung von einigen Stakeholdern aus, häufig aus dem Management oder der Projektleitung.

> Stimmen Sie mit Ihren Auftraggebern ab, welche Stakeholder bei der Festlegung der Bewertungsmaße mitarbeiten sollen[6]. Denken Sie in jedem Fall an Endanwender und Betreiber.

Bewertungsmethode und Architektur vorstellen

Bevor Sie mit der Definition der Bewertungsziele beginnen, sollten Sie den maßgebenden Stakeholdern diesen Bewertungsansatz vorstellen, um die Bedeutung nachvollziehbarer und konkreter Architektur- und Qualitätsziele klarzustellen.

---

6 Ich nenne diese spezielle Gruppe von Stakeholdern gerne die *maßgebenden* Stakeholder.

Anschließend sollte der Architekt des Systems die Architektur vorstellen. Dazu eignet sich die Gliederung der Architekturpräsentation, die Sie in Kapitel 4 kennen gelernt haben.

Einen spezifischen Qualitätsbaum erstellen

Lassen Sie Ihre Stakeholder im ersten Schritt die wesentlichen geforderten Qualitätsmerkmale aufführen und ordnen Sie diese anschließend in hierarchischer Form an: Die allgemeineren Merkmale stehen weiter links (oder oben im Baum), die spezielleren Anforderungen weiter rechts (oder unten).

Ein Beispiel eines solchen Qualitätsbaumes finden Sie in Abbildung 6.1. Dort sind als globale Qualitätsziele Performance, Erweiterbarkeit und Verfügbarkeit eingetragen und durch Latenz, Durchsatz etc. verfeinert.

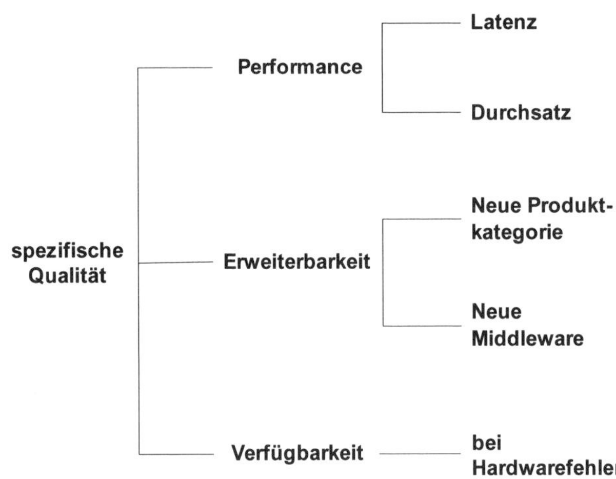

Abbildung 6.1: Beispiel eines Qualitätsbaumes

Entwickeln Sie Ihre Qualitätsbäume in kleinen und streng fokussierten Workshops, im Stile von Brainstorming-Sitzungen. Lassen Sie die Teilnehmer zu Beginn Architektur- und Qualitätsziele beschreiben, ohne sie unmittelbar einzuordnen oder zu bewerten.

Falls Ihre Stakeholder etwas Starthilfe benötigen, können Sie die Architektur- und Qualitätsziele sowie Mengengerüste aus Anforderungsdokumenten in diese Diskussion einbringen. Ich finde es jedoch produktiver, die Teilnehmer einer solchen Diskussion möglichst wenig durch bestehende Dokumente zu belasten.

Anschließend strukturieren Sie gemeinsam mit den Teilnehmern die Beiträge in Form des Qualitätsbaumes. Dabei können Sie die Wurzel des Baumes auch anders benennen, etwa: „*Nützlichkeit*" oder „*wichtigste Architekturziele*".

Schließlich sollten die Stakeholder die Ziele priorisieren. Bei relativ kleinen Bäumen (wie in Abbildung 6.1) bevorzuge ich dabei eine kleine Skala, etwa A=Wichtig, B=Mittel, C=Weniger wichtig. Bei umfangreichen Sammlungen von Qualitätszielen kann es einfacher sein, die Ziele fortlaufend zu nummerieren. Diese Prioritäten sind im nächsten Schritt für die Erstellung von Szenarien wichtig.

Damit haben Sie den ersten Schritt zur Beschreibung der Bewertungsziele bereits erledigt.

Qualitätsmerkmale durch Szenarien verfeinern

Im zweiten Schritt entwickeln Sie gemeinsam mit den maßgebenden Stakeholdern Szenarien für die wichtigsten Qualitäts- und Architekturziele. Wichtig ist dabei, die Beschreibung der Szenarien möglichst konkret und operationalisiert zu halten. In Abbildung 6.2 sehen Sie einen um Prioritäten angereicherten Qualitätsbaum mit zwei Beispielen von Szenarien.

Szenarien: Abschnitt 3.5.2

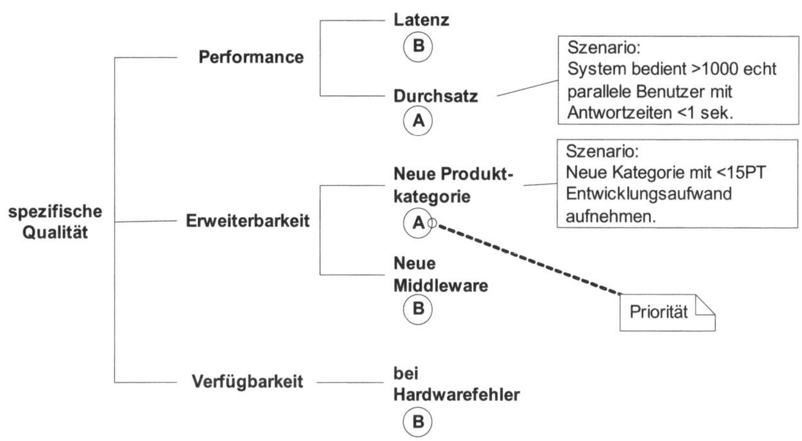

Abbildung 6.2: Qualitätsbaum mit Prioritäten und Szenarien

In der Praxis kann es vorkommen, dass Sie von Ihren Stakeholdern zu viele Architekturziele genannt bekommen, um diese in der zur Verfügung stehenden Zeit alle zu untersuchen. In diesem Fall müssen Sie sich bei der Architekturbewertung auf die wichtigsten Ziele konzentrieren.

Architektur hinsichtlich der Qualitätsmerkmale bewerten

Mit den Szenarien für die wichtigsten Qualitäts- und Architekturziele besitzen Sie nun einen Bewertungsmaßstab für Ihre konkrete Architektur. Jetzt folgt die eigentliche Bewertung, die Sie in der Regel in einer kleinen Gruppe gemeinsam mit den Architekten des Systems durchführen. Die maßgebenden Stakeholder sind dabei in der Regel nicht anwesend.

Leider muss ich Ihnen an dieser Stelle schon wieder eine schlechte Nachricht überbringen: Es gibt keinen Algorithmus, der Ihnen die Zielerreichung einer Architektur hinsichtlich der Szenarien bestimmt.

Allerdings können Sie anhand der vorher festgelegten Szenarien die Architektur systematisch prüfen und qualitativ bewerten.

Als Bewerter oder Auditor einer Architektur untersuchen Sie sämtliche Architektur- und Qualitätsziele auf Basis der jeweilig definierten Szenarien gemeinsam mit dem Architekten des Systems. Lassen Sie sich die zugehörigen Architekturentscheidungen und -ansätze erläutern und beantworten Sie die folgenden Fragen:

- Welche Architekturentscheidungen wurden zur Erreichung eines Szenarios getroffen?
- Welcher Architekturansatz unterstützt die Erreichung des Szenarios?
- Welche Kompromisse wurden durch diese Entscheidung eingegangen?
- Welche anderen Qualitätsmerkmale oder Architekturziele werden von dieser Entscheidung noch beeinflusst?
- Welche Risiken erwachsen aus dieser Entscheidung oder aus diesem Ansatz?
- Welche Analysen, Untersuchungen oder Prototypen stützen diese Entscheidung?

Als Resultat erhalten Sie einen Überblick über die Güte der Architektur hinsichtlich konkreter Szenarien, und damit auch hinsichtlich der spezifischen Architektur- und Qualitätsziele.

Auswirkungen von Architekturbewertungen

Neben den qualitativen Aussagen hinsichtlich Zielerreichung und Risiken erwachsen aus der Architekturbewertung in der Regel noch eine Reihe weiterer Vorteile:

- Die maßgebenden Stakeholder diskutieren über ihre eigenen Ziele[7] und deren Prioritäten. Das erleichtert in Entwicklungsprojekten die Vergabe von Prioritäten erheblich.
- Zentrale Architekturentscheidungen werden explizit dargestellt und offen diskutiert.
- Architekturansätze werden dokumentiert, weil Bewertungen häufig auf Basis der Architekturdokumentation stattfinden.

[7] Diese Diskussion der Stakeholder hätte bereits in der Analysephase stattfinden sollen. Leider leben wir in der Realität, und nur allzu oft sind sich die wesentlichen Stakeholder über ihre Architektur- und Qualitätsziele weder klar noch einige.

6.3 Weiterführende Literatur

[Bass+03] und [Clements+03] beschreiben die ATAM-Methode (*Architecture Tradeoff Analysis Method*) ausführlich. Meiner Erfahrung nach ist diese Methode jedoch durch die wiederholte Bewertung der Architekturansätze in vielen Fällen zu aufwändig in der Anwendung. Trotzdem legt sie die Grundlage für den Ansatz der szenariobasierten Bewertung.

[Bosch2000] beschreibt neben der szenariobasierten Bewertung noch einen simulationsbasierten Ansatz. Ich habe hier erhebliche Einwände bei Kriterien wie Flexibilität, Sicherheit und Wartbarkeit, die sich meiner Meinung nach in keiner Weise durch Simulation bewerten lassen.

[Henderson-Sellers96] ist eine ausführliche Darstellung objektorientierter Metriken.

[Lorenz94] ist eine praktische Einführung in Metriken für objektorientierte Systeme.

> We shape our buildings:
> thereafter they shape us.
>
> Winston Churchill

7

Katalog typischer Architekturaspekte

Fragen, die dieses Kapitel beantwortet:

- Was ist Entwurf-durch-Routine und was bedeutet Entwurf-durch-Innovation?
- Was sind Architekturmuster und Architekturbausteine?
- Wie behandelt man folgende Aspekte in Software-Entwürfen:
  - Persistenz
  - Technik und Ergonomie graphischer Oberflächen
  - Integration
  - Verteilung
  - Kommunikation
  - Sicherheit
  - Protokollierung
  - Workflow-Management

Routine und Innovation im Software Engineering

Der Ausdruck „Software Engineering" entstand 1969 im Zuge eines von der NATO veranstalteten Workshops ([NATO69]). Seither schmückt sich unsere Disziplin mit den Lorbeeren des „*ingenieurmäßigen* Vorgehens", wobei die Praxis sich doch erheblich von anderen Ingenieurdisziplinen unterscheidet. So ist es im Maschinenbau, der Elektrotechnik und der Gebäudearchitektur durchaus üblich, bei Neuentwicklungen auf bereits vorhandene Lösungen zurückzugreifen. Bei der Konstruktion einer Flugzeugbremse werden die beteiligten Ingenieure auf dokumentierte Erkenntnisse und Lösungen zurückgreifen und diese gegebenenfalls modifizieren. Kaum ein Maschinenbauingenieur käme beispielsweise auf die Idee, die für eine Bremse notwendigen Hydraulikpumpen, die Bremsscheiben und die Steuerelektronik von Grund auf neu zu entwerfen.

In Softwareprojekten sieht die Realität gänzlich anders aus: Dort entwickeln Softwarearchitekten oftmals sämtliche für ein System benötigten Bestandteile neu, obwohl große Teile davon in anderen, ähnlichen Systemen bereits vorhanden sind.

Entwurf-durch-Routine

Die klassischen Ingenieurdisziplinen verlassen sich im Gegensatz zur Informatik darauf, dass ihr Wissen in einer für Praktiker anwendbaren Form kodifiziert wird. Sie praktizieren damit eine Form des Entwurfs, den [Shaw96a] als *Entwurf-durch-Routine* bezeichnet. Diese Art des Entwurfs ist charakterisiert durch die Wiederverwendung großer Teile früherer Lösungen. Mit dieser Art des Entwurfs können Ingenieure die weitaus meisten praktischen Probleme lösen!

Entwurf-durch-Innovation

Im Gegensatz dazu erfordert der *Entwurf-durch-Innovation* die Entwicklung neuartiger Lösungen für bislang unbekannte Aufgabenstellungen. Diese innovative Arbeit mag spektakulärer oder auch interessanter sein, in der Praxis tritt sie jedoch höchst selten auf. Im Bereich der praktischen Informatik entstehen die meisten Softwaresysteme in bekanntem Kontext. Dennoch arbeiten Informatiker häufig nach dem Verfahren *Entwurf-durch-Innovation*. Sie verzichten dadurch auf Wiederverwendung und erhöhen gleichzeitig das Projektrisiko.

Wiederverwendung fördern

Entwerfen Sie möglichst *durch-Routine*. Verwenden Sie erprobte Konzepte und Ansätze weiter. Pflegen Sie in Ihrer Organisation ein Wertesystem, das Wiederverwendung höher bewertet als Neuerfindung.

Muster nutzen

- Zahlreiche Muster finden Sie in der Literatur (etwa: [Gamma95], [Buschmann96], [Larman2001]).
- Muster zu vielen Aspekten der Software-Entwicklung finden Sie im Internet unter den Tagungsberichten der Pattern-Konferenzen. Ein guter Startpunkt ist die Website www.hillside.net/~patterns

Der nachfolgende Katalog von Architekturaspekten unterstützt den *Entwurf-durch-Routine* und hilft Ihnen, Software ingenieurmäßig zu entwerfen, indem er Lösungsansätze für häufig wiederkehrende Architekturfragen aufführt.

Architekturaspekte

In diesem Buch fasse ich unter dem Begriff *Architekturaspekte* einige der Dinge zusammen, die Software-Architekten bei der Entwicklung von IT-Systemen häufig und intensiv beschäftigen. Ziel dieses Kapitels ist es, Ihnen den Kontext dieser Aspekte und erste Lösungsansätze aufzuzeigen und Sie betreffend weiterführender Aspekte auf die einschlägige und vertiefende Literatur zu verweisen. Diese Lösungsansätze haben den Charakter grober Schablonen, die für den konkreten Einsatz modifiziert oder angepasst werden müssen.

Dennoch wird sich die Anwendung solcher Vorlagen in der Praxis lohnen, weil Sie als Architekt mit Hilfe solcher Vorlagen beim Entwurf von Softwarearchitekturen drei Dinge sparen können:

- Sie sparen Zeit, weil Ihnen Teile Ihrer Modellierungs- und Entwurfsarbeit durch Muster und Bausteine erleichtert werden. Zeit sparen
- Sie vermindern Unsicherheit, weil die Beschreibung der Muster und Bausteine Sie auf mögliche Risiken oder Problemzonen der jeweiligen Bereiche hinweist. Risiko mindern
- Sie vermindern das Projektrisiko, weil es sich bei den Mustern und Bausteinen um praktisch erprobte Vorlagen handelt und Sie konkrete Tipps für deren Einsatz bekommen.

Das Buch deckt aus Platzgründen nur einige Aspekte der jeweiligen Bausteine und Muster ab. Zur Vertiefung finden Sie kommentierte Literaturhinweise zu den einzelnen Mustern und Bausteinen.

7.1 Persistenz

mit Unterstützung von André Karalus

Persistenz: Beständigkeit, Dauerhaftigkeit. Daten aus dem (flüchtigen) Hauptspeicher auf ein beständiges Medium (und wieder zurück) bringen.

7.1.1 Motivation

Daten müssen dauerhaft gespeichert werden

Einige der Daten, die ein Software-System bearbeitet, müssen dauerhaft auf einem Speichermedium gespeichert oder von solchen Medien gelesen werden:

- Flüchtige Speichermedien (Hauptspeicher oder Cache) sind technisch nicht für dauerhafte Speicherung ausgelegt. Daten gehen verloren, wenn die entsprechende Hardware ausgeschaltet oder heruntergefahren wird.
- Die Menge der von kommerziellen Software-Systemen bearbeiteten Daten übersteigt üblicherweise die Kapazität des Hauptspeichers.
- Auf Festplatten, optischen Speichermedien oder Bändern sind oftmals große Mengen von Unternehmensdaten vorhanden, die eine beträchtliche Investition darstellen.

Persistenz ist ein technisch bedingtes Thema und trägt nichts zur eigentlichen Fachlichkeit eines Systems bei. Dennoch müssen Sie sich als Architekt mit dem Thema auseinander setzen, denn ein erheblicher Teil aller Software-

Systeme benötigt einen effizienten Zugriff auf persistent gespeicherte Daten. Hierzu gehören praktisch sämtliche kommerziellen und viele technischen Systeme. Eingebettete Systeme (siehe [b-agile2002a]) gehorchen jedoch oft anderen Regeln hinsichtlich ihrer Datenverwaltung.

Nachfolgend setzen wir voraus, dass Sie die Konzepte relationaler Datenstrukturen und relationaler Datenbanksysteme kennen.

Einfache Ansätze führen zu Problemen

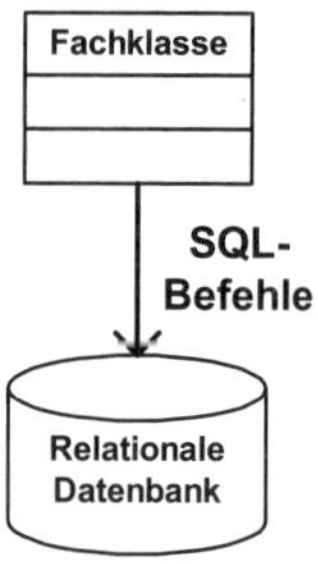

Abbildung 7.1: Einfacher Ansatz für Persistenz

Im einfachsten[1] Fall, dargestellt in Abbildung 7.1, kümmert sich jede fachliche Komponente eines Systems selbst um die notwendige Persistenz ihrer Objekte. Dabei enthalten Klassen aus der Fachdomäne den Programmcode für die jeweiligen Datenbankoperationen, etwa als SQL-Befehle.

Dies führt zu einer unerwünschten (und fatalen) Abhängigkeit fachlicher Komponenten vom Persistenzmechanismus. Jegliche Änderung an der Datenbank macht Änderungen am Quelltext der fachlichen Komponenten notwendig. Beispielsweise führt die Anpassung des Datenmodells (etwa aus Performancegründen) zu notwendigen Änderungen am Fachmodell.

Selbst eine einfache Änderung, wie die Umbenennung einer Datenbanktabelle, lässt sich nicht ohne Änderung am Quellcode der Fachklasse durchführen. Daher kann es je nach Art der erwarteten Änderungen günstig sein, eine Isolationsschicht einzubauen.

7.1.2 Typische Probleme

Es gibt eine ganze Reihe von Aspekten und Problemen, die Sie beim Entwurf und der Implementierung von Persistenzkomponenten beachten sollten.

Datenmodellierung

Die Abbildung fachlicher Daten auf relationale Strukturen lässt in der Regel mehr als eine Lösung zu. Bei dieser Abbildung müssen Sie Entwurfsentscheidungen treffen und Aspekte wie Performance, Redundanz, Normalisierung und Einfachheit gegeneinander abwägen. Diese Entscheidungen hinsichtlich der Aufteilung fachlicher Entitäten auf Tabellen haben große Auswirkungen auf die Implementierung solcher Software-Systeme sowie auf deren Laufzeitverhalten. Aspekte der Datenmodellierung werden hier nicht weiter vertieft.

[1] Es geht natürlich noch einfacher: Sie könnten Informationen auch in Dateien (allgemeiner: Streams) speichern. Auf diese *stream persistence* möchte ich aufgrund ihrer geringen praktischen Bedeutung nicht weiter eingehen. In modernen Informationssystemen spielt sie höchstens bei der Bearbeitung von Konfigurationsdateien eine Rolle, in der Regel müssen Sie sich als Architekt hierbei jedoch nicht um die Persistenz kümmern.

Verschiedene Typen von Datenbanksystemen

Aufgrund der vielfältigen Probleme der performanten, zuverlässigen und plattformübergreifenden Speicherung von Daten entstanden kommerziell verfügbare Datenbank-Management-Systeme (DBMS), kurz Datenbanksysteme.

Typen von DBMS

Ein DBMS bietet Mittel, um Daten zu persistieren und wieder in den Hauptspeicher zu laden. Es gibt verschiedene Paradigmen, nach denen DBMS unterschieden werden (chronologisch sortiert):

- Netzwerkdatenbanken
- Hierarchische Datenbanken
- Relationale Datenbanken (RDBMS)
- Objektorientierte Datenbanken (OODBMS)
- Objektrelationale Datenbanken (ORDBMS)[2]

Größte Bedeutung: Relationale DBMS

Die weitaus größte Bedeutung am Markt haben relationale DBMS gewonnen. Netzwerk- und hierarchische Datenbanken kommen in neu entwickelten Systemen praktisch nicht mehr zum Einsatz, jedoch liegen immer noch große Mengen Unternehmensdaten auf Mainframe-Systemen in dieser Art Datenbanken. Objektorientierte Datenbanken besitzen nur einen geringen Marktanteil.

Die Hersteller von DBMS entwickeln diese Systeme kontinuierlich weiter, wobei Sie als Architekt bei Versionswechseln eines DB-Herstellers mit notwendigen Änderungen am Quellcode Ihrer Systeme rechnen müssen.

Es ist grundsätzlich möglich, während der Lebens- und Nutzungsdauer eines Systems den zugrunde liegenden Persistenzmechanismus auszutauschen, etwa zwecks Performancesteigerung oder aufgrund geänderter Einsatzszenarien der betroffenen Systeme. Falls Ihre Systeme modular aufgebaut sind und die Persistenz sauber kapseln, sollten solche Operationen mit überschaubarem Risiko möglich sein. In allen anderen Fällen sollten Sie solche Änderungen als „Operation am offenen Herzen" betrachten und entsprechende Risikovorsorge treffen.

Kooperation mit Mainframe-Systemen

In manchen Organisationen werden Teile der Unternehmensdaten durch Mainframe-Anwendungen gekapselt. Externe Systeme können auf diese Daten nur über die Schnittstellen dieser Mainframe-Programme zugreifen.

Plausibilitäten

Solche Mainframe-Programme enthalten oftmals fachliche Logik (Plausibilitätsprüfungen), die das Speichern und Lesen von Daten beeinflussen. Manchmal ist es schwierig, die bestehende Logik mit der Fachlichkeit des neuen Systems zu koordinieren. Insgesamt bedeutet die Interaktion mit solchen Systemen eine zusätzliche Komplexität durch technische und fachliche Abhängigkeiten.

[2] ORDBMS haben sich aber noch weniger durchgesetzt als objektorientierte Datenbanken.

Strukturbrüche

Impedance mismatch

In vielen Fällen kommt es bei der Entwicklung von Software-Systemen zu einem Strukturbruch (dem so genannten *impedance mismatch)* zwischen Programmiersprache und Datenbanksystem. Der typische Fall dieses Problems: Objektorientierte Programme speichern Daten in relationalen Datenbanken. Objektstrukturen im Hauptspeicher müssen zu Tabellenstrukturen im Datenbanksystem übersetzt werden. Weder syntaktisch noch semantisch ist diese Übersetzung eindeutig – ein weites und schwieriges Feld für Architekten! Mehr zu diesem Problem lesen Sie in Abschnitt 7.1.4.

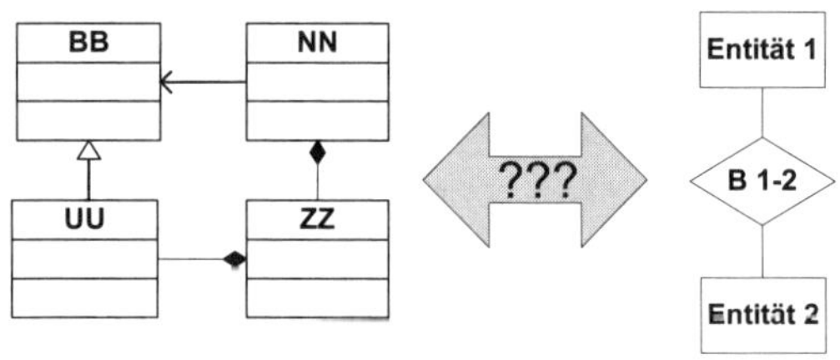

Abbildung 7.2: Strukturbruch zwischen objektorientierten und relationalen Modellen

7.1.3 Architekturmuster „Persistenzschicht"

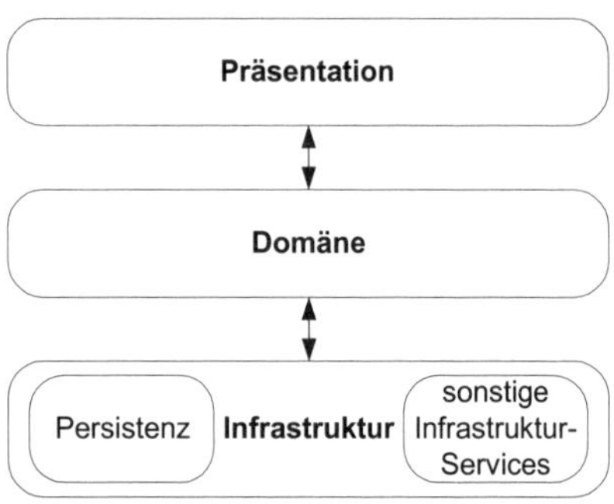

Abbildung 7.3: Persistenzschicht und Infrastrukturschicht

Für manche Software-Systeme werden Sie eine eigene Komponente für Persistenz entwerfen müssen, in anderen Fällen können Sie kommerzielle oder bestehende Komponenten für die Persistenz nutzen. Wir möchten Ihnen hier einige Ansätze vorstellen, die gut zu unserem Modell der Anwendungsschichten (siehe Kapitel 5) passen. Die hier vorgestellten Persistenzschichten sind Bestandteil der Infrastrukturschicht.

Ob Sie die Persistenz als getrennte Anwendungsschicht modellieren oder als integralen Bestandteil der Infrastruktur, bleibt Ihnen freigestellt.

Unser Hauptaugenmerk liegt auf den relationalen Datenbanksystemen, weil sie die größte praktische Bedeutung besitzen. In ähnlicher Form können Sie Persistenz auch für Netzwerk- und hierarchische Datenbanken realisieren. Objektorientierte und objektrelationale Datenbanken stellen grundlegend andere Mechanismen für Operationen bereit, auf die hier nicht weiter eingegangen wird.

Wie funktionieren Persistenzschichten?

Eine Persistenzschicht kapselt die Details der Datenspeicherung gegenüber den übrigen Anwendungsteilen. Sie können Persistenzschichten unterschiedlich flexibel und aufwändig realisieren:

- Sie benutzen nur eine Klasse, um sämtliche Aufgaben der Persistenz zu kapseln. Der folgende Abschnitt („Datenklassen") diskutiert einige Vor- und Nachteile dieses Ansatzes.
- Sie verteilen die Aufgaben der Persistenz auf mehrere Klassen. Dieser Ansatz ist aufwändiger, resultiert aber in hoher Flexibilität und geringen Abhängigkeiten. Wir zeigen Ihnen weiter unten einen Entwurf einer solchen flexiblen Persistenzschicht.

Datenklassen: Die einfachste Persistenzschicht

Active Data Objects (ADO)

Datenklassen

Wenn Sie die Persistenz Ihrer Fachklassen in dedizierten Datenklassen kapseln, erreichen Sie eine bessere Kapselung von Fachdomäne und Infrastruktur. Diesen Ansatz illustriert Abbildung 7.4. Er wird unter anderem in dem von Microsoft favorisierten Ansatz der „Active Data Objects" (ADO) verfolgt.

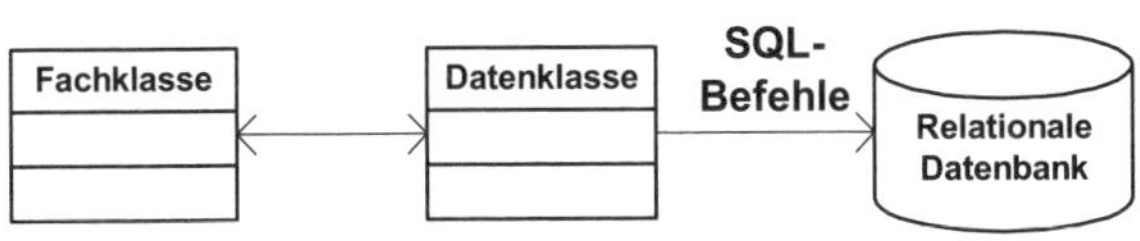

Abbildung 7.4: Persistenzschicht mit Datenklassen

Änderungen an der Datenbank oder dem zugrunde liegenden Datenmodell bewirken dabei „nur" Änderungen an den Datenklassen, nicht aber an den Fachklassen. Eine vollständige Trennung von Anwendungslogik und Infrastruktur erreicht dieser Ansatz nicht – Ihre Entwickler müssen immer noch die technischen Grundlagen der Datenbank beherrschen.

Schwierig ist dieser Ansatz auch dann, wenn Sie vernetzte Objektstrukturen speichern wollen, und nicht nur „einzelne" Objekte. Die Abhängigkeit zwischen Klassenstrukturen und Tabellenstrukturen ist sehr hoch, was Änderung und Optimierung erschwert.

Verwenden Sie diesen Ansatz in folgenden Fällen:

- Sie benötigen keine flexible und hochgradig wartbare Persistenzschicht und Ihre Anwendung verfügt nur über wenige Fachklassen.[3]
- Sie persistieren nur einzelne Objekte, keine vernetzten Objektstrukturen. Die Vererbungstiefe ist klein.

[3] [Ambler2000] bezeichnet diesen Ansatz als geeignet für Systeme mit bis zu 50 Fachklassen.

- Endtermin und Entwicklungskosten werden in Ihrem Projekt deutlich höher bewertet als Flexibilität und Wartbarkeit. Höhere Änderungs- und Anpassungsaufwände werden von Kunden und Auftraggebern akzeptiert.
- Die zu speichernden Klassen des fachlichen Modells sind Datencontainer, haben viele Attribute und wenige Methoden. Ihre Abbildung auf relationale Strukturen ist sehr einfach und keinen Änderungen unterworfen.
- Es gibt in Ihrer Organisation keine wieder verwendbare Persistenzschicht und kein (kommerzielles) Persistenz-Framework.

Anforderungen an Persistenzschichten

Wenn Sie eine Persistenzschicht oder eine Persistenzkomponente entwerfen, sollten Sie folgende Aspekte als mögliche Anforderungen beachten:[4]

Kapselung

- Einfache Kapselung des Persistenz-Mechanismus. Fachliche Klassen benutzen lediglich Methoden wie `save()`, `read()` oder `delete()`, alle weiteren Dinge verbirgt die Persistenzschicht.
- Vollständige Kapselung der Persistenz. Dabei werden auch die oben erwähnten Methoden vor den Fachobjekten versteckt: read() verbirgt sich in einer Factory, save() erledigt ein Transaktionsmechanismus (alles was „*dirty*“ (geändert) ist, wird gespeichert), delete() bearbeitet ein Destruktor.

Unterschiedliche Mechanismen

- Unterstützung unterschiedlicher Persistenz-Mechanismen: Datenbanksysteme, Dateien oder auch Legacy-Systeme.

Vererbung & Polymorphie

- Unterstützung von Vererbungshierarchien und Polymorphismus.

Transaktionen

- Unterstützung von Transaktionen.

Cursor

- Bearbeitung mehrerer Objekte auf einmal, analog dem Cursor-Konzept von SQL.

Object-Identifier

- Automatische Erzeugung eindeutiger Object-Identifier (OIDs).

Connections

- Unterstützung mehrerer Verbindungen (*connections*) parallel. Dies ist bereits für das Kopieren von Objekten von einer Datenbank in eine andere notwendig.
- Unterstützung mehrerer Hersteller oder mehrerer SQL-Dialekte.
- Toleranz gegenüber Maßnahmen zum Performance-Tuning von Datenbanken. Solche Optimierungen kommen recht häufig vor und sollten ohne Änderungen am Quellcode von Anwendungssystemen funktionieren.

4 Nach [Ambler2000] und [Keller98]. Dort finden Sie noch weitere Anforderungen an Persistenzschichten.

Aufbau von Persistenzschichten

Persistenzschichten vermitteln

Persistenzschichten vermitteln zwischen unterschiedlichen Paradigmen: Auf der einen Seite stehen die (objektorientierten) Programmiersprachen, auf der anderen Seite unterschiedliche Mittel zur Datenspeicherung. Es bietet sich an, diese unterschiedlichen Verantwortlichkeiten zu trennen.

Abbildung 7.5 zeigt, wie Sie eine Persistenzschicht in Komponenten zerlegen können, die jeweils eine dieser Aufgaben bearbeiten.

- Die Objektschicht kommuniziert mit der objektorientierten Programmiersprache.
- Unter dieser Objektschicht liegen *Storage Manager*, die mit den verschiedenen Persistenzmechanismen kommunizieren. Eine Relationen- oder Tupelschicht ist ein Beispiel eines solchen *Storage Managers*, sie kommuniziert mit relationalen Datenbanken.
- Eine Speicherschicht kommuniziert mit anderen Speichermedien, etwa Dateien, anderen Datenbanken oder Mainframe-Systemen.

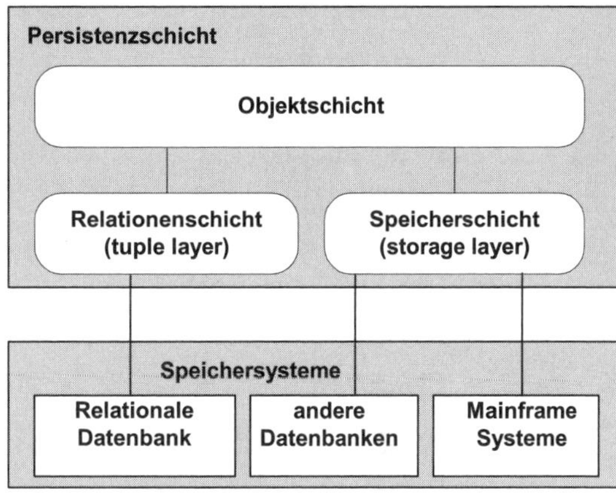

Abbildung 7.5: Die Komponenten von Persistenzschichten

Wir haben in Abbildung 7.5 die Relationenschicht (*tuple layer*) getrennt aufgeführt, weil sie in der Praxis besonders große Bedeutung besitzt. Konzeptionell können Sie sie auch als Bestandteil der Speicherschicht auffassen.

Abbildung 7.6 zeigt den Entwurf einer Persistenzschicht (nach [Ambler2000]). Programme kennen dabei nur die Klassen der öffentlichen Objektschicht (PersistentObject, PersistentTransaction, PersistentCriteria und Cursor).

Noch flexibler sind Entwürfe auf Basis des ODMG[5] 3.0 Sprachstandards. Diese basieren auf beliebig austauschbaren Storage Managern (pluggable components) und sind sehr aufwändig zu implementieren.[6]

In Tabelle 7.1 sehen Sie, welche Verantwortlichkeiten und Aufgaben die einzelnen Klassen dieses Entwurfs besitzen. Von zentraler Bedeutung ist die Klasse PersistentObject. Von ihr werden alle Fachobjekte abgeleitet, die persistiert werden sollen.

[5] ODMG = Object Data Management Group

[6] Siehe www.odmg.org für Details zu diesem Ansatz.

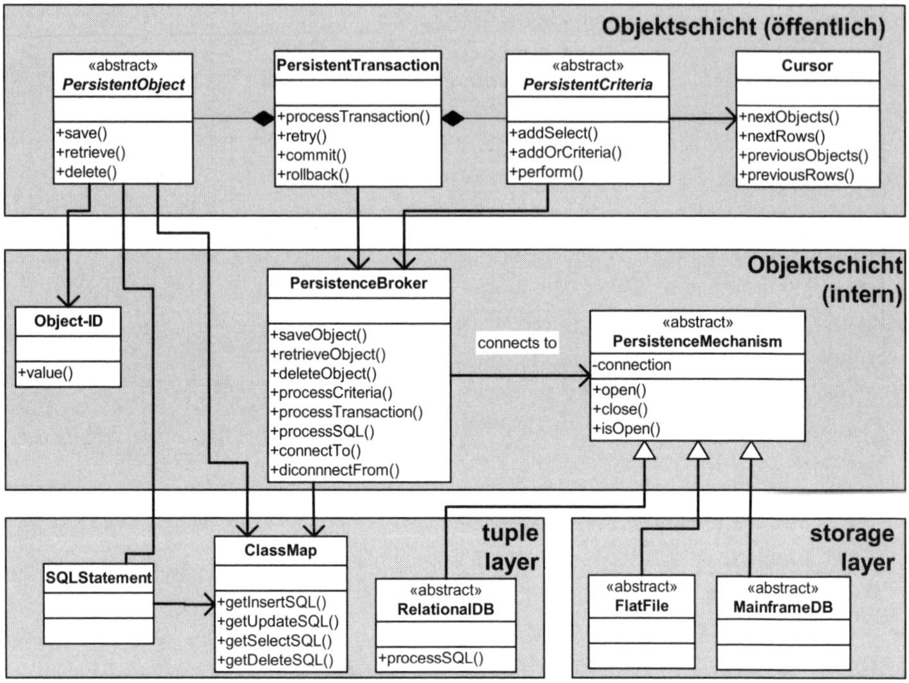

Abbildung 7.6: Entwurf einer Persistenzschicht (nach [Ambler2000])

Tabelle 7.1: Klassen und Hierarchien der Persistenzschicht (nach [Ambler2000])

Klasse	Beschreibung
PersistentObject	Kapselt das Verhalten, wie einzelne Instanzen persistent werden. Von dieser Klasse erben Fachklassen, falls sie persistent werden sollen.
PersistentTransaction	Kapselt die Unterstützung für Transaktionen.
PersistenceCriteria	Kapselt Bedingungen für Anfragen.
Cursor	Kapselt das Konzept eines Datenbank-Cursors.
ObjectID	Eindeutige (künstliche, interne) Bezeichner für Objekte.
PersistentBroker	Verwaltet Verbindungen zu Persistenzmechanismen, wie relationalen Datenbanken oder Dateien. Koordiniert die Kommunikation zwischen Objektschicht und Persistenzmechanismus.
PersistenceMechanism	Kapselt den Zugriff auf Dateien, Datenbanken oder andere konkrete Speichermechanismen. Für relationale Datenbanken kapselt diese Hierarchie komplexe Schnittstellen wie ODBC oder JDBC.
SQLStatement	Die Hierarchie weiß, wie SQL-Befehle für CRUD[7]-Operationen (auf Basis von ClassMap) erzeugt werden.
ClassMap	Bildet Klassen auf relationale Tabellen ab.

[7] CRUD = Create, Read, Update, Delete: Basisoperationen einer Datenbank

DAO: Eine Miniatur-Persistenzschicht

Es gibt ein bedeutendes Entwurfsmuster, das Sie im Zusammenhang mit Persistenz kennen sollten, das Data Access Object (DAO). Es stellt eine Art Miniatur-Persistenzschicht dar und entkoppelt die eigentliche Datenspeicherung von der jeweiligen Anwendung. DAOs arbeiten meist mit so genannten Data-Transfer-Objects[8] (DTO) oder Transferobjekten zusammen. Sie erhöhen die Flexibilität von Systemen hinsichtlich Details der Persistenzschicht und vereinfachen dadurch beispielsweise Versionswechsel zugrundeliegender Datenbanken oder ähnliche Änderungen. In Abbildung 7.7 und 7.8 sehen Sie die statische Struktur sowie den schematischen Ablauf.

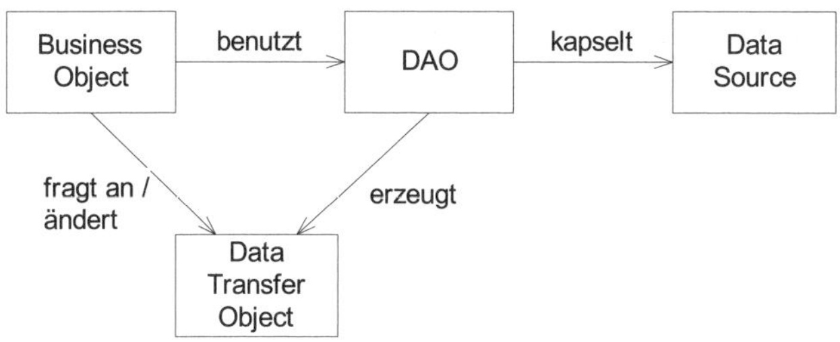

Abbildung 7.7: Struktur des Data Access Object (DAO) Musters

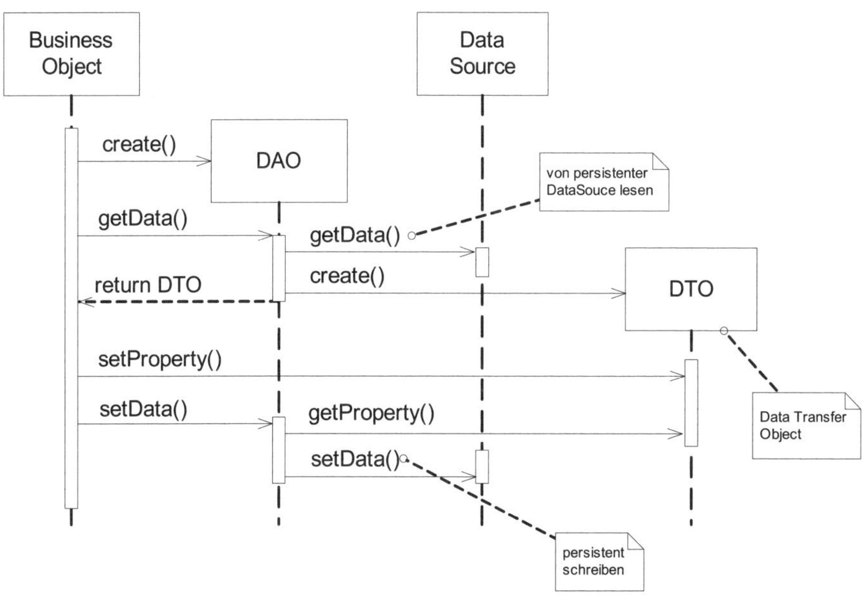

Abbildung 7.8: Schematischer Ablauf bei Nutzung des DAO-Musters

[8] Manchmal lesen Sie hierfür den Begriff *Value Objects*, der jedoch durch ein weiteres Muster vorbelegt ist. ValueObjects, nach [Fowler03], erlauben Objektvergleich auf Attributebene statt auf Objektidentität. Siehe auch [Eilebrecht+04].

Die wichtigsten Fragen und Antworten zu Persistenzschichten

von Wolfgang Keller

Zu welchem Zeitpunkt in einem (objektorientierten) Projekt sollte man die relationale Datenbank entwerfen?

- Entwerfen Sie die Tabellen auf Basis des Objektmodells, nachdem Sie einen Architektur-Prototypen implementiert haben.

Was ist eine gute Struktur für ein Persistenz-Subsystem?

- Sie sollten zwei Subsysteme für die Persistenz vorsehen, die eine Schichtenstruktur bilden. Die obere Schicht (Objektschicht, *object layer*) kapselt die Konzepte der Objektorientierung, während die untere Schicht (*storage layer*) eine Schnittstelle zu Ihren physikalischen Speichermedien, Datenbanken oder Dateien bildet (siehe dazu Abschnitt 7.1.3).

Wie verbindet man eine Persistenzschicht mit einem transaktionsbasierten Mainframe-Datenserver?

- Benutzen Sie einen Agenten oder Vermittler, der Aufrufe an den Mainframe bündelt (*request bundling*) und sie als Block unter der Kontrolle des (Mainframe) Transaktionsmonitors ausführt.

Wie repräsentiert man die Individualität eines Objekts in einer relationalen Datenbank?

- Erzeugen Sie synthetische Schlüssel (*object identifier*), die jedes Objekt von seiner Geburt bis zu seiner Zerstörung begleiten. Begraben Sie diesen Schlüssel mit dem Objekt.

Wie stellt man die Identität eines Objekts sicher (und behält sie)?

- Erzeugen Sie einen Objekt Cache für jeden Client-Prozess der Datenbank. Dieser Cache basiert auf einem Container (Array, Vektor, Set oder ähnliche), der Object-Identifier auf Objekte (repräsentiert durch Pointer oder Proxies) abbildet. Der Object Cache enthält Zeiger auf die instantiierten Objekte, die aus der Datenbank gelesen wurden.

Wie verhindert man, dass alle „verwandten" (assoziierten) Objekte geladen werden, wenn man ein Objekt bearbeitet, das viele Beziehungen zu anderen Objekten hat?

- Benutzen Sie Proxy-Objekte, die nur den Object-Identifier (OID) enthalten sowie einen Zeiger. Dieser Zeiger kann auch NULL sein – das Objekt wird erst dann geladen, wenn es tatsächlich benötigt wird.

Wie handhabt man Transaktionen?

- Machen Sie aus einer Transaktion ein Objekt mit Methoden begin, commit, rollback, retry (TransactionObject, siehe [Keller97]).

Wie füllt man Auswahllisten, List-Boxen oder Combo-Boxen?

- Erzeugen Sie passende Datenbank-Views. Diese sollten nur die notwendigen Attribute plus einen Primärschlüssel enthalten (*Narrow Views*).

Wie kann man das Füllen von Auswahllisten oder Combo-Boxen noch weiter beschleunigen (und den Transfer nicht benötigter Daten vermeiden)?

- Laden Sie diese Daten in Blöcken mit vertretbarer Zugriffs- oder Ladezeit. Als Daumenregel empfehlen wir etwa 30–50 Datensätze oder das Doppelte der Zeilenzahl der Auswahlliste (*Short Views*).

Wie kann man den performanten Zugriff auf große Datenmengen durch eine objektrelationale Persistenzschicht gewährleisten?

- Benutzen Sie „stored procedures“ oder eine spezialisierte Zugriffskomponente ausschließlich für diesen Zweck. Diese sollte exakt die benötigten Daten auf einmal laden (*Cluster Read*).

Wie verkürzt man die Wartezeit, wenn große Datenmengen in eine Datenbank geschrieben werden sollen?

- Sammeln Sie die Schreiboperationen innerhalb der Persistenzschicht und schicken Sie diese en bloc an die Datenbank (*bundled write*).
- Speichern Sie Daten in einem lokalen Puffer und geben Sie die Kontrolle an das System zurück. Starten Sie einen parallelen Thread, der diesen Puffer an die Datenbank übermittelt (*store for forward*).
- Schreiben Sie die Daten in eine (eventuell transaktionsgesicherte) Datei und laden diese Datei zu einem späteren Zeitpunkt in die Datenbank (*flat file write*).
- Arbeiten Sie asynchron, etwa durch eine Warteschlange (*message queue*). Kommerzielle Message Queue-Produkte unterstützen dabei auch Transaktionen.

Diese Fragen und Antworten repräsentieren einen kleinen Teil der Entwurfsmuster für objektrelationale Persistenzschichten, die in [Keller98] und [Keller97] ausführlich vorgestellt werden. Bevor Sie selbst eine Persistenzschicht implementieren, sollten Sie diese Entwurfsmuster gründlich lesen.

Wolfgang Keller (Email: wk@objectarchitects.de) arbeitet als Entwicklungsmanager bei der Generali Vienna Group. Davor war er an der Entwicklung mehrerer großer OO-Systeme beteiligt, hat Zugriffsschichten selbst implementiert und zugekaufte verwendet. Als Hobby betreibt er eine Website, unter anderem mit Patterns zum Thema Persistenz (www.objectarchitects.de).

Einige Tipps zu Persistenzschichten

- Der Entwurf und die Implementierung einer Persistenzschicht sind schwierig, aufwändig, fehleranfällig und damit auch riskant. Prüfen Sie zunächst, ob es in Ihrer Organisation ein zugekauftes Produkt für Persistenz gibt und entsprechende Erfahrung damit vorliegt. Wenn nicht, prüfen Sie, ob Sie eine bestehende Persistenzschicht aus anderen Projekten Ihrer Organisation wieder verwenden können! Wenn ja: Betreiben Sie Wiederverwendung und verzichten Sie darauf, dieses „Rad" neu zu erfinden (und zu bauen).
- Versuchen Sie zu vereinfachen: Genügt für Ihr konkretes System eventuell der einfache Ansatz (Kapselung der Datenbank in Datenklassen)? Dessen Entwurf und Implementierung ist erheblich einfacher!
- Folgende Anforderungen machen aus unserer Erfahrung eine flexible Persistenzschicht notwendig:
  - Es müssen unterschiedliche Strategien für die Abbildung von Objektstrukturen auf Tabellen (OR-Mapping, siehe Abschnitt 7.1.4) möglich sein.
  - Das OR-Mapping soll ohne Änderung von Quellcode anpassbar und konfigurierbar sein.
  - Optimierungen der Datenbank und der Tabellenstruktur sollen für das System transparent sein und nicht zu Änderungen am Quellcode führen.
  - Konkrete Persistenzmechanismen sollen für das System transparent austauschbar sein, ohne Änderungen am Quellcode.
- Beim Einsatz kommerzieller Persistenzframeworks sollten Sie folgende Aspekte beachten:
  - Prüfen Sie die Performance durch einen repräsentativen Prototypen. Benutzen Sie dazu möglichst die produktiven Datenbanken Ihrer Organisation.
  - Die Integration bestehender Mainframe-Systeme in solche Frameworks ist oftmals problematisch, weil diese nicht über standardisierte Schnittstellen oder Zugangswege verfügen. Prüfen Sie auch dies durch einen Prototypen.

7.1.4 Weitere Themen zu Persistenz

Zur Behandlung der Persistenz von Systemen gehören nach meiner Erfahrung neben dem Entwurf der Persistenzschicht noch folgende Aspekte:

- Entscheidung zwischen relationaler und objektorientierter Datenhaltung
- Abbildung von Objektstrukturen auf Relationen (*OR-Mapping*)
- Entscheidung zwischen Eigenentwicklung oder Kauf (*make-or-buy*)

Entscheidung zwischen relationalen und objektorientierten Datenbanken[9]

Viele neu entwickelte Systeme entstehen heute in objektorientierten Programmiersprachen wie Java, C++ oder Smalltalk. In solchen Fällen bieten sich bei der Auswahl eines Datenbanksystems zwei Alternativen an:

- Relationale Datenbanksysteme verarbeiten Daten in Form von Tabellen. Das Datenmodell bestimmt Anzahl und Typ der Spalten von Tabellen. Die eigentlichen Daten stehen in den Tabellenzeilen. Relationale DBMS benutzen die standardisierte Sprache SQL (*structured query language*). Sie können die Datenintegrität über Tabellengrenzen sicherstellen (referentielle Integrität).
- Objektorientierte Datenbanksysteme können die Laufzeitobjekte einer objektorientierten Programmiersprache persistent speichern. Sie verwalten die zugehörigen Daten, Methoden und zugehörigen Strukturen ([Blaha98]). Kommerzielle Produkte unterscheiden sich erheblich hinsichtlich der Anfragemöglichkeiten. Sie sind weniger verbreitet als relationale DBMS.

Tabelle 7.2 fasst einige Vor- und Nachteile von relationalen und objektorientierten Datenbanksystemen[10] zusammen.

Tabelle 7.2: Eigenschaften objektorientierter und relationaler Datenbanksysteme

Objektorientierte DBMS	Relationale DBMS
Kaum standardisiert (ODMG-OQL[11] hat sich bislang kaum durchgesetzt).	SQL weitgehend standardisiert. Aber: Praktisch jeder Hersteller implementiert spezifische Erweiterungen.
	Strukturbruch bei der Abbildung von Objekten auf relationale Strukturen (*impedance mismatch*).
Hohe Performance bei Navigation zwischen Objekten.	Geringe Performance bei Navigation zwischen Objekten.
Einheitliches Typsystem für Programmiersprache und Datenbank.	Nur wenige (SQL) Datentypen verfügbar.

Einige Ratschläge (nach [Blaha98]) zur Auswahl von objektorientierten oder relationalen Datenbanksystemen:

9 Die hierarchischen und Netzwerk-Datenbanken tauchen praktisch nur noch in bestehenden Mainframe-Systemen auf, werden allerdings bei Neuentwicklungen kaum noch genutzt.

10 [Blaha98] gibt in Kapitel 9 ausführliche Entscheidungskriterien an.

11 Die *Object Query Language* der Object Data Management Group (www.odmg.org).

Verwenden Sie relationale DMBS für Anwendungen aus folgenden Bereichen:

- Betriebliche Informationssysteme, in denen zahlreiche, aber relativ einfache Operationen auf Daten ausgeführt werden. [Blaha98] gibt als Faustregel an, dass RDBMS bis zu einigen Hundert Tabellen geeignet seien.
- Anwendungen, die mit Fremdsystemen auf Basis relationaler DBMS arbeiten.
- Anwendungen, die vorhandene Mainframe Legacy-Systeme integrieren. RDBMS passen besser zu den vorhandenen hierarchischen oder Netzwerk-Datenbanken solcher Systeme.
- Anwendungen in konservativem organisatorischem Umfeld. RDBMS sind ausgereift und weit verbreitet. Praktisches Wissen und Erfahrung sind problemlos verfügbar. Ihr Einsatzrisiko ist geringer.
- Anwendungen, die auf „kurzen" Transaktionen basieren. Relationale Datenbanken eignen sich nicht für lange Transaktionen, bei denen Objekte über Stunden oder Tage gesperrt werden müssen.

[Keller98] warnt bei einigen Projekttypen eindringlich vor dem Einsatz relationaler Datenbanksysteme:

> *Die Benutzung relationaler Datenbanken als Persistenzmechanismus für CAD- und CASE-Anwendungen könnte im Desaster enden.* *[Keller98]*

Verwenden Sie objektorientierte DBMS für Anwendungen aus folgenden Bereichen:

- Multimedia-Systeme, die komplexe Datenstrukturen wie Grafiken, Audio oder Video bearbeiten;
- Anwendungen aus den Bereichen: Computer-Aided-Design (CAD), Computer-Aided-Manufacturing (CAM) oder Computer-Aided Software Engineering (CASE);
- Anwendungen, die in hohem Maße von Vererbungshierarchien und benutzerdefinierten Datentypen abhängen;
- Anwendungen, die auf langen Transaktionen (Stunden bis Tage) basieren.

Abbildung von Objektstrukturen auf Relationen

OR-Mapping

Vererbung
Aggregation
Assoziation

Die Abbildung von Objekt- und Klassenstrukturen (Objekt-relationales Mapping, *OR-Mapping*) auf Relationen löst den Strukturbruch zwischen diesen beiden Paradigmen auf (siehe Abbildung 7.2). Für die Basiskonstrukte objektorientierter Sprachen (Vererbung, Aggregation, komplexe Typen und Assoziationen) legt ein solches Mapping fest, wie die Übersetzung in relationale Strukturen erfolgt.

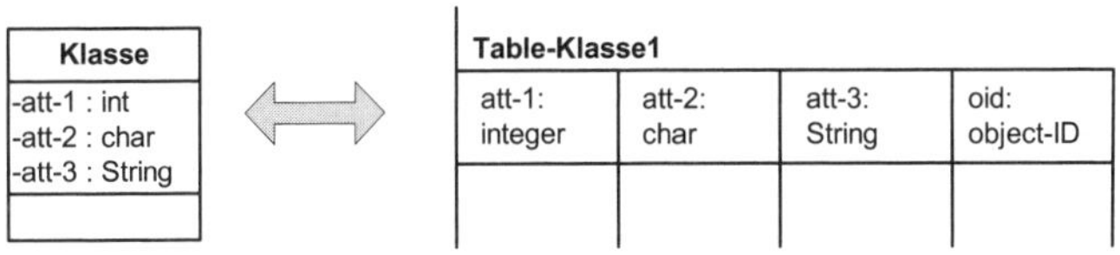

Abbildung 7.9: OR-Mapping für einfache Attribute

Grundsätzlich wird eine Klasse auf eine Tabelle abgebildet, indem Attribute von primitiven Datentypen der Klasse zu Spalten der Tabelle werden (siehe Abbildung 7.9).

Jedes Objekt benötigt eine eindeutige Kennzeichnung (*object identifier, OID*, Objektschlüssel), weil Objekte trotz identischer Attributwerte unterschiedliche Identität haben können. Diese Identifikation ist bei relationalen Tupeln nicht automatisch gegeben. In Abbildung 7.9 ist der OID als zusätzliches Attribut in der Tabelle dargestellt.

- Komplexe Attribute und Aggregationen müssen durch Zerlegungsalgorithmen in „flache" Strukturen überführt werden. Dies gilt auch für die in objektorientierten Systemen häufig eingesetzten *Collections* (etwa: Vector, HashTable, Dictionary, Tree, Set etc.) sowie andere rekursive Strukturen. Hierzu gibt es verschiedene Ansätze:
  - Denormalisierung: Alle Attribute der aggregierten Klasse werden in die Tabelle der aggregierenden Klasse aufgenommen.
  - Aggregation über Fremdschlüsselbeziehung: Zwischen den beteiligten Tabellen wird über den OID eine Fremdschlüsselbeziehung aufgebaut.
  - Benutzung einer Überlauftabelle: Die ersten k Objekte einer 1:n Assoziation oder einer Aggregation werden mit in die Tabelle zu einer Klasse aufgenommen, alle weiteren in der Überlauftabelle gespeichert.
- Assoziationen werden zu Fremdschlüsselbeziehungen (*foreign key relations*), wobei der Objektschlüssel (OID) des referenzierten Objektes zum Fremdschlüsselattribut wird.
- Zur Abbildung von Vererbung gibt es unterschiedliche Strategien (siehe Abbildung 7.10):
  - Eine Tabelle pro Klasse der Vererbungshierarchie: Die Attributwerte eines Objektes aus einer abgeleiteten Klasse befinden sich dabei verteilt auf alle Tabellen der Klassen, die vor ihm in der Hierarchie stehen. Objekte werden durch Join-Operationen über alle betroffenen Tabellen gelesen.
  - Eine Tabelle pro Hierarchie. Diese Tabelle (in der Abbildung Table_ ABC) vereinigt die Attribute aller Klassen einer Klassenhierarchie in einer Tabelle. Hierbei wird kein Join mehr zum Zusammensetzen eines Objektes aus einer abgeleiteten Klasse benötigt.

- Eine Tabelle pro konkreter Klasse. Es gibt keine Tabelle für abstrakte Basisklassen. Für jede konkrete Klasse existiert eine Tabelle, in der ihre Attribute und die Attribute aller in der Hierarchie vor ihr stehenden Klassen aufgenommen werden.

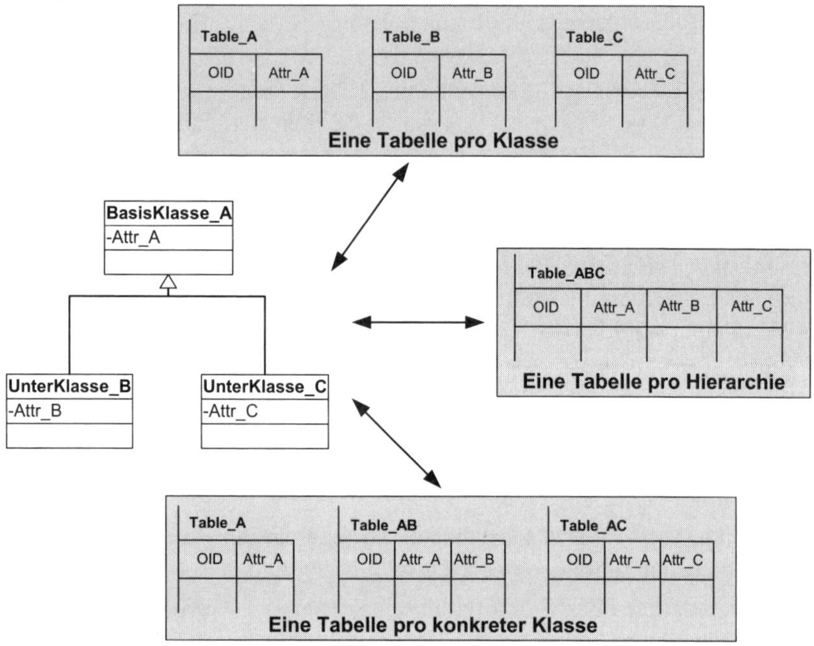

Abbildung 7.10: Abbildung von Vererbungshierarchien auf Tabellen

Tabelle 7.3: Vergleich der Mapping-Strategien von Vererbungsbeziehungen

	Performance				
	Schreiben	**Lesen**	**Polymorphes Lesen**	**Platzbedarf**	**Änderbarkeit**
Eine Tabelle pro Klasse	–	–	–o	+	+
Eine Tabelle pro Vererbungspfad	+	+	–	+	–
Eine Tabelle pro konkreter Klasse	+o	+o	+	–	+
Legende: + = Gut, - = Schlecht, * = irrelevant, o = neutral,					

Zur Entscheidung für eine konkrete Strategie des Mappings müssen Sie einige Aspekte berücksichtigen:

- Die Struktur Ihrer Objekte zur Laufzeit. Wie häufig sind polymorphe Objekte? Wie umfangreich werden Aggregationen im Durchschnitt? Wie tief sind die Vererbungshierarchien?
- Benötigen Sie den Zugriff auf Objekte über ihre jeweiligen Oberklassen? Dann brauchen Sie Unterstützung für Polymorphismus. Bevor Sie den mühevoll implementieren, erwägen Sie auf Implementierungsvererbung ganz zu verzichten und statt dessen nur Protokollvererbung zu benutzen.
- Die Struktur der Anfragen (queries). Wie häufig resultieren Anfragen in (zeitaufwändigen) Joins auf der Datenbank? In welchem Zahlenverhältnis stehen die CRUD-Operationen zueinander (gibt es etwa mehr lesende oder mehr schreibende Operationen)?
- Welche Anfragen lassen sich durch ein alternatives Mapping optimieren?
- Wie unterscheiden sich Schreib- und Leseverhalten des Mappings?
- Wie speicheraufwändig ist ein bestimmtes Mapping?
- Wie gewichten Kunden und Auftraggeber Speicherplatz und Performance gegeneinander? Manche Mapping Strategien nutzen Speicherplatz optimal aus und sind dafür bei vielen Operationen langsamer.

Mapping-Strategie

In der Realität werden Sie für Ihr konkretes Objektmodell oft eine Mischung aus den unterschiedlichen Strategien wählen, die sich an den konkreten Bedürfnissen orientiert. Tabelle 7.3 (in Anlehnung an [Keller97]) zeigt einige Vor- und Nachteile verschiedener Mapping-Strategien auf.

Eine flexible Persistenzschicht sollte in jedem Fall unterschiedliche Mapping-Strategien unterstützen.

Eigenentwicklung oder Kauf (*make-or-buy*)?

Eine leistungsfähige und flexible Persistenzschicht zu entwickeln ist schwierig und aufwändig. Sie ist abhängig von den zugrunde liegenden Datenbanken. Versions- oder Herstellerwechsel ziehen Änderungen der Persistenz-Komponente nach sich. Diese Aspekte erschweren die Erstellung und Pflege einer eigenen Persistenzschicht.

Make-or-Buy

Sie sollten in einem funktionalen Prototypen die Leistungsmerkmale kommerzieller Persistenzschichten mit den Anforderungen Ihres Systems abgleichen (und dabei alle beteiligten Legacy-Systeme berücksichtigen). Erst auf dieser Grundlage sollten Sie eine Make-or-Buy-Entscheidung treffen.

Persistenz im Java-Umfeld: Enterprise Java Beans und Konsorten

Mit Uta Pollmann

EJB

Enterprise Java Beans sehen bereits eigene Mechanismen zur Persistierung vor. Mit Hilfe von Entity Beans steht eine Architektur mit einer standardisierten API zur Verfügung, die Objekte dauerhaft speichert und auch wieterführende Konzepte wie Transaktionssicherheit über mehrere beteiligte Instanzen und Methoden hinweg unterstützt. Hierzu gibt es zwei Alternativen:

Container managed persistence

- Container managed persistence (CMP). Hier liefert der Hersteller des EJB-Servers Tools zur Umsetzung der Attribute einer EJB in die Datenbank. Dieses Mapping und auch das Setzen von Transaktionsgrenzen erfolgt deklarativ. Die eigentliche Datenzugriffsschicht wird generiert, wodurch dieses Verfahren sehr einfach ist. Der Nachteil ist jedoch, dass es in der Praxis nur für einfache Anwendungsfälle ausreicht: Das zugehörige objektrelationale Mapping unterstützt keine Joins, 1:n-Beziehungen oder komplexe Typen. Zusätzlich ist es herstellerabhängig und oft wenig performant. Ein weiteres Problem ist, dass in der Regel nur relationale Datenbanken unterstützt werden.

Bean managed persistence

- Bean managed persistence (BMP). Bei diesem Typ wird zwar API und Verhalten der EJBs spezifiziert, die eigentliche Datenzugriffsschicht muss aber erst noch entwickelt werden. Dies kann natürlich auch durch marktgängige Persistenz-Frameworks erfolgen. Man erhält so eine größere Flexibilität und kann beliebig komplexe Daten darstellen sowie beliebige Datenbanken anbinden. Für die korrekte Implementierung muss man jedoch eine genaue Kenntnis der Spezifikation haben, um Konzepte wie Caching, Connectionpooling und Transaktionsverhalten umsetzen zu können.

Gerade bei der Nutzung von Legacy-Systemen stößt man hier bald auf Grenzen, da beide Systeme mit eigenen Konzepten zu Transaktionsverhalten und Sicherheit arbeiten. Für derartige Probleme muss man zu weiterführenden Konzepten (etwa: J2EE Connector Architecture) greifen. Auch die bereits beschriebenen Probleme in Bezug auf bestehende Datenzugriffsschichten kommen hier zum Tragen. Systeme, die eher funktional orientiert arbeiten, passen nicht zu dem datenbasierten Ansatz der Entity Beans. Setzen Sie zur Lösung dieses Problems eher eine seviceorientierte Architektur mit Session Beans zum Datenzugriff ein.

Falls Sie sich nicht mit CMP und BMP anfreunden können oder überhaupt keine Enterprise Java Beans verwenden, haben Sie gleich mehrere Alternativen:

- Sie können mit Java-Bordmitteln, namentlich der Java Database Connectivity (JDBC) auch direkt und auf sehr niedrigem Abstraktionsniveau mit Datenbanksystemen kommunizieren. Das ist für einfache Anwendungen häufig ausreichend, hinsichtlich Flexibilität und Wartbarkeit jedoch nur eine mittelprächtige Lösung.

JDBC

- Mit den Java Data Objects (JDO) erhalten Sie eine sehr transparente Persistenzschnittstelle zu beliebigen Speichermedien [Holubek+04]. Der Trick: Nach der Compilierung wird bei JDO-Systemen der Bytecode der betroffenen Klassen modifiziert.

JDO

- Als dritte Alternative können Sie aus unterschiedlichen Persistenz-Frameworks wählen – einer der bekannteren Vertreter stammt aus der Open-Source-Szene und heißt Hibernate (engl. Winterschlaf).

Hibernate

Uta Pollmann (uta.pollmann@bluecarat.de) berät als Software-Architektin für die blueCarat AG (www.bluecarat.de) Unternehmen im Bereich Enterprise-Java. Seit 1993 liegen ihre Schwerpunkte auf dem sinnvollen Einsatz neuer Technologien für verteilte Anwendungen. Ihre Freizeit verteilt sie auf Freunde, Sport, Reisen und Rotwein.

7.1.5 Zusammenhang mit anderen Aspekten

Sicherheit

Sie müssen gewährleisten, dass die Sicherheit der bearbeiteten Daten auch über die Persistenzschicht hinweg gewährleistet bleibt.

Beispiel: In einem System wurden sensible Personendaten bearbeitet und gespeichert. Das System selbst wurde durch ausgeklügelte technische und organisatorische Mechanismen (Smartcards, 4-Augen Prinzip) vor Missbrauch geschützt. Die Persistenzschicht erlaubte durch ein Benutzer-/Rollenkonzept nur autorisierten Benutzern den Zugriff auf diese sensiblen Daten. Die zugrunde liegende Datenbank verfügte ebenfalls über einen adäquaten Zugriffsschutz.

Leider wurde die tägliche Sicherung des gesamten Datenbestandes als „Dump“ auf ein Band geschrieben. Mit einfachen Kommandos des Betriebssystems ließen sich sämtliche Daten von diesem Band auch außerhalb des Systems wieder lesen. Alle Sicherheitsmechanismen des Systems, der Persistenzschicht und der Datenbank wurden dadurch wirkungslos.

Das Problem wurde übrigens durch einen externen Review aufgedeckt und durch eine Anpassung des Sicherungskonzeptes wirksam gelöst.

> Wenn Sie mit sicherheitskritischen Daten arbeiten, prüfen Sie sämtliche Kopien dieser Daten auf ihre Sicherheit. Eine hochgradig gesicherte Persistenzschicht genügt nicht!

Transaktionen

Alles-oder-Nichts

Software-Systeme lösen oftmals mehrere logisch zusammengehörige (Datenbank-) Operationen aus. Diese müssen oft dem „Alles-oder-Nichts"-Prinzip genügen: Entweder sämtliche Operationen sind erfolgreich oder keine einzige darf ausgeführt werden. Solche Transaktionen dienen dazu, die Konsistenz und fachliche Korrektheit eines Datenbestands zu sichern. Persistenz und Transaktionen hängen von daher eng zusammen.

Protokollierung

Protokolle helfen bei Optimierung

Die Abbildung von Objekten auf Tabellen (OR-Mapping) können Sie durch entsprechende Protokollierung optimieren. Lassen Sie beispielsweise die SQL-Anweisungen der Persistenzschicht über einige Zeit protokollieren. Sie können dann prüfen, ob Sie etwaige Join-Operationen durch kontrollierte Einführung von Redundanzen (Stichwort: Denormalisierung) vermeiden können.

Caching

Caching optimiert Zugriffszeiten

Der Zugriff auf persistente Speichermedien ist hinsichtlich Zeit- und Ressourcenaufwand meistens mehrere Größenordnungen aufwändiger (d.h. teurer) als Zugriffe auf Objekte im Speicher. Durch Zwischenlagern oder Vorhalten von Objekten im Speicher können Sie Zugriffszeit sparen, auf Kosten eines signifikant höheren Verwaltungsaufwands. Kritische Fragestellungen beim Caching sind beispielsweise:

- Nach welcher Strategie nehmen Sie Daten in den Cache-Speicher auf und wie/wann wieder heraus?
- Halten Sie die Daten zum Lesezugriff im Cache oder wollen Sie auch schreibende Zugriffe beschleunigen? Bei Systemabstürzen besteht dann das Risiko, dass Inkonsistenzen zwischen dem persistenten Speichermedium und dem (vor einem Absturz noch nicht gesicherten) Cache auftreten.
- Wie groß dimensionieren Sie den Cache für welche Art von Objekten?

7.1.6 Weiterführende Literatur

[Ambler2000] stellt das Design einer Persistenzschicht für relationale DBMS vor und gibt Hinweise zur Implementierung.

[Blaha98] gibt einige Hilfen zur Entscheidung zwischen objektorientierten und relationalen Datenbanksystemen.

[Fowler02] erläutert einige Muster zur Persistenz, unterlegt mit kurzen Codebeispielen.

[Holubek+04] stellt unterschiedliche Persistenzstrategien im Java Umfeld einander gegenüber.

[Keller97] beschreibt Strategien zur Abbildung von Objekten auf Tabellen und diskutiert ausführlich deren Vor- und Nachteile.

[Keller98] stellt den Entwurf von (objektrelationalen) Persistenzschichten in einen größeren Kontext und gibt viele Tipps für das praktische Vorgehen bei Entwurf und Implementierung dieser Komponenten.

7.2 Integration

Integration: Einbindung bestehender Systeme (in einen neuen Kontext). Auch bekannt als: (Legacy) Wrapper, Gateway, Enterprise Application Integration (EAI)

7.2.1 Motivation

Integration von Legacy-Systemen

Legacy

Viele Software-Systeme entstehen in einem Umfeld bestehender Anwendungen und Daten. Insbesondere kommerzielle Informationssysteme werden in der Regel in einem solchen Kontext von Legacy[12]-Systemen entwickelt. Der Entwurf von Software in diesem Umfeld hat dann häufig einen der folgenden Schwerpunkte[13]:

- Erweiterung oder Ergänzung bestehender Software (zur Anpassung existierender Geschäftsprozesse).
- Ablösung von Altsystemen (weil diese nicht mehr wirtschaftlich wartbar oder anpassbar sind).
- Entwicklung neuer Software mit Schnittstellen zu Altsystemen (Eintritt in neue Geschäftsfelder mit Nutzung von Teilen der existierenden Software).
- Bestehende Daten müssen beim Entwurf neuer Systeme berücksichtigt werden.
- Notwendige Kooperation von Altsystemen durch Reorganisation oder Fusion von Unternehmen. In diesem Fall müssen unterschiedliche Systeme kooperieren, die ähnlichen Geschäftsprozessen dienen.

Reorganisation

---

[12] Legacy (englisch): Altlast, Hinterlassenschaft. Hier in der Bedeutung von „Altsystem" zu verstehen.

[13] Achten Sie auch auf Betrieb und Wartung der neuen Systeme. Sie können diese Aufgaben als Architekt zwar zunächst an das Projektmanagement delegieren, aber die technischen Aspekte werden garantiert wieder bei Ihnen landen!

Integration kommerzieller Komponenten

COTS

Das Problem der Integration tritt auch beim Entwurf von Systemen auf, die in hohem Maße auf kommerzielle Komponenten oder Frameworks zurückgreifen. Diese „Fertigprodukte" (*Commercial-Off-The-Shelf*-Komponenten, COTS) können aus unterschiedlichen Bereichen stammen:

- Technische Komponenten, beispielsweise Bausteine grafischer Oberflächen, Persistenz-Frameworks oder Komponenten zur Datenverschlüsselung;
- Fachliche Komponenten, beispielsweise Rechnungswesen, Lager- oder Personalwirtschaft.

Integration bedeutet Wiederverwendung

Die Einbindung bestehender Systeme oder Komponenten bedeutet Wiederverwendung. Wiederverwendung kann in folgenden Aspekten helfen:

- Kosten und Zeit sparen: Wiederverwendete (d.h. zu integrierende) Komponenten müssen nicht neu entworfen, entwickelt und getestet werden.
- Risiko mindern: Neuentwicklung von Komponenten ist grundsätzlich mit Risiken behaftet. Durch den Einsatz bereits bestehender Software können Sie das gesamte Projektrisiko reduzieren.

Schnittstellen und Verantwortlichkeiten sind wichtig

Für die Legacy-Integration, besteht eine wesentliche Herausforderung in der Zuordnung klarer Verantwortlichkeiten und dem Entwurf effektiver Schnittstellen. Bei der Integration von COTS-Komponenten hingegen muss man die darin vorhandenen Verantwortlichkeiten und Schnittstellen verstehen und angemessen einsetzen (weil es in COTS-Komponenten meist nichts mehr zu entwerfen gibt).

Minimal invasiv

Dabei ist es ein wichtiges Entwurfsziel, in bestehende Systeme möglichst *minimal invasiv*[14] einzugreifen. Die Integration sollte aus Gründen der Risiko- und Kostenminimierung möglichst ohne Veränderung oder Anpassung der bestehenden Systeme vorgenommen werden.

> Beachten Sie bei der Integration kommerzieller Frameworks, dass diese häufig signifikante Teile der Software-Architektur fest vorgeben. Das kann in den Fällen hinderlich sein, in denen die Kontrolle des Gesamtsystems nur über das Framework und nicht mehr unter der Verantwortung des „eigentlichen" Systems erfolgen kann (*Don't call us, we call you!*).[15]

[14] Der Begriff stammt ursprünglich aus der Medizin.

[15] Dies ist in der Framework-Gemeinde als „Hollywood-Prinzip" bekannt.

7.2.2 Typische Probleme

Folgende Probleme könnten Ihnen beim Entwurf und bei der Implementierung integrierter Systeme das Leben erschweren:

- Monolithisch implementierte Legacy-Systeme: Es gibt keine (erkennbare) Trennung zwischen Applikationslogik, Datenhaltung und Benutzeroberfläche. Dies tritt oftmals bei sehr alten Mainframe Batch-Programmen auf.

Monolithen

- Technisch optimierte Legacy-Systeme: In längst vergangenen Zeiten wurden Software-Systeme oftmals unter Speicherplatz- oder Performance-Gesichtspunkten optimiert. Solche Optimierungen gingen (und gehen) meist zu Lasten der Wartbarkeit[16] oder Integrierbarkeit.

Optimierung zu Lasten der Wartbarkeit

- Der Quellcode der Systeme liegt nicht mehr vor und ist nicht dokumentiert. Dieses Phänomen geht, streng nach Murphys Regel, häufig mit den beiden vorigen Fällen einher.
- Gerade auf Mainframe-Systemen enthalten die Datenzugriffsprogramme häufig „Plausibilitätsprüfungen“[17]. Diese Prüfungen sind eine Form impliziter Fachlogik. Oft entstehen durch diese Plausibilitäten starke Abhängigkeiten von Komponenten untereinander, die eine Integration der betroffenen Legacy-Systeme erschweren.
- Die Fehler- und Ausnahmebehandlung der Legacy-Systeme basiert häufig auf numerischen Rückgabewerten. Teilweise werden technische und fachliche Fehlersituationen gemeinsam behandelt, was eine aussagekräftige Fehlerbehandlung erschwert.
- Technische Aspekte der Kommunikation zwischen dem neuen System und den Altsystemen, etwa unterschiedliche Protokolle, aufwändige Datenkonvertierung, fehlerträchtiger Datentransport, Fehlerbehandlung oder programmiersprachabhängige Aspekte. Siehe Abschnitt 7.4 (Kommunikation).
- Durch die Integration bestehender Systeme entstehen oftmals (und teilweise ungewollt!) verteilte Systeme. Wenn etwa das neue System als Client/ Server-System auf neuen Hardware- und Betriebssystemen realisiert wird und auf bestehende Mainframe-Anwendungen zugreift, so ist das Gesamtsystem verteilt! Bitte beachten Sie daher den Abschnitt 7.3 (Verteilung)

Ungewollte Verteilung

- Performance: Wenn die Performance bereits existierender Systeme schlecht ist, stellt ihre Integration in ein neues System ein technisches Projektrisiko dar.[18] Siehe dazu auch Abschnitt 7.3 (Verteilung).

---

[16] Können Sie sich noch an die Jahr-2000-Probleme erinnern? Die wurden wesentlich durch technische Optimierungen (2-stellige Jahreszahl) ausgelöst.

[17] Im typischen Mainframe-Jargon oft „Plausis“ genannt.

[18] Oftmals können bestehende Systeme nicht beeinflusst oder optimiert werden, weil etwa der Quellcode nicht vorliegt, die Änderungen mit hohem Risiko verbunden wären, die eingesetzten Rechner voll ausgelastet sind oder ähnliches.

- Sicherheit der integrierten Systeme. Insbesondere Mainframe-basierte Legacy-Anwendungen arbeiten mit völlig anderen Sicherheitsmechanismen als das moderne Client/Server-Systeme tun. Hierdurch entstehen Risiken.
- Software-Entwickler haben manchmal die negative Eigenschaft, eigenen Code gegenüber wiederverwendetem zu bevorzugen (und damit auf mögliche Vorteile integrierter Systeme zu verzichten).
- Durch unterschiedlich geprägte Entwicklungsteams (beispielsweise Cobol-Mainframe- und Java-Client-Entwickler) kann es zu gravierenden Kommunikationsproblemen kommen, weil den Teams eine gemeinsame „Sprache" fehlt.

7.2.3 Lösungskonzepte

Integration kann auf gänzlich verschiedenen Wegen erfolgen (nach [Hohpe+03]):

- Dateitransfer: Eine Applikation schreibt in eine Datei, die eine andere Applikation zu einem späteren Zeitpunkt lesen kann.
- Gemeinsame Datenbank (*Shared Database*): Mehrere Systeme verwenden eine gemeinsame Datenbank.
- Funktions- oder Methodenaufrufe (Synchrone Applikationsintegration, *Remote Procedure Call*, RPC): Ein System stellt nach außen aufrufbare Funktionen oder Methoden bereit, die über so genannte Remote Procedure Calls synchron aufgerufen werden können.
- Asynchrone Kopplung (Messaging): Ein System schickt eine Nachricht an einen gemeinsamen oder öffentlichen Nachrichtenkanal. Andere Anwendungen können diese Nachricht von diesem Kanal zu einem späteren Zeitpunkt lesen.

Dateitransfer

Dateitransfer ist die wohl einfachste Art der Integration, unabhängig von Architekturen, Programmiersprachen oder Betriebssystemen der beteiligten Systeme. Beide Systeme müssen sich auf ein gemeinsames Dateiformat, Dateipfad und -namen sowie organisatorische Details (Wann und wohin wird die Datei geschrieben, wann wird sie von wem wieder gelöscht?) einigen.

Dem Vorteil der Einfachheit und universellen Verfügbarkeit von Dateien stehen einige Nachteile gegenüber:

- Oftmals hoher Aufwand zur Konvertierung des gemeinsamen Dateiformats in das jeweils benötigte Format. XML-basierte Formate bieten sich heute als Austauschformat an, können allerdings von vielen Mainframe-Anwendungen nicht problemlos geschrieben oder gelesen werden.
- Geringe Performance von Dateioperationen.

- Sicherheitsmechanismen gelten lediglich für die gesamte Datei, es gibt keine feingranulare Zugriffskontrolle auf einzelne Teile. Das Zielsystem kann die Authentizität der Daten nicht ohne Weiteres sicherstellen.
- Das Quellsystem hat keine Information darüber, ob, wann und mit welchem Ergebnis das Zielsystem die Datei verarbeitet hat.

Gemeinsame Datenbank

Alle beteiligten Systeme müssen sich auf eine gemeinsame Datenbank mit einem einheitlichen Schema einigen. Hinsichtlich Performance, Zeitnähe von Updates, Konsistenz und Sicherheit ist diese Lösung deutlich leistungsfähiger als der Dateitransfer. Durch leistungsfähige Datenbanksysteme ist die Nutzung dieses Konzeptes aus unterschiedlichen Programmiersprachen und Betriebssystemen (fast) problemlos möglich. Doch auch dieser Ansatz kann einige Nachteile besitzen:

- In der Praxis ist es manchmal (überraschend) schwierig, ein für mehrere beteiligte Systeme geeignetes Datenbankschema zu entwerfen.
- Martin Fowler gibt in [Hohpe+03] zu bedenken, dass insbesondere die Integration von Standardprodukten in dieses Lösungskonzept schwierig ist, weil solche Produkte in der Regel mit unveränderlichen Datenbankschemata geliefert werden.
- Falls viele beteiligte Systeme parallel die gemeinsame Datenbank lesen und schreiben, kann diese zum Engpass hinsichtlich Performance werden. Die Ansätze der verteilten-und-replizierten Datenbanken birgt organisatorische und technische Risiken.
- Enge Kopplung zwischen den beteiligten Systemen: Änderungen an den grundlegenden Datenstrukturen bedingen Änderungen an allen beteiligten Anwendungen.

Remote Procedure Call

Falls Sie Systeme über Funktionen anstatt über deren Daten integrieren möchten, stehen Ihnen die *Remote Procedure Calls* als Lösungsansatz zur Verfügung. Konzeptionell bedeutet RPC den Aufruf einer Funktion auf einem (möglicherweise entfernt, das heißt in einem anderen Prozessraum) ablaufenden Programm. Abbildung 7.11 zeigt das Vorgehen schematisch. Dort finden Sie zwei zentrale Begriffe, Stubs und Skeletons: Diese Komponenten wickeln für die beteiligten Systeme die Kommunikation mit dem entfernten Partnersystem ab.

Jedes beteiligte System verantwortet seine Daten selbst, was eine gute Kapselung bedeutet.

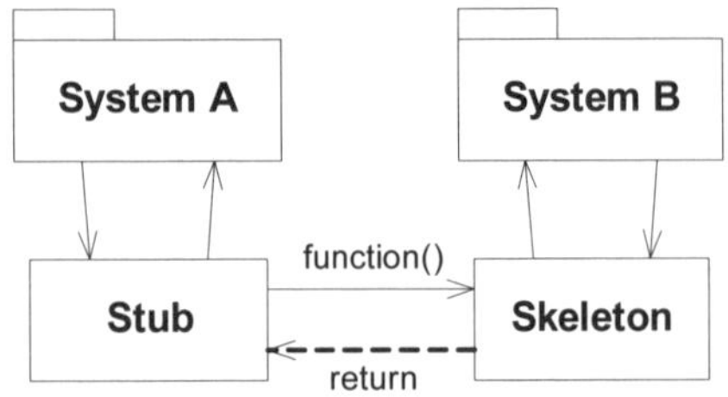

Abbildung 7.11: Schematische Darstellung von Remote Procedure Calls

Dieses Konzept wird durch Technologien wie CORBA (siehe unten), COM, .NET-Remoting, Java-RMI und SOAP umgesetzt. Es besticht durch hohe Flexibilität und direkte Wiederverwendbarkeit bestehender Systeme. RPCs sind die Grundlage von Client/Server-Systemen. In den folgenden Abschnitten finden Sie weitere Muster und Hinweise zur Integration über RPC.

Zu den möglichen Nachteilen von *Remote Procedure Calls* gehören folgende:

- Entfernte Funktionsaufrufe sind in Bezug auf Zeit- und Ressourcenbedarf um mehrere Größenordnungen teurer als lokale Aufrufe. In der Praxis führt das teilweise zu gravierenden Performanceproblemen.
- Es bedarf einer komplexen technischen Infrastruktur (Middleware), um entfernte Funktionsaufrufe zu ermöglichen. Technologien wie CORBA und andere sind zwar stabil, performant und in der Praxis bewährt, erhöhen jedoch die Komplexität von Systemen (und Projekten) ganz erheblich.
- Durch die komplexe Hardware- und Software-Infrastruktur von gekoppelten Systemen gefährden viele potenzielle Fehlerquellen den ordnungsgemäßen Gesamtablauf.
- Enge Kopplung zwischen den beteiligten Systemen:
  - Mögliche Blockierung: Wenn das aufgerufene System nicht oder nur sehr langsam antwortet, kann es zu Blockierung im Aufrufer kommen, weil der im Regelfall wartet bis die Antwort vorliegt.
  - Eine Schnittstellenänderung im aufgerufenen System hat möglicherweise Konsequenzen im Aufrufer. Dadurch besteht das Risiko, dass Änderungen nicht-lokale Auswirkungen nach sich ziehen. In der schematischen Abbildung müssen Sie bei Änderungen am System B stets auch System A testen!

CORBA zur Integration

CORBA

Object Request Broker

Das Konzept von CORBA sieht vor, verteilte Dienste über einen Vermittler für beliebige Klienten zugreifbar zu machen. Der Object Request Broker (ORB) stellt das Legacy-System orts- und programmiersprachentransparent für Klienten zur Verfügung.

CORBA bietet sich als Integrationstechnik an. Sie können hier ebenfalls mit Wrappern oder Gateways arbeiten.

Im Falle eines Wrappers benötigen Sie einen Object Request Broker auf der Legacy-Plattform. Die hierfür anfallenden Lizenzkosten können Sie beim Einsatz von Gateways zur Integration sparen.

Messaging

Bei der nachrichtenbasierten Integration, kurz Messaging, senden sich die beteiligten Systeme Datenpakete, die in so genannte Nachrichten verpackt werden. Eine von den Applikationen getrennte Kommunikationssoftware (*Message Oriented Middleware*, MOM) übermittelt die Nachrichten über Kanäle (Channels oder Queues). Kanäle speichern Nachrichten solange, bis sie von den Empfängern verarbeitet wurden.

Nachrichten im Messaging-Konzept bestehen meist aus zwei Teilen:

- Im *Message-Header* befinden sich Meta-Informationen über die Nachricht, etwa der Name von Sender und Empfänger. Message-Header werden meist von der Messaging-Middleware genutzt.
- Im *Message-Body* befinden sich die eigentlichen Nutzdaten. Diese können vom Empfänger beliebig interpretiert werden, als Daten oder auch als Aufforderung, einen bestimmten Funktionsaufruf auszuführen.

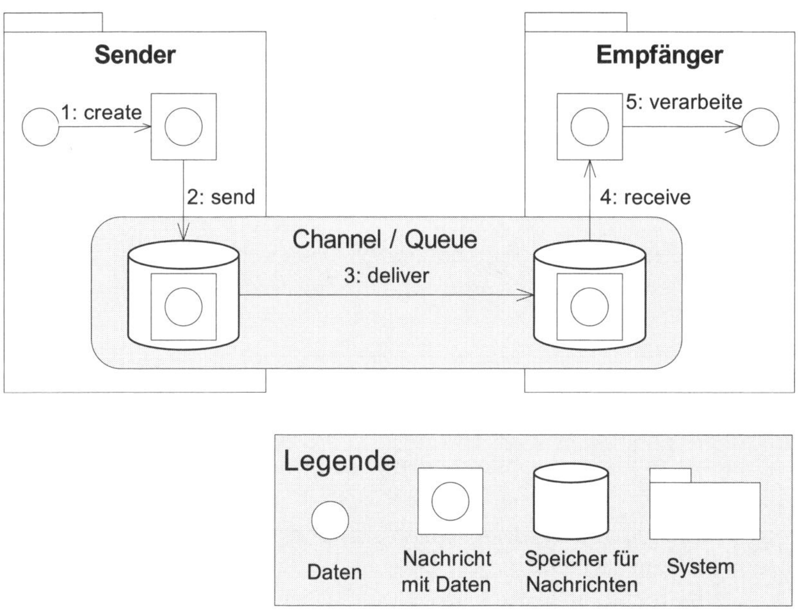

Abbildung 7.12: Schematische Darstellung von Messaging (nach [Hohpe+03])

Abbildung 7.12 zeigt den schematischen Verlauf dieser Kommunikation (Erläuterung in Anlehnung an [Hohpe+03]):

1. *create*: Der Sender erzeugt die Nachricht und füllt sie mit Daten. Falls nötig wird der Nachricht adressiert, d.h. mit einer Empfängeradresse versehen.
2. *send*: Der Sender fügt die Nachricht einem Kanal hinzu und übergibt sie damit der Kontrolle des Messaging-Systems.
3. *deliver*: Das Messaging-System leitet die Nachricht vom Computer des Senders an den des Empfängers weiter und stellt sie dort dem Empfänger zur Verfügung.
4. *receive*: Der Empfänger liest die Nachricht vom Kanal und übernimmt sie damit vom Messaging-System.
5. *verarbeite*: Der Empfänger extrahiert die Daten aus der Nachricht und verarbeitet sie.

In diesem Ablauf erkennen Sie zwei wichtige Konzepte:

- Senden-und-vergessen (*send-and-forget, fire-and-forget*): Dem Sender wird die Zustellung der Nachricht vom Messaging-System garantiert. Er kann die Nachricht nach dem Senden getrost vergessen. Dies ist der wesentliche Unterschied zu synchroner Kommunikation: Der Sender muss nicht auf die Verarbeitung der Nachricht warten!
- Speichern-und-weiterleiten (*store-and-forward*): Wenn der Sender die Nachricht dem Kanal hinzufügt, speichert das Messaging-System diese Nachricht auf dem Computer des Senders. Zu einem geeigneten Zeitpunkt wird sie dann auf den Computer des Empfängers weitergeleitet und dort ebenfalls gespeichert.

Bei Integration durch Messaging müssen sich die Anwendungen auf den Kanal sowie auf das Format der Nachricht einigen. Das Messaging-System übernimmt sämtliche technischen Details der Kommunikation. Es garantiert unverfälschte Übertragung sowie Zustellung der Nachricht. Kommerzielle MOM-Produkte bieten zusätzliche Funktionen, wie etwa Rückruf und Neuordnen von Nachrichten, Vergabe von Prioritäten, Versenden an mehrere Empfänger und weitere.

Die asynchrone Integration durch Messaging besitzt unter anderem folgende Vorteile:

- Kommunikation über Systemgrenzen hinweg, unabhängig von Programmiersprachen und Betriebssystemen (solange auf den beteiligten Systemen das Messaging-System verfügbar ist!).
- Zuverlässigkeit (*guaranteed delivery*) durch das zwischenzeitliche Speichern von Nachrichten.
- Vermeidet Blockierung beim Sender und Überlastung der Empfänger.
- Auch Anwendungen ohne permanente Netzverbindung können durch Messaging integriert werden: Sie übermitteln oder empfangen ihre Nachrichten, wenn sie gerade online sind – in der übrigen Zeit können sie unabhängig von Netzverbindungen arbeiten.

Nun, nach so vielen Vorteilen dürfen Sie mit Recht auch einige Nachteile erwarten:

- Komplexes Programmiermodell. Das konventionelle Modell von Funktions- oder Methodenaufrufen funktioniert für Messaging nicht mehr.
- Das Konzept garantiert keine spezifische Reihenfolge von Nachrichten.
- Falls geschäftliche Anforderungen synchrone oder zumindest kurzfristige Antworten erfordern, können Sie das Konzept nicht ohne Weiteres anwenden. Ihre Kunden wollen beispielsweise eine Preisauskunft sofort haben, und nicht nach einer beliebigen Zeitspanne.
- Abhängigkeit von Messaging-Produkten, neudeutsch *vendor lock-in*.

Viele große Informationssysteme, bei denen Zuverlässigkeit und Entkopplung wichtige Architekturziele sind, basieren auf Messaging. Hierzu gehören beispielsweise die zentralen Buchungssysteme von Banken, Abrechnungssysteme der Telekommunikation sowie große Buchungs- und E-Commerce Systeme.

Ich werde hier nicht weiter auf die Aspekte asynchroner Integrationslösungen eingehen. Eine umfassende und praxisnahe Abhandlung des Themas finden Sie in [Hohpe+03].

7.2.4 Entwurfsmuster zur Integration

Wrapper
Gateway

Integration von Legacy-Systemen können Sie durch *Wrapper* („Verpackung") oder *Gateways* („Zugang") bewerkstelligen. In beiden Fällen betrachten Sie dabei das vorhandene System als eine Black-Box-Komponente innerhalb ihres Entwurfes. Diese Komponente stellt nach außen hin eine Schnittstelle mit den vom Legacy-System bereitgestellten Diensten (Services) bereit. Die konzeptionelle Sicht auf Wrapper und Gateways zeigt Abbildung 7.13.

> Halten Sie sich nicht lange mit der Diskussion auf, ob es einen oder mehrere Wrapper oder Gateways für das Legacy-System geben soll. Entscheiden Sie das nach den Kriterien, nach denen Sie auch Ihr übriges Klassen- oder Komponentendesign durchführen.

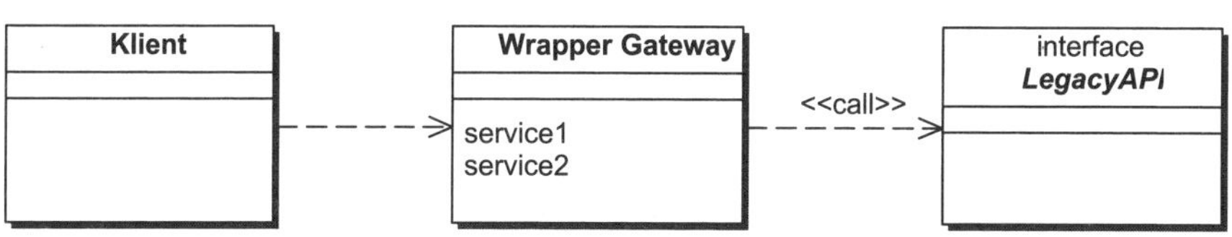

Abbildung 7.13: Logische Sicht: Integration durch Wrapper oder Gateway

Bitte beachten Sie in Abbildung 7.13, dass es sich bei der Beziehung zwischen dem Wrapper oder Gateway und der Legacy-API um einen Funktions- oder Methodenaufruf handelt und nicht um Vererbung. Der Wrapper ruft das Legacy-System auf und kümmert sich um sämtliche technischen Belange, die dabei auftreten können: Protokoll-, Zeichensatz und Datenkonvertierung, Fehler- und Ausnahmebehandlung, Behandlung von Ein- und Ausgabeparametern und so weiter. Eine Übersicht über diese technischen Aspekte des Wrappings finden Sie in Abschnitt 7.3 (Verteilung).

Wrapper oder Gateway?

Konzeptionell können Sie beim Entwurf von Systemen Wrapper oder Gateway als identisch ansehen. Aus der Implementierungssicht hingegen unterscheiden sie sich:

- Ein Wrapper wird auf der (Hardware-, Software-, Betriebssystem-) Plattform (und damit meist auch der Programmiersprache) des zu integrierenden Legacy-Systems entwickelt.
- Ein Gateway wird auf einer anderen Plattform implementiert und betrieben.

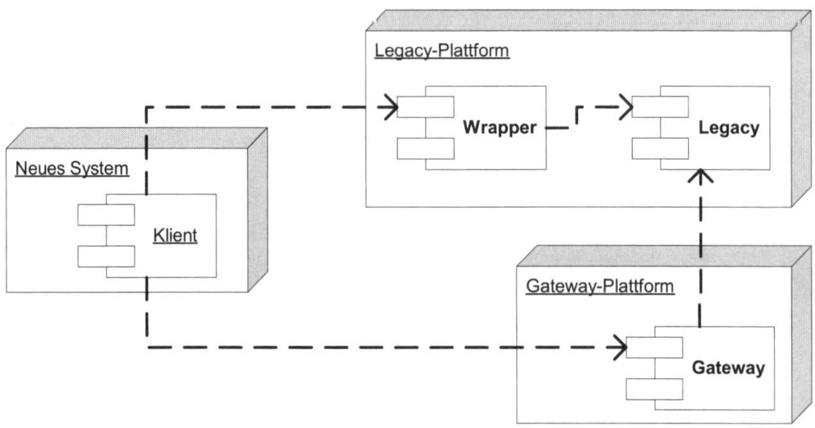

Abbildung 7.14: Eine Implementierungssicht: Wrapper und Gateway

Abbildung 7.14 zeigt eine Implementierungssicht auf Wrapper und Gateway. Sie verdeutlicht, dass ein Gateway auf einer beliebigen Plattform ablaufen kann, der Wrapper hingegen nur gemeinsam mit dem zu integrierenden System.

Nachfolgend finden Sie einige Kriterien für die Entscheidung zwischen Wrapper oder Gateway:

- Integrieren Sie über Wrapper, wenn auf der Legacy-Plattform auch in Zukunft noch weitere Systeme entwickelt werden.
- Benutzern Sie Gateways, wenn:
  - Sie auf der Legacy-Plattform minimal invasiv vorgehen wollen oder dort keine neuen Komponenten entwickelt werden sollen;
  - die Legacy-Plattform aus Performance- oder Lastgründen keine zusätzliche Last (wie etwa den Wrapper) verträgt;

- nur wenig Know-how über die Legacy-Plattform verfügbar ist (was damit die Entwicklung des Wrappers riskant machen würde);
- Sie die technischen Details der Kommunikation mit der Legacy-Plattform zentral (im Gateway) kapseln möchten. Dieser Fall tritt ein, wenn unterschiedliche Typen von Klienten mit dem Legacy-System kommunizieren möchten oder die Legacy-Plattform das auf den Klienten eingesetzte Protokoll nicht unterstützt (Beispiel: LU6.2 auf der Legacy-Plattform und TCP/IP auf Klienten);
- die Gateway-Plattform speziell für die Entwicklung oder den Betrieb verteilter Systeme ausgelegt oder konzipiert wurde.

Wichtige Entwurfsmuster für Integration

Wenn Sie als Architekt häufig mit Integration zu tun haben, sollten Sie den Abschnitt über Entwurfsmuster in Kapitel 5 gründlich lesen.[19] Folgende Entwurfsmuster gehören bei der Integration zum wichtigen Entwurfswerkzeug:[20]

- Adapter: Passt die Schnittstelle einer Komponente an eine von ihren Klienten erwartete Schnittstelle an. Lässt ansonsten inkompatible Komponenten zusammenarbeiten.
- Brücke: Entkoppelt eine Abstraktion von ihrer Implementierung.
- Fassade: Eine einheitliche Schnittstelle zu einer Menge von Schnittstellen eines Subsystems.
- Proxy: Ein vorgelagertes Stellvertreterobjekt.
- Vermittler (Mediator): Definiert ein Objekt, welches das Zusammenspiel mehrerer anderer Objekte in sich kapselt.

7.2.5 Konsequenzen und Risiken

Integration oder Migration?

In manchen Fällen dient die Integration in Wirklichkeit der Ablösung eines Altsystems. Das neue System basiert in diesem Fall auf einer neuen technischen Basis, geht in seiner Funktion aber nicht über das alte System hinaus. In diesem Falle sollten Sie prüfen, ob Sie anstelle der Integration eine (schrittweise) Migration vornehmen. Ein Leitsatz lautet: *Keep the data – toss the code*. Wenn Ihre Integrationsbemühungen also in Reengineering von Programmcode ausarten, sollten Sie ernsthaft darüber nachdenken, ob eine Ablösung durch ein neues System mit einmaliger Datenmigration nicht billiger ist, als

Ablösung von Altsystemen

Keep the data – toss the code

Reengineering

[19] ... und darüber hinaus das Entwurfsmuster-Buch der „Gang-Of-Four“ [Gamma95] zu Ihrem ständigen Begleiter machen.

[20] Alle Kurzfassungen nach [Gamma95].

Migration

den Code eines Altsystems zu restrukturieren. Migrationen kann man dann auch schrittweise vornehmen.

Bei einer schrittweisen Migration erhalten Sie kurzfristige Rückmeldungen über Erfolg, Akzeptanz oder Probleme. Dieses Vorgehen stellt eine spezielle Ausprägung des iterativen Vorgehens dar. Das Projektrisiko sinkt in diesem Fall erheblich. Weitere Informationen zur Migration finden Sie in [Keller2000].

Ist Integration angemessen oder zu riskant?

Integration birgt organisatorische und technische Risiken. Sie müssen diese Risiken gegenüber den erwarteten Vorteilen der Wiederverwendung abwägen. In folgenden Fällen droht besonders hohes Risiko. Sie sollten dann mit Ihren Kunden oder Auftraggebern über Alternativen oder Abhilfen diskutieren.

- Ist der Geschäftswert der existierenden Systeme größer als diese Risiken? Wenn ja, stellt die Integration den geeigneten Weg dar.
- Im Fall besonders alter oder unsauber programmierter Legacy-Anwendungen kann es einfacher und risikoärmer sein, nur die bestehenden Daten zu erhalten und die funktionalen Teile des Systems „zu entsorgen".
- Sie benötigen für ein Integrationsprojekt mindestens einen „Kenner" des zu integrierenden Systems im Team, sowohl der fachlichen als auch der technischen Aspekte! Falls Ihnen diese Ressource oder dieses Wissen nicht zur Verfügung steht, ist ein Scheitern der Integration wahrscheinlich!
- Falls das bestehende System auf Techniken basiert, die im aktuellen Projekt nicht eingesetzt werden (Programmiersprache, Betriebssystem, Datenbank, Transaktionsmonitor oder ähnliches), benötigen Sie auch zu diesen Themen Know-how.

So offensichtlich die beiden letzten Forderungen auch klingen, so häufig werden sie in der Praxis missachtet. Der Grund ist oftmals, dass die Kenner der alten Systeme mit deren Betrieb und Pflege bereits mehr als vollständig ausgelastet sind. Die für eine Integration so wichtigen Experten haben dann schlichtweg keine Zeit für andere Projekte.

- Gibt es in Ihrer Organisation Erfahrung mit dem Wrapping von Systemen? Sind entsprechende Werkzeuge vorhanden oder müssen sie gekauft oder entwickelt werden?
- Sind die vorhandenen Systeme stabil oder befinden sie sich in der Entwicklung? Auch in diesem Fall kann das Risiko einer Integration deren Geschäftswert möglicherweise übersteigen. Eine Lösung besteht darin, gemeinsam mit Auftraggebern und Projektleitung ein iteratives Vorgehen zu definieren, bei dem die Schnittstellen während der einzelnen Iterationsphasen garantiert stabil bleiben.

Problemfall: Transaktionen

Als problematisch bei der Integration bestehender Systeme erweist sich manchmal die Implementierung systemübergreifender Transaktionen.

Falls das alte und das neue System ihre jeweiligen Transaktionen mit unterschiedlichen Transaktionsmonitoren realisieren, müssen Sie als Architekt deren Zusammenarbeit sicherstellen, etwa über einen funktionalen Prototypen.

Eine mögliche Vereinfachung besteht darin, echte (Datenbank-)Transaktionen jeweils auf ein System zu beschränken.

Datenschutz und Systemverfügbarkeit

Eine Kette ist so stark wie das schwächste Glied. Diese Regel gilt auch für integrierte Systeme. Sie werden das merken, wenn Sie als Architekt eines integrierten Systems eine bestimmte Systemeigenschaft garantieren müssen. Häufig übergreifende Anforderungen sind etwa:

- Verfügbarkeit des Gesamtsystems, Wiederanlaufzeit, erlaubte Wartungszeiten;
- Einhaltung von gesetzlichen Bestimmungen (etwa: Datenschutzgesetz);
- Einhaltung allgemeiner Service Level Agreements.

Solche Garantien fallen schwer, wenn Sie als Architekt die entsprechenden Eigenschaften der integrierten (Legacy-) Systeme nicht entsprechend beurteilen oder überprüfen können. Unser Ratschlag:

Prüfen Sie, ob und welche Anforderungen hinsichtlich Verfügbarkeit, Wiederanlaufzeit, maximaler Ausfallzeit und Datenschutz bestehen. Prüfen Sie die zu integrierenden Systeme hinsichtlich dieser Anforderungen.

7.2.6 Zusammenhang mit anderen Aspekten

Kommunikation und Verteilung

Kommunikation und Verteilung sind mit der Integration eng verwandt. Kommunikation stellt die technischen Grundlagen zur Integration bereit. Verteilung ist das Gegenstück zur Integration. Gerade die (möglichen) Probleme bei der Verteilung von Komponenten gelten auch für die Integration. Siehe Abschnitt 7.3 (Verteilung) und Abschnitt 7.4 (Kommunikation).

Sicherheit

Bei Legacy-Systemen auf Basis von Mainframes kommen häufig Sicherheitsmechanismen und entsprechende Produkte zum Einsatz, die auf anderen Plattformen nicht verfügbar sind. Beachten Sie beispielsweise folgenden Aspekt:

Die Benutzerverwaltung auf Mainframe-Systemen unterscheidet sich manchmal von der im Client/Server-Bereich. Wenn Sie unterschiedliche Mainframe-Systeme integrieren müssen, kann es an dieser Stelle zu Problemen kommen. Nehmen Sie diesen Aspekt als Einfluss- oder Risikofaktor in Ihre Planung auf!

Technische Benutzer

Es kann hilfreich sein, so genannte „technische Benutzer" einzuführen. Das sind Benutzerkennungen, denen keine reale Person entspricht und deren Kennwörter nicht ablaufen. Diese technischen Benutzer können nützlich sein, wenn Teile Ihrer Anwendungen auch ohne angemeldete Benutzer aktiv sein müssen.

> *Beispiel*: Für das Call-Center einer Versicherung wurde eine dezentrale Anwendung entworfen, die eine Mainframe-basierte Adressverwaltung integrierte. Einige Basisdienste, beispielsweise die Prüfung von Postleitzahlen, sollten als Systemdienste unabhängig von einzelnen Benutzern betrieben werden. Der Mainframe beharrte jedoch darauf, die Liste der gültigen Postleitzahlen nur nach erfolgreicher Benutzerautorisierung „herauszugeben".
>
> Zur Abhilfe wurde ein technischer Benutzer eingeführt, der den Start sämtlicher Basisdienste ermöglichte.

Administration

Die Administration integrierter Systeme wirft eine Reihe von Problemen auf:

- Überwachung: Die Überwachung hinsichtlich Betriebsbereitschaft kann auf verteilten Systemen komplex sein. Es gibt entsprechende Werkzeuge zur Systemverwaltung, die hier unterstützen.
- Systemstart: Der Start („das Hochfahren") eines verteilten Systems kann bestimmte Konstellationen der beteiligten Komponenten erfordern. Klären (und dokumentieren!) Sie exakt, welche Schritte zum Start des Gesamtsystems erforderlich sind (und in welchen Zuständen sich alle beteiligten Subsysteme befinden müssen).
- Einhaltung von Service Level Agreements: Wie bereits oben erwähnt, stellen „garantierte" Eigenschaften des Gesamtsystems (etwa: Verfügbarkeit und Datenschutz) Probleme dar. Für die Administration integrierter Systeme ergibt sich die zusätzliche Schwierigkeit, die Einhaltung allgemeiner Service Level Agreements *nachzuweisen*. Stellen Sie sich beispielsweise vor, mehrere beteiligte Subsysteme schreiben jeweils ihre eigenen (und proprietären) Protokolldateien (Logfiles).

7.2.7 Weiterführende Literatur

[Asman2000] diskutiert die Frage, ob und wie Wrapping in einer Organisation etabliert werden kann. Weiterhin stellt er das Konzept der Single- und Multiple-Wrapper vor.

[Brodie95] gibt den (guten) Ratschlag: „*Keep the data, toss the code.*“

[Flint97] beschreibt Wrapping von Cobol-Anwendungen im Kontext objektorientierter Systeme. Er stellt drei Arten von Wrappern vor: objektorientierte, funktionale und kombinierte.

[Hohpe+03] enthält über 60 verschiedene Muster zu Entwurf und Implementierung (asynchroner) Integrationslösungen, so genannter Messaging Solutions. Die Autoren führen sehr verständlich in die vielfältigen Aspekte von Integrationslösungen ein und behandeln sowohl Grundlagen als auch (sehr) fortgeschrittene Themen.

[Keller02] diskutiert Enterprise Application Integration (EAI) von einem sehr praktischen Standpunkt aus. Falls EAI in Ihrer Organisation ein Thema ist, sollten Sie dieses Buch einerseits selbst lesen und andererseits den verantwortlichen Managern schenken.

[Pritchard99] enthält einen ausführlichen Vergleich von Wrapper- und Gateway-Ansätzen. Ebenfalls ein hervorragender und gründlicher Einstieg in die Entwicklung mit CORBA.

7.3 Verteilung

Verteilung: Entwurf von Software-Systemen, deren Bestandteile auf unterschiedlichen und eventuell physikalisch getrennten Rechnersystemen ablaufen.

7.3.1 Motivation

- Bei Client/Server-Systemen arbeiten Clients und Server in Form eines verteilten Systems zusammen.
- Verteilung von Komponenten kann nützlich sein, wenn diese Komponenten spezielle Eigenschaften der zugrunde liegenden entfernten Hard- oder Softwareplattform ausnutzen.
- Verteilte Systeme können durch Integration bestehender (Legacy-)Systeme in neue Software entstehen. Befinden sich das neue System und das bestehende System auf unterschiedlichen Hardware-Plattformen, so liegt eine Form der Verteilung vor.

- Der Wunsch nach hoher Ausfallsicherheit oder dynamische Lastverteilung auf mehrere getrennte Systeme kann die Verteilung von Software-Komponenten bedeuten.

7.3.2 Typische Probleme

Folgende typische Probleme treten bei verteilten Systemen auf:

Remote-Aufrufe sind teuer

- Entfernte Methoden- oder Funktionsaufrufe erfordern erheblich höheren Overhead als lokale Aufrufe.
- Komplexe Basismechanismen verteilter Objekte: Ein verteiltes System muss eine Reihe von Basismechanismen zur Bearbeitung „entfernter" Objekte bereitstellen. Dazu gehören:
  - Objekterzeugung und Objektzerstörung.
  - Lokalisieren (Suchen, Finden, Identifizieren) entfernter Objekte, etwa über einen Namensdienst.
  - Aufruf entfernter Objekte (Methoden, Prozeduren).
  - Behandlung von Objektreferenzen (*object handles, object references*).
  - Verteilte Garbage-Collection.

  Diese Mechanismen sollten im Idealfall auch über Programmiersprachengrenzen hinweg funktionieren.
- Datenkonvertierung und -transport: Ein verteiltes System muss die Integrität von Objekten über Komponentengrenzen hinweg sicherstellen. Das Marshalling verpackt Daten zum Transport über „den Draht", ein korrespondierendes Unmarshalling entpackt die übertragenen Daten wieder. Hierzu gehören Konvertierungen von Zeichensätzen (EBCDIC, ASCII, UniCode), Datentypen und Protokollen.
- Fehlerbehandlung über Systemgrenzen hinweg sowie die Differenzierung zwischen fachlichen Fehlern und (technischen) Kommunikationsfehlern.

7.3.3 Lösungskonzept

Techniken für Verteilung

Bekannte Verteilungstechniken sind folgende:

CORBA

- Der offene Standard CORBA, entwickelt und standardisiert durch die Object Management Group.[21] CORBA-Objekte sind in hohem Maße unabhängig von Programmiersprache, Betriebssystem und Ablaufumgebung. Es gibt sowohl kommerzielle als auch frei verfügbare Implementierung von CORBA. Der Standard definiert viele wichtige Dienste wie Naming, Persistence, Transaction, Messaging und andere.

[21] www.omg.org

- COM,[22] bekannt und verbreitet hauptsächlich in Windows™-Umgebungen. Eingeschränkte Verfügbarkeit auf anderen Betriebssystemen. COM
- Enterprise Java Beans (EJB), jedoch nur im Java-Umfeld. EJB
- CICS und MQ-Series,[23] beide im kommerziellen Umfeld. CICS /MQ-Series
- Web-Services auf Basis des „*Simple Object Access Protocol*" (SOAP)[24]. SOAP

Ich rechne auch andere kommerzielle Middleware-Produkte zu den Techniken, die Verteilung ermöglichen. Hierzu gehören beispielsweise Transaktionsmonitore, die verteilte Verarbeitung ermöglichen sowie das weite Feld der EAI-Werkzeuge (*Enterprise Application Integration*).

Beschreibung von Schnittstellen

Ein wichtiges Hilfsmittel für alle Aspekte der Verteilung ist die exakte Beschreibung der Schnittstellen zwischen den Komponenten. CORBA und COM enthalten dafür jeweils eigene Beschreibungssprachen (*interface definition languages*). CORBA-IDL habe ich in Kapitel 4 bereits vorgestellt.

Tipps zur Verteilung (Verteilen – aber richtig!)

Vermeiden?

- Können Sie Verteilung vermeiden, indem Sie sich auf eine einzelne Plattform beschränken? Das senkt das Entwicklungsrisiko und vereinfacht den Betrieb des Systems. Verteilung heißt immer höhere Komplexität und mehr Fehlerquellen.
- Verteilen Sie so, dass Verarbeitungsprozesse „nahe" bei den betroffenen Daten ablaufen. Das kann Netzverkehr reduzieren und Performance verbessern.

Stabile Schnittstellen

- Entwerfen Sie möglichst stabile Schnittstellen. Aufgrund der Abhängigkeiten zwischen Client und Server ist dieser Aspekt wichtiger als bei nicht-verteilten Systemen.

Reduktion des Datenvolumens

Transfer objects

- Reduzieren Sie die Menge der zu übertragenden Daten. Versuchen Sie auf die Übertragung komplexer Objektstrukturen zu verzichten. Führen Sie stattdessen möglichst schlanke „*transfer objects*"[25] ein. Solche Transfer-Objects repräsentieren einen Extrakt aus einem Objekt (oder einer Objektstruktur). Mit ihrer Hilfe reduzieren Sie die Anzahl von entfernten Funktions- oder Methodenaufrufen.

---

[22] Die Bezeichnung COM subsumiert hier COM, COM+ und DCOM.

[23] CICS und MQ-Series sind Produkte (und Warenzeichen) der Firma IBM.

[24] Details zu SOAP und Web-Services finden Sie unter www.w3.org/TR/SOAP.

[25] Details dazu unter: http://java.sun.com/j2ee/blueprints/design_patterns/value_object/. Manche nennen sie *value objects*, obwohl sie ausschließlich zum Datentransfer verwendet werden.

- Fassen Sie zusammengehörige Funktions- oder Methodenaufrufe in Prozessobjekten zusammen. Das ist eine Ausprägung des Fassade-Entwurfsmusters (siehe Kapitel 5).
- Entscheiden Sie sich beim Entwurf eher für höhere Serverbelastung als für höheren Datentransfer. Erstens können Sie mit zusätzlicher Server-Hardware viel erreichen. Zweitens gibt es beim Entwurf und der Implementierung von Server-Programmen mehr Optimierungsmöglichkeiten als beim Datentransfer.
- Berücksichtigen Sie bei Verteilung den Unterschied zwischen Objekten, die es nur einmal gibt (echte Entitäten) und solchen, von denen mehrere Instanzen parallel existieren können (Wert-Objekte). Versuchen Sie, Verteilung von Entitäten zu vermeiden. Wenn Sie Entitäten unbedingt verteilen müssen, so stellen Sie deren Einzigartigkeit sicher. Ansonsten kann es hier zu Inkonsistenzen kommen. Eventuell hilft Ihnen die Differenzierung von Parameterübergabe per Referenz (*call-by-reference*) und per Wert (*call-by-value*).

Call-by-reference

Call-by-value

Erzeugung „on-demand"

- Erzeugen Sie Objekte so spät wie möglich, nämlich erst dann, wenn sie wirklich benötigt werden. Lassen Sie verteilte Komponenten nicht „auf Vorrat" arbeiten. Weichen Sie von dieser Regel nur bei Objekten ab, die das System auf jeden Fall benötigt (etwa: DB-Verbindungen oder ähnliche Hilfsobjekte; Objekte, deren Erzeugung viel Zeit in Anspruch nimmt).

7.3.4 Konsequenzen und Risiken

Verteilung von Komponenten besitzt viele Vorteile hinsichtlich Flexibilität, Skalierbarkeit und Lastbalancierung. Jedoch stehen diesen Vorteilen auch eine Reihe potenzieller Risiken gegenüber:

Potentielle Fehlerquellen

- Der Betrieb verteilter Systeme umfasst mehrere potenzielle Fehlerquellen. Sämtliche Kommunikationskanäle (Netzwerke) müssen für den fehlerfreien Betrieb eines verteilten Systems zur Verfügung stehen. Auch kleine Probleme mit Netzwerken (Aus- oder Überlastung, kurze Aussetzer) können eine Fehlfunktion des Gesamtsystems bewirken.

Schwieriger Test

- Entwicklung und Test verteilter Systeme sind schwieriger als bei zentralen Systemen. Stellen Sie sicher, dass Ihre Entwicklungsumgebung beispielsweise über Mechanismen zum Remote-Debugging verfügen. Fügen Sie Komponenten zur Fehler- und Ausnahmebehandlung ein, die auch Kommunikations- oder Verfügbarkeitsprobleme behandeln.
- Ungünstige Verteilung von Komponenten kann aufgrund extensiver Kommunikation der Komponenten untereinander zu Performance-Problemen führen. Dazu habe ich weiter vorne einige Ratschläge gegeben!

- Verteilte Client/Server-Systeme benötigen manchmal einen komplexen Prozess der Software-Verteilung, -Installation und Versionsverwaltung.

Verteilung
Installation
Versionsverwaltung

- Ein Ratschlag an Projektleiter: Versuchen Sie, das gesamte System soweit wie möglich ohne Verteilung zu implementieren und zu testen. Verteilen Sie die Komponenten erst für die letzte Testphase und den Betrieb.

7.3.5 Zusammenhang mit anderen Aspekten

Verteilung, Integration und Kommunikation hängen eng miteinander zusammen. Siehe daher auch die Abschnitt 7.2 und 7.4.

7.3.6 Weiterführende Literatur

Die OMG bietet auf ihrer Website, www.omg.org, detaillierte Informationen zu CORBA.

[Pritchard99] bietet einen detaillierten und neutralen Vergleich von COM und CORBA mit vielen Beispielen.

[Schmidt2001] enthält weitere Entwurfsmuster, mit deren Hilfe Sie Kommunikation zwischen verteilten Komponenten optimieren können.

7.4 Kommunikation

Kommunikation: Übertragung von Daten zwischen System-Komponenten. Bezieht sich auf Kommunikation innerhalb eines Prozesses oder Adressraumes, zwischen unterschiedlichen Prozessen oder auch zwischen unterschiedlichen Rechnersystemen.

Ziel dieses Abschnitts ist es, einige für den Entwurf von Systemen wichtige Grundbegriffe der Kommunikation vorzustellen. Ich habe mögliche Lösungskonzepte in die Vorstellung der Begriffe und Konzepte eingearbeitet.

Die Aspekte der physikalischen Übertragung kommen hier nicht zur Sprache. Sie finden viele Grundlagen der Datenkommunikation beispielsweise in [Tanenbaum89].

7.4.1 Motivation

Beim Entwurf verteilter oder integrierter Systeme (siehe Abschnitte 7.2 Integration oder 7.3 Verteilung) müssen Komponenten miteinander kommunizieren. Eine solche Kommunikation kann im einfachen Fall aus dem Austausch von Daten oder Dateien bestehen (*file transfer*), es kann sich aber auch um den Aufruf von entfernten Funktionen, Methoden oder Programmen handeln (*remote procedure call*).

Eine physikalische Verbindung zweier Rechnersysteme allein genügt noch nicht, um diese Aufgaben zu erfüllen.

7.4.2 Entscheidungsalternativen

Es gibt eine ganze Reihe von Entscheidungen, die Sie hinsichtlich der Kommunikation zwischen Komponenten treffen können (und müssen):

- Findet Kommunikation synchron oder asynchron statt?
- In welchem Stil kommunizieren Komponenten miteinander? Mögliche Varianten sind: Remote Procedure Call, Publish/Subscribe oder Broadcast.
- Kommunizieren die beteiligten Komponenten direkt oder indirekt (über Gateways, Broker oder andere Middleware) miteinander?
- Welche Protokolle (etwa: TCP/IP, HTTP, IIOP, SOAP) kommen zum Einsatz?
- Wie werden unterschiedliche technische Gegebenheiten der beteiligten Kommunikationspartner (etwa: Zeichensatz, Zahlendarstellung, Wortgröße) behandelt?

7.4.3 Grundbegriffe der Kommunikation

Ich beschreibe Ihnen in diesem Abschnitt die architekturrelevanten Fragen und Aspekte der Kommunikation. Der Fokus liegt dabei auf den Anforderungen kommerzieller Systeme.

Falls Sie sich mit dem Entwurf von Echtzeitsystemen oder eingebetteten Systemen beschäftigen, werden Sie sicherlich noch zusätzliche Informationen benötigen. Eine gute und aktuelle Quelle dafür ist [b-agile2002a].

Synchron und asynchron

Synchron

Bei der synchronen Kommunikation wartet (blockiert) der Aufrufer, bis die aufgerufene Komponente ein Ergebnis (oder eine Statusinformation) zurückliefert. Synchrone Kommunikation ist der Normalfall bei der Softwareentwicklung. Alle gängigen Programmiersprachen nutzen fast ausschließlich synchrone Mechanismen zur Kommunikation von Programmkonstrukten untereinander.

Asynchron

Asynchrone Kommunikation hingegen basiert auf dem Prinzip „versenden und vergessen". Eine Nachricht wird verschickt, aber der Aufrufer arbeitet sofort weiter, ohne auf ein Ergebnis oder eine Zustandsinformation zu warten (Einweg-Kommunikation[26]). Ein bekanntes Beispiel asynchroner Kommunikation ist elektronische Post.

Asynchrone Kommunikation besitzt für Software-Architekturen hohe Bedeutung, weil über Schnittstellen zu externen Systemen häufig asynchron kommuniziert wird.

Erwägen Sie in folgenden Fällen den Einsatz asynchroner Kommunikation:

- Die Verbindung zwischen Client und Server ist nicht permanent. Falls Clients „offline" sind, bleibt nur die asynchrone Kommunikation.
- Die beteiligten Systeme sind nur teilweise oder zu unterschiedlichen Zeiten verfügbar.
- Sie erwarten spezielle Anfragen oder eine hohe Transaktionslast, die Ihre Server aus Performance- oder Verfügbarkeitsgründen nicht synchron verarbeiten können. Beispiel: Datenbankoperationen, deren Laufzeit für Benutzer nicht akzeptabel ist (und deren Resultate sie nicht unbedingt sofort benötigen, etwa Änderungen einer großen Zahl von Datensätzen).
- Das System löst Aktionen aus, die manueller Nacharbeit bedürfen (etwa: Freigaben, Bestätigungen, Korrekturen oder Klassifikationen). Dieser Falltritt häufig bei den Workflow-Systemen auf, siehe Abschnitt 7.9 (Workflow). Konkrete Beispiele aus unseren Projekten sind: Bestätigung von Bestellungen, Kreditfreigaben, Rechnungsprüfung oder Freigaben von Lieferungen.
- Sie wollen Nachrichten über einen Zeitraum sammeln und erst später verarbeiten. Dieses Vorgehen ist nützlich, wenn das System beispielsweise die Reihenfolge oder Priorität von Nachrichten erst nach dem eigentlichen Erzeugen der Nachricht festlegen kann.

Möglichkeiten asynchroner Kommunikation

Die Realisierung asynchroner Kommunikation erfordert in jedem Fall einen Speicher für die zu verarbeitenden Nachrichten. Dieser kann elektronisch sein (etwa Message Queues, Dateien oder E-Mail), aber auch aus Papier bestehen.

Message Queues

Asynchrone Kommunikation kann über Nachrichtenpuffer (*Message Queues, MQ*) ablaufen. Diese Variante ist die Domäne der so genannten „Messaging Systeme", die als flexible Verwalter solcher Nachrichtenpuffer auftreten. Sie können etwa die Übermittlung der Nachricht garantieren (*guaranteed delivery*) und Nachrichten persistent zwischenspeichern, um Systemausfälle zu überbrücken.

[26] Das zugehörige Konstrukt der CORBA *Interface Definition Language* heißt treffend „oneway".

Beispiel: Großunternehmen benutzen für ihre Transaktionen (Buchungen, Bestellungen oder ähnliches) oft Messaging-Systeme und asynchrone Kommunikation. Transaktionen werden über eine bestimmte Periode (etwa: einen Werktag) hinweg gesammelt und zu bestimmten Zeiten von der Warteschlange *en bloc* verarbeitet.[27]

Kommerzielle Messaging-Systeme besitzen noch andere Vorteile. Sie können Nachrichten beispielsweise (im Nachhinein) umsortieren, neu priorisieren, gruppieren oder auf unterschiedliche Zielsysteme verteilen (etwa zur Lastbalancierung).

Andere Varianten asynchroner Kommunikation, etwa Dateien oder E-Mails, sind technisch einfach und weniger aufwändig, hinsichtlich Flexibilität allerdings den Messaging-Systemen unterlegen.

Beachten Sie, dass Kommunikation mit Medienbrüchen ebenfalls asynchron ist.

Kommunikation mit Stil

Remote Procedure Call (RPC)

Remote Procedure Call (RPC) arbeitet genau wie ein lokaler Prozedur- oder Methodenaufruf, die aufgerufene Komponente kann sich jedoch auf einem entfernten Rechnersystem befinden. Der RPC muss einige Schwierigkeiten bewältigen:

- Wie werden entfernte Prozeduren lokalisiert und gestartet? Was geschieht, wenn mehrere Clients gleichzeitig dieselbe Prozedur benötigen?
- Wie werden Parameter zwischen Client und Server ausgetauscht?
- Wie werden Fehlersituationen behandelt? Da Client und Server unabhängig voneinander fehlschlagen können, muss ein RPC-basiertes System alle möglichen Kombinationen von Fehlersituationen behandeln.

Publish-Subscribe

Publish – Subscribe: In diesem Szenario meldet ein Client durch eine Subscription an einer bestimmten Art von Nachrichten sein Interesse an. Ausführlich erläutert finden Sie das Publish-Subscribe-Muster in [Buschmann96]. Client und Server sind in diesem Fall nur lose gekoppelt. Clients müssen von Servern nur die Schnittstelle für Subscribe-Operationen kennen. Der Mechanismus wird im Observer-Entwurfsmuster sowie im Model-View-Controller-Paradigma (siehe Abschnitt 7.6.1) eingesetzt.

Broadcast

Bei *Broadcast*-Kommunikation ist die Kopplung zwischen Client und Server noch lockerer. Server übermitteln Nachrichten ohne Angabe eines konkreten Empfängers oder „an alle“. Verwenden Sie Broadcast in folgenden Fällen:

- Wenn das System prüfen soll, welche Services oder Clients gerade für Anfragen zur Verfügung stehen („Hey, wer kann mir gerade mal helfen?“).
- Wenn das System von verschiedenen Services „Angebote“ einholen soll.

[27] Das kann auch in Batch-Systemen geschehen.

- Wenn Sie dynamische und spontane Interaktion zwischen Komponenten benötigen.
- Wenn das System den Namen des Empfängers nicht kennt.

Direkte und indirekte Kommunikation

Bei der direkten Kommunikation kennt der Client seinen Server. Das bedeutet für den Software-Entwurf eine Abhängigkeit dieser beiden Komponenten voneinander. Schon Änderungen der Server-Adresse ziehen Änderungen an allen beteiligten Clients nach sich.

Bei der indirekten Kommunikation sind Clients von ihren Servern entkoppelt. Services werden über Vermittler[28] aufgerufen. Dadurch wird es möglich, Services flexibler zu betreiben. Eine Änderung am Service bedeutet höchstens eine Änderung beim Vermittler oder Gateway, die beteiligten Clients bleiben unverändert. Wichtige Elemente der indirekten Kommunikation sind Namensdienst (*naming*) sowie Broker, Message-Systeme oder Gateways.

Sie sollten indirekte Kommunikation einsetzen, wenn:

- Kommunikation über System- oder Rechnergrenzen notwendig wird;
- technische Rahmenbedingungen von Clients oder Servern sich häufig ändern (etwa: Standorte, Netzwerkparameter oder Service-Bezeichner);
- an das Gesamtsystem hohe Anforderungen hinsichtlich Flexibilität gestellt werden;
- Abhängigkeiten zwischen Client und Server nicht gewünscht werden.

In Kapitel 5 über Entwurfsprinzipien finden Sie weitere Ratschläge, Abhängigkeiten innerhalb Ihrer Entwürfe zu verringern oder zu vermeiden.

Protokolle

- TCP/IP (*Transmission Control Protocoll/Internet Protocoll*): Das Basisprotokoll im Internet. Es ermöglicht die Kommunikation zwischen jeweils zwei Teilnehmern (*peers*) über die so genannten Sockets. Diese bestehen aus IP-Adresse und einer Portnummer.
- HTTP (*Hyper-Text Transmission Protocoll*), basiert auf TCP/IP. Es ist das Standardprotokoll bei der Kommunikation zwischen Webserver und Browser im Internet. Es ist zustandslos, was bei Internet-basierten Client/Server-Systemen das Problem der Verwaltung des Anwendungszustands aufwirft.[29]

[28] Hierzu gehört jegliche Art von Middleware oder Broker.

[29] In der Praxis häufig durch eindeutige Bezeichner der einzelnen Client/Server Sessions (Session-IDs) gelöst Diese Bezeichner werden bei jeder Kommunikation zwischen Internet-Client und Server übertragen.

- IIOP (*Internet Inter-ORB Protocoll*): Das Standard-Protokoll für die Kommunikation von CORBA-Objekten untereinander. IIOP ermöglicht die Kommunikation auch zwischen Object-Request-Brokern verschiedener Hersteller.
- SOAP (*Simple Object Access Protocoll*): Ein Protokoll, das *Remote Procedure Calls* in XML beschreibt und (meistens via HTTP) überträgt.

Das OSI 7-Schichten Modell

Das Referenzmodell für Datenkommunikation ist das OSI-7-Schichten-Modell, dargestellt in Abbildung 7.15. Parallel dazu zeigt diese Abbildung das TCP/IP-Protokoll in Relation zum OSI-Modell. Es umfasst nahezu[30] die Leistungen der Netzwerk- und Transportschichten des OSI-Modells. Oberhalb von TCP/IP befinden sich die bekannten Protokolle HTTP, FTP und IIOP.

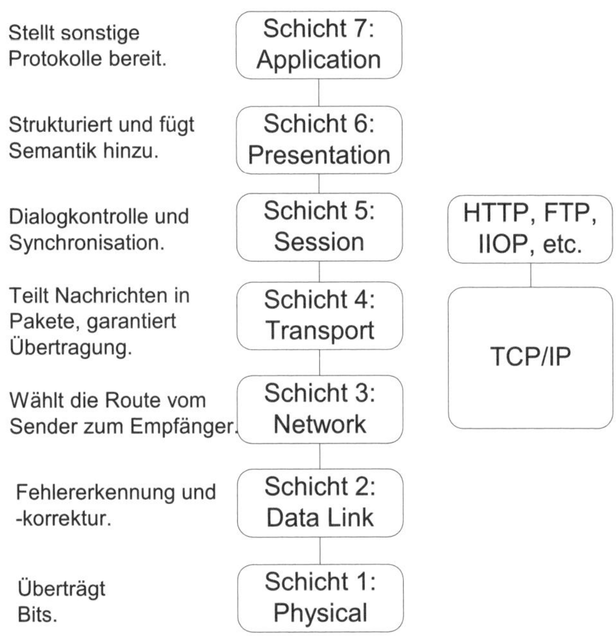

Abbildung 7.15: OSI-Referenzmodell und TCP/IP

Weitere Informationen zum OSI-Modell, zu Protokollstacks und anderen Feinheiten der Kommunikation finden Sie in [Tanenbaum89].

[30] Falls Sie es ganz genau wissen möchten: Der Netzwerk-Guru Andrew Tanenbaum erklärt es in [Tanenbaum89] sehr ausführlich! Für Software-Architekturen sind die Unterschiede nahezu bedeutungslos.

„Beam me up, Scotty"

Heureka, es ist vollbracht! Eines der letzten Geheimnisse unserer Zeit ist gelöst! Entdecker rund um den Globus, im Internet und möglicherweise sogar in einigen obskuren Ecken des Universums gierten seit langer Zeit danach, das Geheimnis eines unscheinbar kurzen Satzes zu ergründen: „Beam me up, Scotty!"

Benutzt in gefährlichen oder hoffnungslosen Situationen, in schweren Krisen oder in ängstlicher Agonie: Dieser Satz aktiviert den berühmten Raumschiff-Enterprise-Beam-Transporter. Die Star Trek Crew benutzte ihn lange Jahre, um Materie oder Leute von Punkt A nach Punkt B zu transportieren, wobei entweder A oder B das Raumschiff Enterprise selbst war.

Über die wahre Natur dieses Beam-Transporters wurde viel spekuliert, aber Tatsachen kamen nicht ans Licht. Die spektakulär simple Antwort wurde von einer Horde Java-Entwickler gefunden, die sich mitten in einem der heute so verbreiteten E-Commerce-Projekte befanden.

Der MAMI (*manager of middleware*) dieses Projektes, früher praktisch nur für ihre Sammlung von Science Fiction Videos bekannt, kam beim Morgenyoga der plötzliche Gedanke „Wir beamen es zum Kunden, statt horrende Transportkosten zu bezahlen." Sie kritzelte diese Idee auf die Rückseite eines gebrauchten Briefumschlags, bevor sie sich ihren wichtigen Administrivia (siehe [DeMarco98]) zuwandte.

Rein zufällig wurde dieser Briefumschlag von einer übereifrigen Java-Entwicklerin aufgefunden, die sich auf dem Schreibtisch von MAMI nach einer sinnvollen Aufgabe umsah. Zu jung, um Spock, Scotty und den Beam-Transporter zu kennen, fing sie kurzerhand an zu programmieren.

Sie nahm die Objekte, die ihr Boss auf dem zerfledderten Umschlag beschrieb und serialisierte sie in einen XML-Wrapper. Dann, in einem dieser seltenen Anflüge schierer Genialität, schickte sie dies als HTTP POST Request über den Draht, wobei sie gleichzeitig das Problem der störenden Firewalls löste (obgleich dies eine stetige Einnahmequelle für ganze Legionen hochbezahlter IT-Berater ist, aber dieser Gedanke kam ihr in diesem Moment nicht!).

Fertig. Sie hatte es geschafft! Der Beam-Transporter war endlich Realität geworden, oder zumindest virtuelle Realität!

Zu schön, um wahr zu sein? SOAP , das „*Simple Object Access Protocoll*", bewegt praktisch beliebige Objekte von Punkt A nach Punkt B – und darum dreht sich beim Beam-Transporter schließlich alles. SOAP mag nicht die perfekte Star-Trek „Beam-me-up"-Lösung sein, aber es ist zumindest ein Schritt in die richtige Richtung: Es erlaubt Prozedur-Aufrufe und Datenaustausch zwischen HTTP-basierten Clients und Servern, getreu dem Prinzip:

„Nimm die am weitesten verbreiteten und effektivsten Techniken (XML and HTTP), um ein Mindestmaß an gemeinsamem Verständnis in der heutigen heterogenen IT-Infrastruktur zu erreichen!"

(Nachdruck der JBiz-Kolumne aus dem JavaSpektrum März 2001, mit freundlicher Genehmigung des SIGS-Datacom Verlags.)

7.4.4 Weiterführende Literatur

[Orfali96] enthält in Kapitel 15 eine ausführliche (und vergleichende) Darstellung von RPC und Messaging-Systemen.

[Tanenbaum89] ist (immer noch) ein Standardwerk für Details zur Datenkommunikation.

7.5 Ergonomie grafischer Oberflächen

von Kerstin Dittert

Grafische Benutzeroberflächen (GUI) bieten im Vergleich zu alphanumerischen Benutzerschnittstellen viele Gestaltungsmöglichkeiten. Dies betrifft sowohl die Arbeitsabläufe als auch die Art der Darstellung.

Wir stellen Ihnen in diesem Abschnitt die wichtigsten Aspekte der Gestaltung von Benutzeroberflächen vor:

- Arbeitsmetaphern veranschaulichen die Struktur von Arbeitsabläufen.
- Interaktionsstile bestimmen die Art der grafischen Darstellung.
- Die Berücksichtigung ergonomischer Aspekte steigert die Effektivität, Effizienz und Akzeptanz Ihres Systems.

7.5.1 Arbeitsmetaphern

Metapher = Analogie

Metaphern bieten uns Bilder aus der wirklichen Welt an, um die Struktur von Arbeitsabläufen und Anwender-Interaktionen zu veranschaulichen. Dabei deckt eine Metapher nicht immer alle Anwendungsfälle eines Systems ab. Das Gesamtsystem stellt eine ausgewogene Mischung einzelner Metaphern dar.

Fabrik-Metapher

Fabrik

In der Fabrik erfolgt ein Arbeitsschritt nach dem anderen. Das Ausgangsprodukt eines Bearbeitungsschrittes wird zum Eingangsprodukt des nächsten Arbeitsschrittes. Die Produktionsbänder einer Fabrik können sich verzweigen und wieder vereinigen. Jedes Produkt folgt jedoch nur einem Weg vom Ausgangsprodukt zum Endprodukt. Auf diesem Weg ist die Reihenfolge der Arbeitsschritte fest vorgegeben.

Häufig gibt es zwischen den einzelnen Schritten eine Qualitätskontrolle, die bisherige Ergebnisse überprüft und fehlerhafte Zwischenergebnisse ablehnt. Sind alle Arbeitsschritte durchlaufen, so liegt ein fertiges Produkt vor.

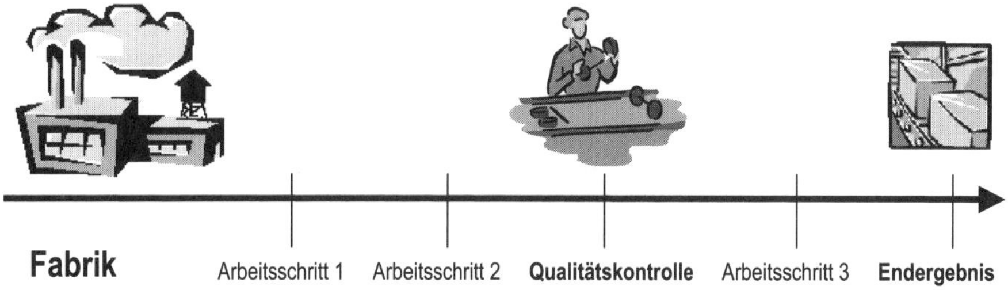

Abbildung 7.16: Fabrik-Metapher

Hoher Durchsatz

Leicht erlernbar

Der Arbeitsablauf folgt starren Regeln. Abkürzungen auf dem Weg zum gewünschten Endprodukt sind in der Regel nicht möglich. Die starre Vorgabe begünstigt eine leichte Erlernbarkeit der Arbeitsschritte und führt zu einem hohen Durchsatz. Die Arbeit des einzelnen Anwenders ist auf effiziente Massenverarbeitung ausgerichtet und in der Regel wenig kreativ. Die Fabrik-Metapher ist passend für Systeme, die

- selten verwendet werden und ihre Nutzer daher an den Arbeitsablauf „erinnern“ müssen;
- von Anwendern benutzt werden, die nur wenig Erfahrung im Umgang mit EDV-Systemen haben;
- Massendaten verarbeiten oder
- einen stark sequenziellen Arbeitslauf haben (etwa Internet-Shop).

Werkzeug-Material-Metapher

Werkzeug-Material

Das Leitbild dieser Metapher ist ein Arbeitsplatz für qualifizierte Tätigkeiten, bei denen der Mensch im Mittelpunkt steht. Das Umfeld setzt die entsprechende Qualifikation zur Bewältigung der Aufgaben voraus. Die Arbeitsumgebung ist auf individuelle Arbeitsschwerpunkte und Erfahrung des Einzelnen hin anpassbar. Die fachlichen Konzepte sind klar erkennbar und unterstützen kreative Arbeit und komplexe Tätigkeiten.

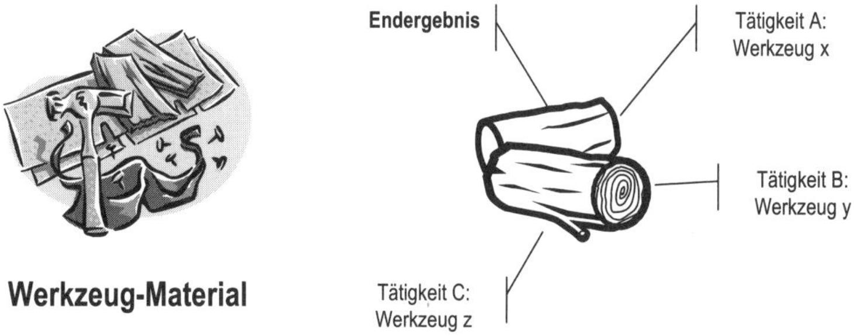

Abbildung 7.17: Werkzeug-Material-Metapher

Der Arbeitsablauf ist wenig strukturiert. Viele Kombinationsmöglichkeiten von Werkzeug und Material sowie eine beliebige Reihenfolge der Arbeitsschritte erlauben unterschiedliche Wege zum Ziel. In der Domäne werden Werkzeuge, Material und der Verwendungszusammenhang unterschieden. Diese entsprechen den Arbeitsmitteln, den Arbeitsgegenständen und den Tätigkeiten. Eine Tätigkeit besteht in der Anwendung eines Werkzeugs auf das zu bearbeitende Material. Die Prüfung der Arbeitsergebnisse kann implizit nach Anwendung eines Arbeitsschrittes erfolgen, oder explizit auf Anforderung des Bearbeiters.

Die Werkzeug-Material-Metapher eignet sich für Anwendungen, die

- unterschiedliche Arbeitsabläufe für gleichartige Aufgaben abbilden;
- kreative Tätigkeiten durch eine Vielzahl von Wahlmöglichkeiten unterstützen (beispielsweise Bildbearbeitung);
- von Experten benutzt werden, die das System entsprechend ihrer individuellen Fähigkeiten optimal nutzen möchten.

Formular-Metapher

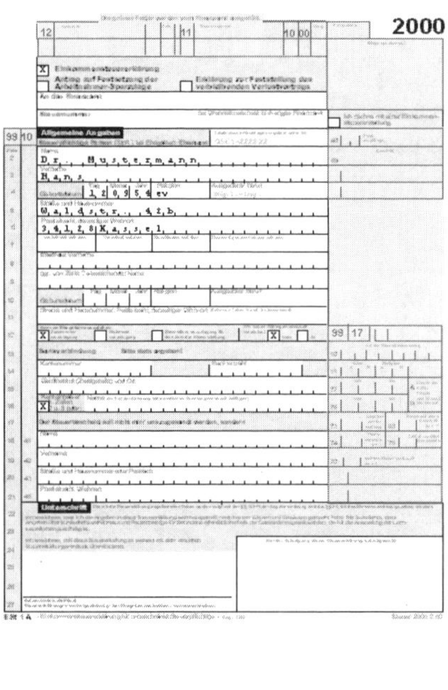
2000
Allgemeine Angaben
Unterschrift

Ein Formular enthält eine Vielzahl von Daten, die in verdichteter Form dargestellt werden. Zum Ausfüllen eines Formulars ist häufig Expertenwissen über verwendete Abkürzungen, Schlüsselbegriffe und die Reihenfolge der Bearbeitung erforderlich. Die Daten werden überwiegend als Text dargestellt.

Beispiele für derartige Formulare sind Versicherungsanträge, Steuererklärungen, Schadensanzeigen etc.

Die Formular-Metapher ist für Anwendungen geeignet, die

- Textdaten zur Erfassung, Bearbeitung und Ansicht bereitstellen;
- auf effiziente Bearbeitung einer Vielzahl von Daten ausgerichtet sind.

Abbildung 7.18: Formular-Metapher

7.5.2 Interaktionsstile

Interaktionsstile strukturieren den Arbeitsablauf im System. Sie geben die Anzahl der Freiheitsgrade vor, mit denen der Benutzer im System navigieren kann und sie beeinflussen die grafische Darstellung der zu bearbeitenden Daten. Einzelne Interaktionsstile korrespondieren mit zugehörigen Arbeitsmetaphern.

Objektorientierter Interaktionsstil

In einer objektorientierten Oberfläche[31] wählt der Anwender zunächst ein Objekt aus und bearbeitet es anschließend.

Die Auswahl der Bearbeitungsschritte erfolgt auch visuell oft nah am Objekt, z.B. mit Hilfe eines Kontext-Menüs. Beispiele für Anwendungen dieses Oberflächen-Typs sind Vektorgrafik-Programme, Textverarbeitungs-Systeme oder digitale Audio-Anwendungen.

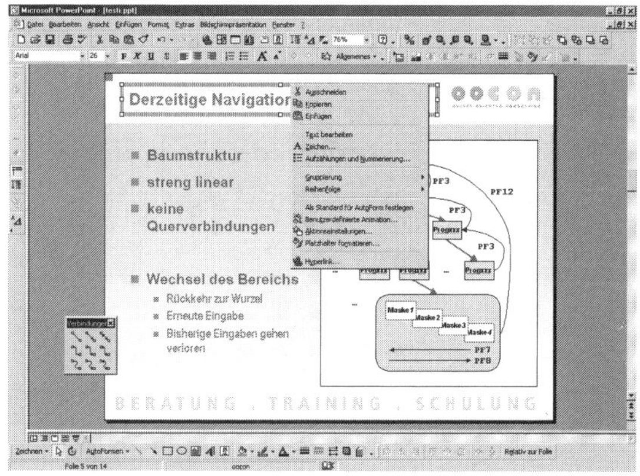

Abbildung 7.19: Objektorientierte GUI

Objektorientierte Oberflächen sind besonders geeignet für Anwendungen mit grafisch repräsentierbaren Daten. Die Arbeitsweise der Programme orientiert sich an der Werkzeug-Material-Metapher.

Frage-Antwort-Interaktionsstil

Das System folgt einem fest vorgegebenen, sequenziellen Arbeitsablauf. Der Benutzer wird durch einfache Eingabe-Masken geführt, die einen Anwendungsfall abbilden.

Diese Arbeitsweise entspricht dem Verhalten von

- Host-Anwendungen:
  Maskeneingabe – Datenfreigabe – Maskenantwort ...
- HTML-Internet-Anwendungen:
  Aufruf einer Seite – Aktion – Antwort.
- Assistenten (Wizards) innerhalb einer Anwendung: Navigation nur mit „Vor“, „Zurück“ und „Abbrechen“ möglich.

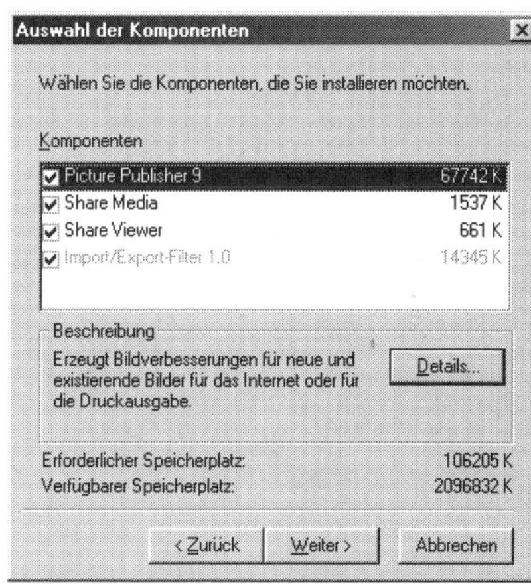

Abbildung 7.20: Frage-Antwort-GUI

Beispiele für derartige Oberflächen sind Internet-Shops oder Assistenten zum Erstellen von Software-Komponenten, die in vielen Software-Entwicklungs-

[31] Das Adjektiv „objektorientiert“ bezieht sich ausschließlich auf die Arbeitsweise der zugehörigen Programme. Es hat nichts mit der ausgewählten Programmiersprache zu tun, die für die Erstellung der Software verwendet wird. Zwar ist es in der Regel einfacher, objektorientierte Benutzeroberflächen mit einer objektorientierten Programmiersprache zu erstellen. Es ist jedoch ebenso mit strukturierten Programmiersprachen wie z.B. „C“ möglich.

umgebungen vorhanden sind. Solche Anwendungsfälle verwenden die Fabrik-Arbeitsmetapher.

Der Einsatz dieses Interaktionsstils ist immer dann vorteilhaft, wenn der Benutzer stark angeleitet werden soll und die Aufgaben formalisiert sind. Im Gegenzug führt eine derartige Benutzerschnittstelle zu einer geringen Flexibilität innerhalb der Anwendung. Das System passt sich der Arbeitsweise der Anwender *nicht* an.

Manchmal zwingen auch die eingeschränkten Ressourcen der Laufzeitumgebung zur Verwendung einer derartigen Oberfläche, obwohl sie für das Einsatzgebiet nicht passend ist. Dies kann z.B. bei Micro-Systemen wie Mobiltelefonen der Fall sein, welche nur über ein sehr kleines Display verfügen und keine externen Zeigegeräte wie eine Maus besitzen.

In einem solchen Fall sollten Sie versuchen, die Flexibilität Ihrer Benutzerschnittstelle durch Abkürzungen und Verzweigungsmöglichkeiten zu erhöhen, um zusätzliche Freiheitsgrade zu erreichen.

Formularbasierter Interaktionsstil

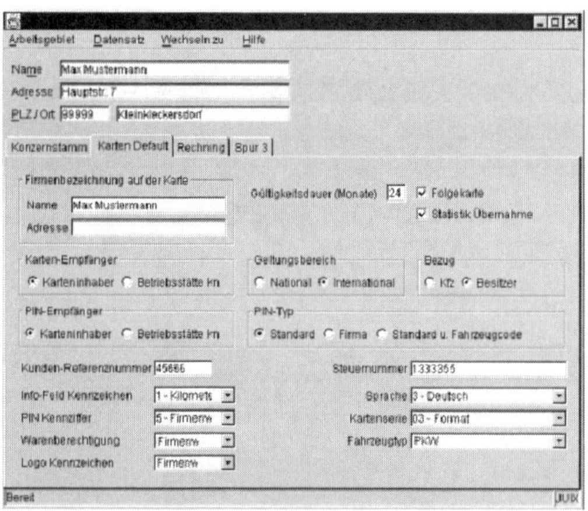

Formularbasierte Oberflächen[32] stellen ihre Anwendungsdaten ausschließlich als Text dar. Die Daten werden meist als Freitext eingegeben, oder aus einer Menge vorgegebener Alternativen ausgewählt (Combo-Boxen, Listen, Radio-Buttons oder Check-Boxen). Viele derartige System folgen dem Muster

- *Suche Daten;*
- *Stelle Suchergebnis als Tabelle dar;*
- *Wähle Datensatz aus (Ansicht, Bearbeiten, Löschen).*

Abbildung 7.21: Formularbasierte GUI

Derartige Systeme basieren auf der Formular-Metapher (z.B. Recherche- und Abfrage-Systeme, kommerzielle Informationssysteme[33] etc.).

Wird die Anwendung von Experten benutzt, so können einzelne Masken sehr viele Felder beinhalten und damit zunächst unübersichtlich wirken. Sie erinnern an Papierformulare oder Host-Masken mit einer Fülle von Eingabefeldern und Shortcuts. Für geübte Anwender ist eine derart komprimierte Einga-

[32] Siehe auch [Coldewey97] und [Coldewey98].

[33] Unter kommerziellen Informationssystemen verstehen wir Standard- oder Individuallösungen zur Abbildung von Geschäftsprozessen einzelner Unternehmen, wie z.B. Warenwirtschaftssysteme, Stammdatenverwaltungen, Call-Center-Anwendungen etc.

be jedoch wesentlich ergonomischer als der (umständlichere) Umgang mit Kontext-Menüs und Zusatzdialogen.

Masken mit einer großen Informationsfülle sollten mit Hilfe von Shortcuts und einer geeigneten Tabulatorensteuerung mauslos bedienbar sein.

> Wir haben Anwendungen mit *objektorientierten* Oberflächen gesehen, in denen Massenerfassungen von Belegen durchgeführt werden sollten. Dies ging völlig an den Anforderungen der Anwender vorbei, die sequenziell einen Belegstapel abarbeiteten und dabei ausschließlich die Tastatur benutzten, da sie „blind" schrieben.
>
> Erst eine völlige Umgestaltung dieses Anwendungsteiles auf einen formularbasierten Ansatz brachte letztlich die gewünschte Effizienz, Ergonomie und Benutzer-Akzeptanz.

Menüs und Fenster Interaktionsstil

Die Verwendung von Fenstern, Dialogen und Menüs kennzeichnet die Mehrzahl PC-basierter Anwendungen mit grafischer Benutzeroberfläche[34]. Die Strukturierung der Arbeitsabläufe wird meist in der baumartigen Menü-Struktur abgebildet. Innerhalb des Systems stehen fast immer mehrere Alternativen für den nächsten Arbeitsschritt zur Verfügung. Die Gesamtstruktur der möglichen Arbeitsabläufe gleicht damit einem Netz, in dem es Ein- und Ausstiegspunkte sowie fest definierte Wege gibt.

Die einzelnen Anwendungsfälle des Systems werden jeweils mit einem der übrigen Interaktionsstile umgesetzt. Damit bildet die Menü-Fenster-Oberfläche ein Integrationsmittel für Systeme, deren Anwendungsfälle unterschiedlichen Arbeitsmetaphern folgen.

Kommerzielle Informationssysteme setzen die Menü-Fenster-Technik fast immer in Kombination mit formularbasierten Dialogen ein.

Finden Sie passende Metaphern und Interaktionsstile

- Wählen Sie für jeden Anwendungsfall die passende Arbeitsmetapher.
- Kategorisieren Sie die Anwendungsfälle im Hinblick auf die Metaphern.
- Wählen Sie zu den Metaphern passende Interaktionsstile aus:
  - *Objektorientierte Oberflächen* für die Werkzeug-Material-Metapher,
  - *Frage-Antwort-Oberflächen* für die Fabrik-Metapher,
  - *Formularbasierte Oberflächen* für die Formular-Metapher.

[34] im Engl. auch als WIMP bezeichnet: „Windows-Icons-Menus-Pointers" bzw. „Windows-Icons-Mice-Pulldown menus".

- Folgen die Anwendungsfälle Ihres Systems verschiedenen Metaphern, so stimmen Sie Ihr System bewusst darauf ab. Versuchen Sie nicht, alle Anwendungsfälle künstlich auf die gleiche Metapher „zu trimmen". Dies führt zu umständlicher und wenig intuitiver Navigation und vielen Anwenderfehlern.
- Führen Sie unterschiedliche Interaktionsstile einzelner Anwendungsfallklassen unter einer Menü-Fenster-Oberfläche zusammen.

7.5.3 Ergonomische Gestaltung

Bei der menschlichen Wahrnehmung und Informationsverarbeitung spielen Form und Struktur eine große Rolle. Visuelle Gestaltungsmittel haben gegenüber verbalen Beschreibungen den Vorteil, dass sie bei gleichem Platzbedarf

- eine weitaus höhere Informationsdichte besitzen;
- der assoziativen Verarbeitung entgegen kommen;
- Struktur und Semantik einfacher darstellen können.

Neues wird assoziativ verarbeitet und in das eigene Wissensnetz eingefügt. Überschaubare Einheiten können auf einen Blick erfasst werden. Bei der Gestaltung von Benutzerschnittstellen spielt deshalb die *7 plus/minus 2-Regel* eine wichtige Rolle:

Stellen Sie 5 bis 9 Details innerhalb einer Gruppe dar.

Auswahl der Gestaltungsmittel

Bei der Auswahl eines Darstellungsmittels sollten Sie dessen implizite Bedeutungen bewusst einsetzen. Betrachten Sie die verschiedenen Darstellungen eines Teams in Abbildung 7.22: Auf der linken Seite sind alle Mitarbeiter sternförmig um den Kollegen *Wagner* gruppiert. Dies wird mit gleichartigen Beziehungen assoziiert. Durch die Sonderrolle im Zentrum wird die Bedeutung von *Wagner* als Gruppenleiter hervorgehoben. Auf der rechten Seite wird die Gruppe hingegen in Form einer Hierarchie dargestellt. Auch hier tritt *Wagner* eindeutig als Kopf der Gruppe hervor. Darüber hinaus wird jedoch auch die Bedeutung von *Hartwig* und *Daum* als Teamleiter symbolisiert. Je höher eine Person in der Hierarchie angeordnet ist, desto größer ist ihre Bedeutung. Bei annähernd gleichem Platzbedarf transportiert die rechte Grafik zusätzliche Informationen.

Beim Entwurf der grafischen Benutzerschnittstelle Ihres Systems sollten Sie folgende Heuristiken berücksichtigen:

- Stellen Sie die wichtigste Information im oberen Teil ihrer Masken dar.
- Gruppieren Sie inhaltlich zusammengehörige Dinge oder Daten mit ähnlicher Änderungsrate nah beieinander.

- Richten Sie die einzelnen Widgets links- oder rechtsbündig an einem unsichtbaren Raster aus.
- Visualisieren Sie Strukturen durch Bäume, Netze etc.
- Ersetzen Sie verbale Beschreibungen durch Symbole, falls dies möglich ist (z.B. Stop-Zeichen für Fehler). Beachten Sie jedoch, dass Symbole oft nicht kulturübergreifend verständlich sind.
- Verwenden Sie sinnvolle Eingabe-Vorbelegungen (Defaultwerte). Unterlassen Sie dies jedoch, wenn es keinen „Favoriten" gibt. Ein unpassender Defaultwert ist für den Anwender mit Mehrarbeit gegenüber einem leeren Eingabefeld verbunden.[35]
- Lassen Sie sich bei der Gestaltung der Oberfläche von anderen Programmen, die für ähnliche Aufgabenstellungen gedacht sind, inspirieren.[36]
- Folgen Sie den bewussten und unbewussten Erwartungen der Anwender. Dies macht die Benutzerschnittstelle durch Wiedererkennung intuitiv und leicht erlernbar.
- Überprüfen Sie das GUI-Design so früh wie möglich an Hand von Anwender-Workshops.

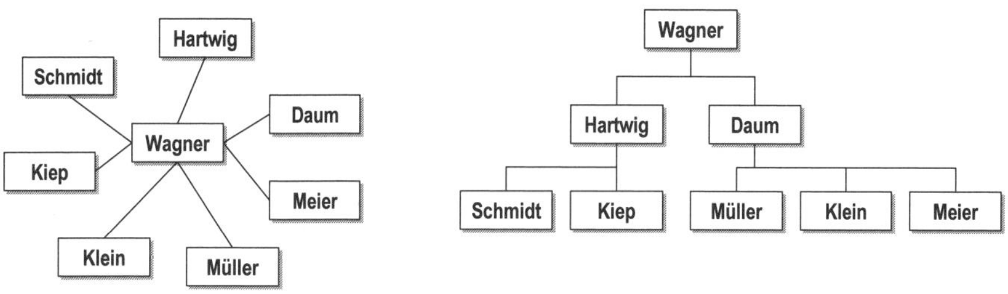

Abbildung 7.22: Darstellung von Strukturen

7.5.4 Heuristiken zur GUI-Gestaltung

Jennifer Tidwell hat in [Tidwell] eine Patternsprache zur ergonomischen Gestaltung von Benutzerschnittstellen entworfen. Die folgenden Heuristiken basieren auf diesen Entwurfsmustern.

[35] Erkennen des unpassenden Wertes, Löschen desselben und anschließende Eingabe der korrekten Daten.

[36] Viele Entwickler kopieren beim Oberflächendesign das, was ihnen bekannt und vertraut ist: Software-Entwicklungstools. Oftmals ist deren GUI-Design jedoch nicht für die Domäne Ihrer Anwendung geeignet.

Verdichtete Information

Darstellung einer Vielzahl von *gleichartigen* und *gleich bedeutsamen* Daten. Der Anwender möchte sowohl den Überblick haben als auch Detailinformationen sehen.

Beispiele: Fahrplan, Landkarte, Organigramm

- Stellen Sie möglichst alle Informationen innerhalb *einer* Ansicht dar.
- Sparen Sie Platz durch Verwendung eines kleinen Fonts.
- Setzen Sie Farbe und Schrifttypen (z.B. fett, kursiv) zur Strukturierung ein. Der Anwender kann sich so schneller in der Informationsfülle orientieren.
- Wählen Sie eine grafische Darstellung, die der Informationsstruktur entspricht.

Tabelle

Darstellung von verdichteten Daten in *tabellarischer* Form. Der Anwender möchte viele Informationen auf einmal sehen und Vergleiche anstellen. Ein einzelner Eintrag muss leicht aufzufinden sein.

Beispiele: Adressbuch, Stückliste, Suchergebnis

- Sortieren Sie die Daten nach logischen Kriterien.
- Erleichtern Sie das Auffinden einzelner Werte durch optische Anker (z.B. bei einer alphabetischen Sortierung durch Fettdruck für den ersten Eintrag eines neuen Buchstabens).
- Ordnen Sie die Spalten in absteigender Wichtigkeit von links nach rechts.

Hierarchie

Darstellung verdichteter, *hierarchisch geordneter* Daten. Das Wissen über die Informationsstruktur ist für den Anwender von großer Bedeutung. Es hilft ihm, Daten schnell wiederzufinden und Beziehungen zu erkennen.

Beispiele: Verzeichnisse (Dateien, Warengruppen etc.), Organigramm

- Stellen Sie die Daten in einer Baumstruktur dar.

Formular

Standardisierte Dateneingabe.

Beispiele: Internet-Bestellung, Buchungssatz anlegen, Schadensanzeige

- Heben Sie Pflichteingaben von optionalen Feldern optisch hervor (z.B. durch die Hintergrundfarbe).
- Ausgabefelder müssen von Eingabefeldern klar zu unterscheiden sein.
- Machen Sie deutlich, welche Eingaben erwartet werden. Dies kann durch vorformatierte Felder oder Beispiele erfolgen.

Expertensystem

Anwendung mit *langer Lebenszeit*, die von den Anwendern zur Bearbeitung *komplexer Aufgaben* verwendet wird. Der Benutzer will eine Vielzahl von Daten gleichzeitig sehen und bearbeiten. Längere Einarbeitungszeiten werden akzeptiert.[37]

Beispiele: Tabellenkalkulation, Bildbearbeitung, Audio-Schnittplatz

- Lassen Sie viel Platz für die Darstellung der Arbeitsgegenstände.
- Platzieren Sie Statusinformationen und Werkzeuge an den Rändern.
- Die Aufgaben müssen *performant* und mit möglichst wenigen Arbeitsschritten zu erledigen sein.
- Bieten Sie Möglichkeiten zur benutzerspezifischen Konfiguration.

Strukturelle Wiederholung

Darstellung und Navigation folgen stets dem gleichen visuellen und strukturellen Muster. Durch die permanente Wiederholung werden die Bedeutungen implizit erfasst und die Bedienung intuitiv.

Beispiele: Buch mit gleichartigem Layout aller Kapitel, Standard-Menüs und Standard-Dialoge in Windows-Programmen

- Verwenden Sie Symbole und Dialoge aus dem Betriebssystem-Standard, wann immer dies möglich ist.
- Bilden Sie gleichartige Aufgaben im gleichen Interaktionsstil ab.
- Führen Sie Standards für Buttons und Kontext-Menüs ein (Kombination, Anordnung, Beschriftungen, Default-Button).
- Verwenden Sie gleiche Fonts und Farben zur Hervorhebung gleicher Bedeutung (Beschriftung, Erläuterung, Kontext der Bearbeitung etc.).

Gruppe verwandter Dinge

Darstellung zusammenhängender Informationen (nach der 7+/-2-Regel). Kleine Informationseinheiten können vom Anwender schnell erkannt werden.

Beispiele: Adressblock auf einer Kunden-Maske

- Verwenden Sie visuelle Muster für die Anordnung der Gruppen.
- Setzen Sie die Gruppen durch breitere Zeilen- oder Spaltenabstände voneinander ab.
- Beschränken Sie den Einsatz von Gruppierungsrahmen.

[37] Die Einarbeitungszeit ist minimal im Vergleich zur späteren produktiven Einsatzzeit der Anwendung.

Rückkehr an einen sicheren Ort

Rückkehr zu einem konsistenten *Ausgangspunkt*. Der Anwender kann sich in der Anwendung „verirrt“ haben.

Beispiele: *Home*-Button im Web-Browser, *Zurücksetzen*-Button in Eingabemasken, *Standard*-Button in Konfigurationsmasken

- Bieten Sie eine Rückkehrmöglickeit zum letzten konsistenten Zustand an (gesicherte Datei, aktuelle Konfiguration etc.).

Statusanzeige

Darstellung eines *Zustands*. Die Information ist für den Anwender nur gelegentlich interessant. Sie muss einfach zu finden sein, darf aber die Haupttätigkeit nicht stören.

Beispiele: Uhrzeit, Tachometer, Akku-Ladezustand, System-Ressourcen

- Verwenden Sie Symbole.
- Betonen Sie Wichtiges (z.B. durch Farbe).
- Stellen Sie die Information immer an der gleichen Stelle dar. Behalten Sie bei mehreren Statusinformationen stets die gleiche Anordnung bei.

Fortschrittsanzeige

Darstellung des *Fortschritts der aktuellen Operation*. Der Anwender möchte wissen, ob das System noch arbeitet. Sobald auf dem Bildschirm kein Fortschritt angezeigt wird, ist der Benutzer beunruhigt, dass die Anwendung hängen könnte.

Beispiele: Datei-Download, Installations-Prozedur

- Sorgen Sie dafür, dass sich auf dem Bildschirm etwas verändert (Textausgabe, Fortschrittsbalken etc.).
- Geben Sie an, wie groß der Anteil der bereits erledigten Aufgaben ist und wie viel voraussichtlich noch zu tun ist.

Mehrfach-Aktion

Auf mehrere gleichartige Objekte soll die gleiche Operation ausgeführt werden. Der Anwender möchte die einzelnen Bearbeitungsschritte nicht für jedes einzelne Element wiederholen[38].

Beispiele: Löschen mehrerer Dateien, Verschieben mehrerer Objekte

- Wenn eine Operation dies zulässt, so geben Sie die Möglichkeit zur Mehrfachauswahl von Objekten.

[38] Maschinen eignen sich weitaus besser für die stupide Wiederholung gleicher Tätigkeiten. Menschen ermüden dabei und arbeiten schließlich fehlerhaft.

7.5.5 Weiterführende Literatur

www.uidesign.net bietet viele Ressourcen zum Thema Benutzerschnittstelle.

[HalShm] ist eine umfangreiche Sammlung gelungener und abschreckender Beispiele zu den Themen GUI-Design und Benutzer-Interaktion.

[Shneidermann98] enthält viele praktische Hinweise zum Entwurf von Benutzerschnittstellen.

[Tidwell] beschreibt eine Entwurfsmuster-Sprache für Benutzerschnittstellen.

7.6 Ablaufsteuerung grafischer Oberflächen

von Kerstin Dittert

Verwendet man grafische Benutzeroberflächen, so stellen sich im Rahmen des Architektur-Entwurfs im Wesentlichen folgende Fragen:

- Wie interagieren die Benutzer mit dem System?
- Wer steuert die Navigation der Anwendung?
- Wer kontrolliert den Zustandswechsel?
- Wer verarbeitet Ereignisse?
- Welche fachlichen Komponenten versorgen die Benutzeroberfläche mit Inhalt?

Die Bestimmung zusammengehöriger Arbeitsschritte und die Zuordnung von Arbeitsmetaphern sind wichtig für frühe Architekturentscheidungen. Im weiteren Projektverlauf werden Benutzeroberfläche und Ablaufsteuerung darauf abgestimmt. Beide Komponenten sind für die Bedienbarkeit einer Anwendung von entscheidender Bedeutung.

Die folgenden Designvorschläge geben Ihnen Entwurfsmuster und Heuristiken für die effektive Umsetzung von Arbeitsmetaphern und Interaktionsstilen an die Hand.

Umsetzung von Frage-Antwort-Systemen

Die Masken solcher Benutzerschnittstellen entsprechen sehr häufig Formularen, die ausgefüllt und vom Anwender bestätigt werden. Als Antwort liefert das System eine neue Maske zurück, die entweder den nächsten Arbeitsschritt formalisiert oder zur Fehlerkorrektur auffordert.

Masken repräsentieren Zustände

Derartige Anwendungen sind ein System aufeinanderfolgender Zustände, die durch (Bildschirm-)Masken repräsentiert werden. Im Zentrum der Ablaufsteuerung steht deshalb ein Zustandsautomat. Abbildung 7.23 zeigt einen Zustandsautomaten im Zusammenspiel mit verschiedenen Fachmasken, die eine Buchbestellung abbilden. Jede Maske sendet ihren Inhalt an den Zustandsautomaten. Dieser stellt fest, ob eine gültige Eingabe vorliegt oder nicht und ruft anschließend die folgende Maske auf. Zustandsübergänge werden durch fachliche Ereignisse gesteuert.

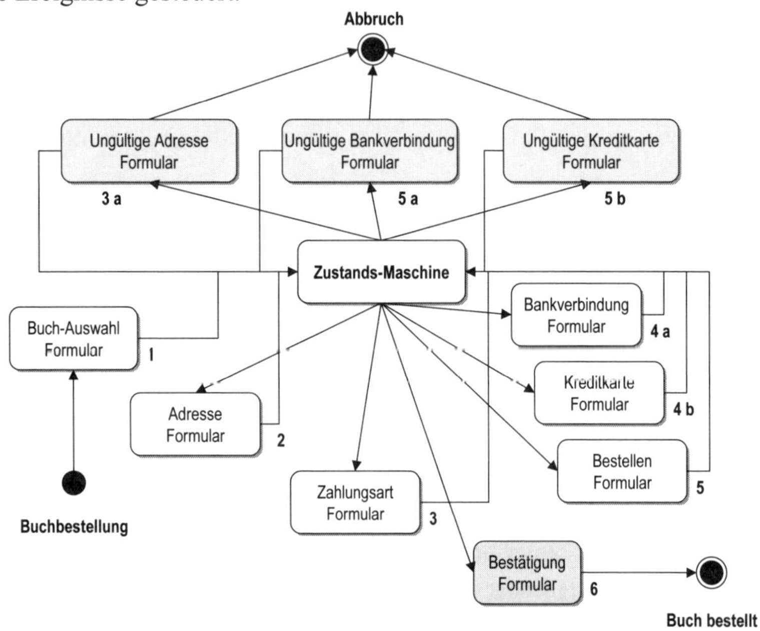

Abbildung 7.23: Zustandsautomat für formularbasierte Oberfläche

Für den Entwurf des Zustandsautomaten bieten sich zwei Alternativen an:

- Übergänge werden durch externe Konfigurationstabellen gesteuert.
- Übergänge werden programmiert (im „Quellcode verdrahtet“).

Die erste Möglichkeit bietet größtmögliche Flexibilität, bei großen Systemen wird die Konfiguration jedoch schnell unübersichtlich. Konfigurationsfehler treten nur als Laufzeitfehler auf und sind schwer zu testen.

Entscheiden Sie sich für die zweite Alternative, so wird das System robuster und durch bessere Verständlichkeit leichter wartbar. Fehlerhafte Zustandsübergänge werden schon bei der Übersetzung des Programms erkannt. Andererseits erfordert jede Änderung der Ablaufsteuerung oder Erweiterung der Anwendung eine Neukompilierung des Systems.

Da eine Neukompilierung bei Änderungen des Systems aber ohnehin meist erforderlich ist (in der Regel werden Masken geändert oder neu hinzugefügt), erweisen sich die programmierten Zustände häufig als vorteilhafter.

Der Zustandsautomat sollte so übersichtlich strukturiert sein, dass Anpassungen einfach möglich sind. Da sich geänderte oder neue Anforderungen von

Anwendern häufig auf die Navigation beziehen, sind Änderungen hier sehr wahrscheinlich.

Die verschiedenen Masken sollten Sie nach ihrem dynamischen Verhalten kategorisieren. Unterschiede gibt es zum Beispiel zwischen Fehlermasken, Eingabemasken und Suchmasken. Für diese Kategorien können Abstraktionen eingeführt werden, von denen konkrete Ausprägungen (etwa eine Adressen-Eingabe-Maske) abgeleitet werden. Arbeiten Sie mit einer objektorientierten Programmiersprache, so werden die Maskenkategorien als abstrakte Basisklassen umgesetzt. Konkrete Fachmasken spezialisieren diese Basisklassen.

Umsetzung objektorientierter Oberflächen

Für den Entwurf einer objektorientierten Oberfläche müssen zuerst folgende Fragen beantwortet werden:

- Welches Material (=Arbeitsgegenstand) wird bearbeitet?
- Welche Werkzeuge (=Arbeitsmittel) werden dafür eingesetzt?
- Welche Verwendungszusammenhänge (=Tätigkeiten) bestehen zwischen Werkzeug und Material?
- Welche Umgebung enthält die Werkzeuge und Materialien?

Hierbei unterscheidet man zuerst die Werkzeug- und Materialeigenschaften der Domäne.

Das *Material* ist Gegenstand der Tätigkeit, es wird bearbeitet und kann mit anderen Materialien kombiniert werden.

Mit Hilfe von *Werkzeugen* können die Materialien bearbeitet werden. Sie haben großen Einfluss auf die Qualität der Arbeitsergebnisse. Werden Ergonomie und Effizienz der Werkzeuge vernachlässigt, so leidet die Akzeptanz der Anwendung beträchtlich. Bei der Benutzung des Werkzeugs sollte stets das Material im Vordergrund stehen und nicht das Werkzeug selbst! Jedes Werkzeug beinhaltet eine funktionale und eine interaktive Subkomponente. Der funktionale Anteil beinhaltet alle Operationen, die sich auf das Material auswirken. Der interaktive Teil des Werkzeugs bestimmt hingegen die Handhabung durch den Anwender.

Haben Sie Werkzeuge und Material bestimmt, so können Sie deren mögliche Kombinationen als *Verwendungszusammenhänge* (auch *Aspekte* genannt) beschreiben.

Die Umgebung (zum Beispiel ein Schreibtisch) dient der Strukturierung des Arbeitsplatzes. Sie beinhaltet Werkzeuge und Materialien und sorgt für Konsistenz zwischen den verschiedenen Materialien.

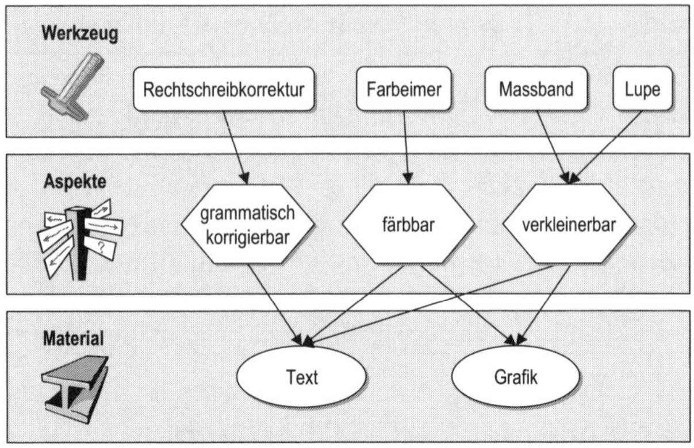

Abbildung 7.24: Werkzeug, Material und Aspekte

> *Beispiel:* Wollen Sie in einem Vektorgrafik-Programm ein Objekt auf eine bestimmte Position verschieben, so können Sie dies mit der Maus tun und sich die neuen Koordinaten anzeigen lassen. Es werden einige Versuche nötig sein, bis Sie den richtigen Punkt „treffen". Sie müssen sich also stark auf die *Interaktionskomponente*, d.h. die Bedienung des Werkzeuges konzentrieren. Ein geeigneteres Werkzeug bietet Ihnen Eingabe-Felder für die neuen Koordinaten an. Hier können Sie sich ganz auf das Material (verschiebbares Objekt) und seine Bearbeitung (neue Koordinaten) konzentrieren und gelangen schnell zum gewünschten Ergebnis.

Beim Design einer objektorientierten Oberfläche sollten Sie folgende Entwurfsregeln berücksichtigen:[39]

- Jedes Werkzeug setzt sich aus einer Funktions- und einer Interaktionskomponente zusammen.
- Werkzeuge können gekoppelt werden.
- Das Umgebungsobjekt übernimmt die Aufgaben eines Materialverwalters und Werkzeugkoordinators.

7.6.1 Model-View-Controller (MVC)

Entwurfsmuster MVC

Dieses Entwurfsmuster entstand während der Verbreitung ereignisgesteuerter grafischer Benutzeroberflächen. Viele objektorientierte Entwicklungsumgebungen wurden mit grafischen GUI-Editoren ausgestattet, in denen die Verarbeitungslogik direkt an die Steuerungselemente angebunden werden konnte. Dieser Ansatz erschien naheliegend, da im Entwicklungsprozess meist zuerst mit dem Maskenentwurf begonnen wurde. Als Folge waren jedoch die Ablaufsteuerung und die Datenhaltung komplett in den Masken vereint.

[39] Vorschläge für das Feindesign der Komponenten finden Sie in [Riehle97].

Dieser Ansatz ist geeignet für kleine Systeme, die schnell entwickelt werden sollen. Die starke Kopplung von Logik und Darstellung bringt jedoch etliche Nachteile mit sich:

- Sollen mehrere Masken den gleichen Datenbestand in unterschiedlichen Sichten darstellen, so müssen die Daten redundant gehalten werden. Dies führt zu Performanz- und Konsistenzproblemen.
- Die Vermengung von Präsentation, Datenhaltung und Ablaufsteuerung macht den Programmcode schwer verständlich. Bei späteren Wartungsarbeiten oder Erweiterungen sind Seiteneffekte wahrscheinlich.[40]
- Neue Masken müssen stets von Grund auf neu programmiert werden. Eine Wiederverwertung bestehender Komponenten ist kaum möglich.
- Eine Portierung der Anwendung (etwa auf eine andere Datenbank) kann sehr aufwändig werden. Im Extremfall muss fast jede Klasse angepasst werden.

Beispiel: Java-Swing

Als Antwort auf diese Probleme wurde das MVC-Muster entworfen, welches die Präsentationsschicht strukturiert. Es entkoppelt die Darstellung (*View*) von der Datenhaltung (*Model*) und der Ablaufsteuerung (*Controller*) im System. Viele GUI-Frameworks basieren auf diesem Muster, beispielsweise die Java-Swing-Bibliothek.

Die Anwendung dieses Musters führt durch die Trennung der Verantwortlichkeiten zu einer größeren Flexibilität und besseren Erweiterbarkeit des Systems. Es ist für alle Arbeitsmetaphern und Interaktionsstile geeignet. Rechnen Sie aber mit einem erhöhten Entwurfs- und Realisierungsaufwand. Dieser Mehraufwand zahlt sich bei Anwendungen aus, die:

- auf mehrere Rechner (z.B. Client-Server) verteilt sind;
- eine größere Anzahl von Masken besitzen (> 20 Masken);
- eine lange Lebenszeit haben;
- portierbar sein sollen;
- mehrere parallele Sichten auf einen Datenausschnitt haben.

View = Fachmaske

Die *Views* der Anwendung stellen einen Zustand der Anwendung dar. Im Allgemeinen entsprechen sie den Fachmasken. Ein View nimmt Anwender-Aktionen (etwa eines Menüs oder eines Button) an und leitet diese als fachliches Ereignis an den Controller weiter. Jeder View kann sein zugehöriges Modell über den aktuellen Status befragen, um die Darstellung zu aktualisieren. Ein View kann zusätzlich auch eine funktionale Komponente besitzen oder sogar ausschließlich aus ihr bestehen. Ein Beispiel hierfür sind Internet-Anwendungen, die ihre grafische Oberfläche mit Hilfe von Servlets aufbereiten: Die Views entsprechen den Servlets, welche grafisch als HTML-Seiten dargestellt werden.

---

[40] Denken Sie an die Regel von Murphy: Wenn etwas schief gehen kann, wird es auch schief gehen.

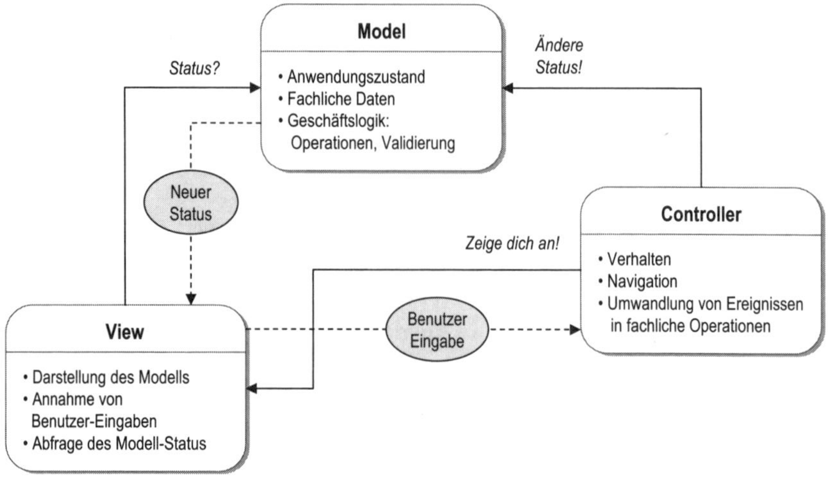

Abbildung 7.25: Model-View-Controller (MVC)

Controller regeln Abläufe

Die *Controller* sind für die Ablaufsteuerung der Anwendung zuständig, d.h. sie sind Zustandsmaschinen. Sie setzen Ereignisse in Domänen-Operationen um und bestimmen den Folge-Zustand des Systems. Bei einer Zustandsänderung benachrichtigen sie die Modelle.

Modelle repräsentieren Fachdomäne

Die *Modelle* beinhalten die fachlichen Informationen und strukturieren sie in einer Art und Weise, die für die Views passend ist. Sie stellen einen für die jeweiligen Masken relevanten Ausschnitt des Domänen-Modells dar. Ein gutes Beispiel hierfür sind Modelle, die Suchergebnis-Masken mit Inhalt versorgen. In der Regel werden nicht alle Attribute der gefundenen Objekte angezeigt. Aus Performanz-Gründen wird der Modell-Ausschnitt deshalb häufig auf die tatsächlich dargestellten Attribute beschränkt.

MVC-Tripel

Meistens wird das Muster so angewendet, dass zu jeder Maske ein Tripel *Model-View-Controller* existiert. Varianten können jedoch sinnvoll sein: Falls verschiedene Masken (Views) Ausschnitte des gleichen Datenbestandes zeigen, so müssen sie über ein gemeinsames Modell verfügen. Dies gewährleistet die Konsistenz der dargestellten Daten.

Serverseitiger MVC (Thin-Client)

Diese Variante des MVC-Musters erläutern wir Ihnen am Beispiel einer Internet-Anwendung mit einem Web-Browser als Client. Der Browser kommuniziert mit dem Server über das HTTP-Protokoll. Auf dem Client existiert kein ausführbarer Programmcode, wie etwa Java oder Javascript.

Client-Status

Der Client kann einen einfachen Status halten, er kann seinen Status aber auch unerwartet verändern. Dies kann etwa durch Vor- oder Zurück-Navigation im Browser erfolgen.

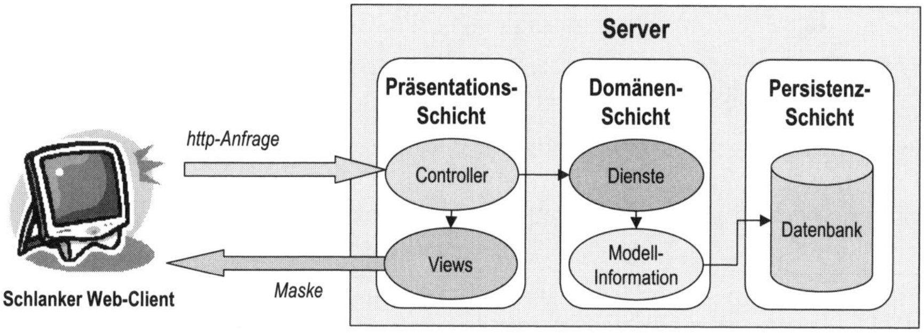

Abbildung 7.26: Schlanker MVC

Beim Entwurf der Präsentationsschicht müssen zunächst atomare Arbeitsschritte und logische Transaktionen identifiziert werden. Jeder atomare Arbeitsschritt entspricht einem Zustand, d.h. einer View. Eine Transaktion besteht in der Regel aus mehreren atomaren Arbeitsschritten, welche als HTTP-Request übermittelt werden. Da die Anwendung von mehreren Benutzern gleichzeitig verwendet werden kann, müssen innerhalb der Transaktionen Konsistenz und Isolation gewährleistet sein.

Logische Transaktionen identifizieren

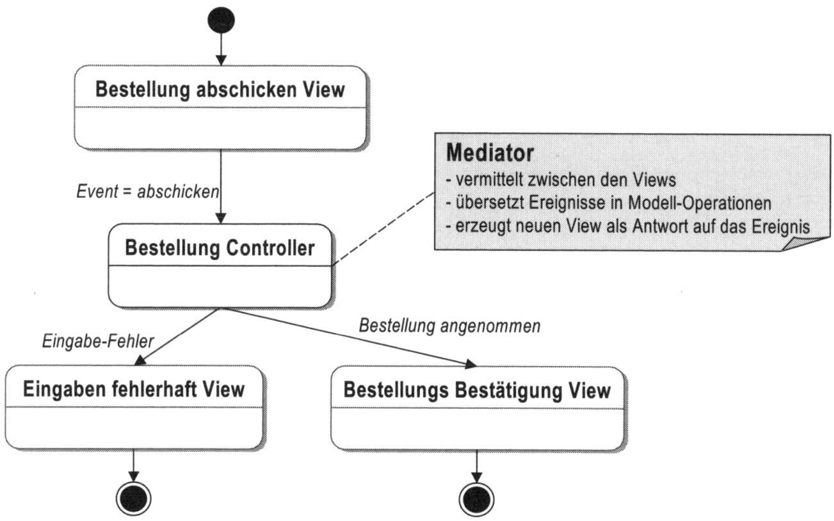

Abbildung 7.27: Controller eines Frage-Antwort-Systems

Für den Entwurf der Präsentationsschicht können die Transaktionen mit Hilfe von UML-Zustandsdiagrammen modelliert werden.

Zustandsdiagramm

- Kern der Präsentationsschicht sind mehrere Zustandsmaschinen.
- Sie arbeiten nach dem Mediator-Entwurfsmuster[41] als Vermittler zwischen den Views und den Modellen.

Mediator vermittelt zwischen View und Modell

[41] siehe [Gamma95]

- Jede logische Transaktion wird durch einen Controller gesteuert.
- Das Zusammenwirken dieser elementaren Controller kann durch einen übergeordneten Controller gesteuert werden.

Im Unterschied zum „klassischen" MVC-Muster werden die Views nicht vom Controller benachrichtigt, da jede Maske auf Anfrage neu erzeugt wird. Dies minimiert den Kommunikationsaufwand zwischen Client und Server und steigert so die Performanz des Systems beträchtlich.

MVC-Hierarchie

Ist eine Oberfläche sehr komplex, wie etwa bei objektorientierten Benutzerschnittstellen, so muss das MVC-Muster verfeinert werden. Die einzelnen Views setzen sich meist aus kleineren fachlichen Subkomponenten zusammen, welche eigene Verantwortlichkeiten in Bezug auf Darstellung, Ablauf und Fachlogik haben. Beispiele hierfür sind ein Hauptfenster der Anwendung, mit Statuszeile und Menüs.

Auch Fachmasken können aus wiederverwendbaren Komponenten für die Bearbeitung fachlich unteilbarer Einheiten (z.B. Adresse oder Bankverbindung) zusammengesetzt sein. Diese Hierarchie der GUI-Komponenten kann in eine korrespondierende Struktur von MVC-Tripeln umgesetzt werden. Abbildung 7.28 zeigt einen derartigen Entwurf.

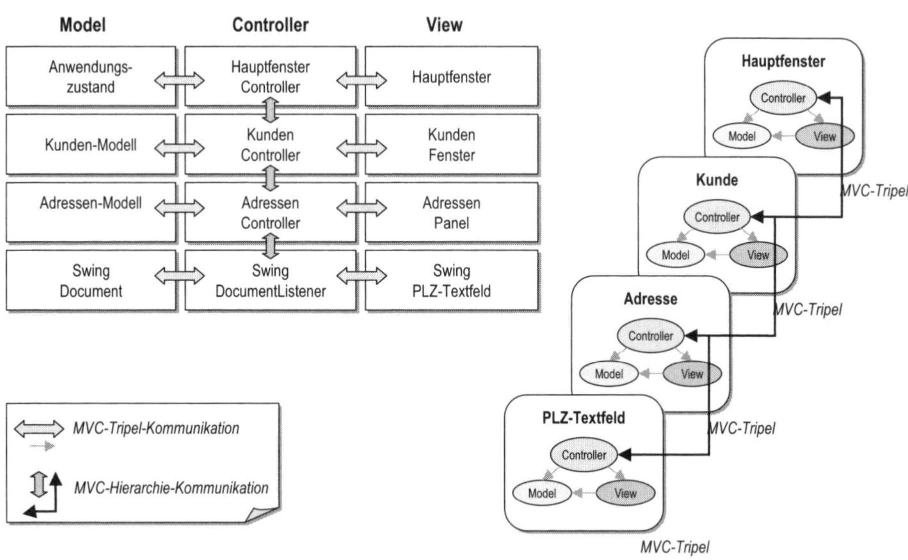

Abbildung 7.28: MVC-Hierarchie

Für jede GUI-Subkomponente (etwa Statusbar oder Menü) gibt es ein MVC-Tripel, welches die Darstellung und den Zustandswechsel steuert. Gleichzeitig wird die Vater-Kind-Beziehung der GUI-Widgets auf die zugehörigen MVC-

Controller übertragen. So ist etwa der Controller des Hauptfensters der Vater des Status-Zeilen-Controllers und des Menü-Controllers. Die Controller bilden damit eine Kette gemäß dem Zuständigkeitsketten-Muster, welches eine Aufgaben-Delegation erlaubt. Dies kann genutzt werden, um die Verantwortung an Subkomponenten oder übergeordnete Komponenten weiterzureichen. Der Controller des Hauptfensters bildet die Wurzel der Controller-Hierarchie. Er bearbeitet alle Anfragen, die keines seiner Kinder bearbeitet hat.

Die Kommunikation erfolgt innerhalb der MVC-Tripel gemäß dem MVC-Paradigma. Zusätzlich erfolgt eine gleichartige Kommunikation innerhalb der MVC-Hierarchie. Dies lockert die Komponentenkopplung und erleichtert Änderungen im System. Subkomponenten werden auf Grund standardisierter Schnittstellen leicht austauschbar.

Nachteil eines solchen Entwurfs ist der Aufwand für Design und Implementierung. Durch die starke Entkopplung kann sogar die Übersicht über den logischen Fluss der Anwendung verloren gehen. Darüber hinaus können Performanz-Einbußen durch eine Vielzahl von Indirektionen auftreten. Auch hier gilt es also, Augenmaß zu bewahren und die Anzahl der MVC-Tripel auf ein nützliches Maß zu beschränken.

- Nicht jeder einzelne Button benötigt sein eigenes Modell und einen dazugehörigen Controller!
- Als Faustregel können Sie davon ausgehen, dass jede Maske einen eigenen Controller benötigt.
- Zusätzliche Controller könnten erforderlich werden, wenn
  - eine Maske wiederverwendbare Subkomponenten besitzt;
  - mehrere Masken gleichzeitig dieselben Modellinformationen darstellen;
  - einzelne Subkomponenten eine höhere Aktualisierungsrate als der Rest der Maske besitzen (etwa Statuszeile).

Zeigen mehrere Views Ausschnitte aus dem gleichen Fachkomplex, so können diese Masken über ein Modell mit zugehörigen Submodellen synchronisiert werden. Ein Controller steuert die Kommunikation zwischen den Teilmodellen und den Views. Zur Benachrichtigung der abhängigen Modelle werden spezielle Daten-Ereignisse definiert, welche über den Vater-Controller an dessen Kinder-Controller und die zugehörigen Modelle verteilt werden.

Abbildung 7.29 zeigt einen derartigen Entwurf. Dabei wird deutlich, dass auch das Tripel-Paradigma nicht immer beibehalten werden muss. Im Beispiel existiert zum allgemeinen Adressmodell kein View. Statt dessen werden Adressen entweder als einzelne Adresse innerhalb des Kunden-Views bearbeitet oder aber in einer Adressliste dargestellt. Beide View-spezifischen Modelle benötigen nur einen Ausschnitt des gesamten Adressmodells. Diese Teilmodelle kommunizieren mit dem gesamten Adressmodell über den Adressen-Controller, der Daten-Ereignisse empfängt und an seine Kinder-Controller weiterleitet.

Konsequenzen

MVC entkoppelt Verantwortlichkeiten

Das Entwurfsmuster bietet durch die Entkopplung der Verantwortlichkeiten viele Vorteile. Durch den erhöhten Kommunikationsaufwand zwischen den Komponenten ergeben sich jedoch auch neue Randbedingungen für die Systemarchitektur:

- In verteilten Systemen müssen die Benachrichtigungen des Modells und die Anfragen an das Modell gut ausbalanciert werden, um unnötige Netzbelastungen zu vermeiden. So sollten Sie die Attribute eines Modells durch Proxy-Objekte oder Value-Objekte *en-bloc* abfragen, statt einzelne getXY()-Methodenaufrufe zu nutzen.
- Controller und Modell sind eng gekoppelt. Falls das Modell ständig im Fluss ist, wird es schwierig, den Controller zu entwerfen. Abhilfe kann hier (bei einer asynchronen Verarbeitung ohne Rückgabewerte) das Befehlsmuster (*Command*)[42] schaffen, welches einen Befehl von der konkreten Ausführung entkoppelt.[43] In allen übrigen Fällen können Controller- und Modellentwürfe nur parallel verfeinert werden.

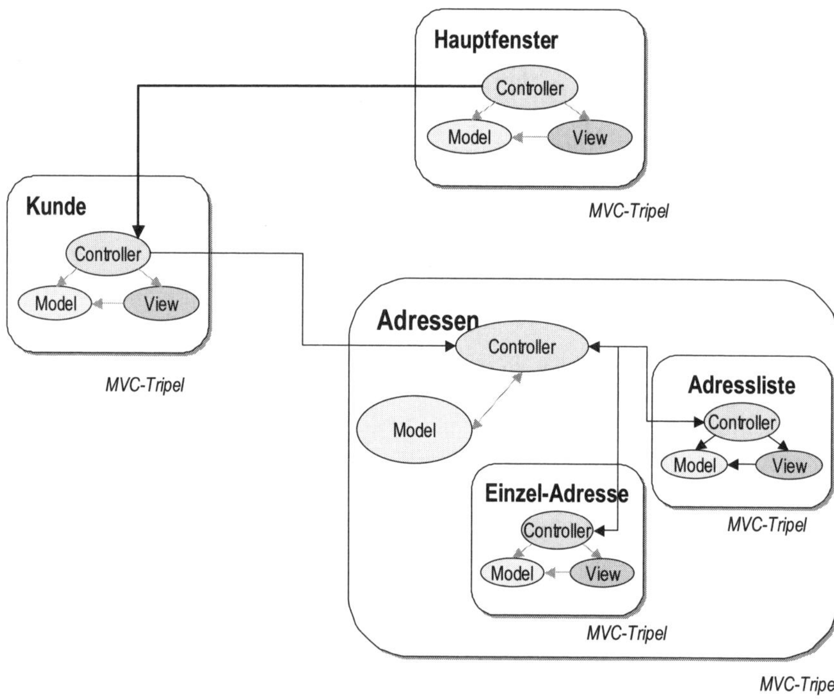

Abbildung 7.29: Strukturierung einer MVC-Hierarchie

[42] siehe [Gamma95]

[43] Für Anfragen, welche Ergebnisse zurückliefern, ist das Muster meist nicht geeignet. Die Kommunikation muss dann vielfach wieder künstlich synchronisiert werden.

- Viele Entwicklungsumgebungen generieren die Controller für technische Basis-Ereignisse direkt in die View-Klassen. Das widerspricht zwar der „reinen MVC-Lehre“, sollte aber dennoch im Entwurf berücksichtigt werden. Der Versuch, einem derartigen Framework das MVC-Pattern quasi überzustülpen, führt zu einer Unzahl von Klassen oder Prozeduren, welche wiederum den Code nahezu unlesbar machen. Darüber hinaus resultiert aus diesem Versuch häufig eine schlechtere Performance, da zahllose Indirektionen durchlaufen werden müssen. In einem solchen Fall empfiehlt es sich, die grundlegenden Design-Pattern des Framework aufzugreifen und gegebenenfalls durch Adapter zu erweitern.

7.6.2 Weiterführende Literatur

[Riehle97] beschreibt den Entwurf objektorientierter Oberflächen.

[Coldewey97] und [Coldewey98] stellen Entwurfsmuster für grafische Oberflächen vor.

[Cai99] beschreiben den Komponentenentwurf eines Fat-Client mit einer hierarchischen MVC-Struktur.

[Buschmann96] führt das MVC Muster aus.

Kerstin Dittert (kerstin.dittert@oocon.de) ist freie Beraterin mit den Schwerpunkten Software-Architektur, OO-Methodik, J2EE und Projektmanagement. Sie unterstützt mittlere und große Unternehmen in allen Gebieten des objektorientierten Softwareentwicklungsprozesses sowie in Technologiefragen. Hierbei ist sie unter anderem als Software-Architektin, Analytikerin, Designerin, Projektleiterin sowie als Trainerin und Coach tätig (www.oocon.de).

7.7 Sicherheit

von Wolfgang Korn

Sicherheit: Mechanismen zur Gewährleistung von Datensicherheit und Datenschutz sowie der Verhinderung von Datenmissbrauch.

Ich veranschauliche Ihnen in diesem Abschnitt einige Sicherheitsprobleme der Datenverarbeitung und stelle Konzepte zu deren Lösung vor. Die beschriebenen Konzepte erläutere ich primär vor dem Hintergrund der Datenkommunikation.

7.7.1 Motivation

Durch Integration und Verteilung von Software-Systemen wird die Kommunikation zwischen den Systemen sehr wichtig. Bei der Verarbeitung sensibler Daten wirft dies einige Fragen auf:

- Wie können Daten während der Übertragung vor Missbrauch geschützt werden?
- Wie können sich Kommunikationspartner gegenseitig vertrauen?

Diese Sicherheitsaspekte sind insbesondere bei Anwendungen im Bereich *e-Commerce* von elementarer Bedeutung. In hohem Maße entscheidet der Faktor Sicherheit über die Akzeptanz angebotener Dienste.

7.7.2 Typische Probleme

Neben den Problemen, die rein Software-technischer Natur sind, wird man bei Entwurf und Implementierung von Sicherheitsmechanismen mit einer Vielzahl von organisatorischen und Infrastruktur-Problemen konfrontiert.

Firewall

- Systeme, die Kommunikation betreiben, müssen häufig auch über Firewall-Grenzen hinweg funktionieren. Dazu werden meist Paketfilter eingesetzt, die lediglich Kommunikation zwischen definierten Adressen und Ports erlauben. Als Architekt müssen Sie diese Einschränkung beim Entwurf von Systemen und Kommunikationskomponenten berücksichtigen.

Kryptographie

Public Key Infrastructure

- Sicherheitsmechanismen sind meist kryptographischer Natur. Das bedeutet, dass für den Betrieb Schlüssel und Zertifikate benötigt werden. Zu deren Erzeugung und Verwaltung wird organisatorische und technische Infrastruktur (PKI, *Public Key Infrastructure*) benötigt. Die Integration eines Software-Systems in diese PKI muss beim Entwurf berücksichtigt werden.
- Für die Realisierung von Sicherheitsmechanismen ist es je nach Sicherheitsanforderungen notwendig, zusätzliche Hardware (meist Chipkarten-Lesegeräte und Chipkarten) zu verwenden. Dabei müssen viele Faktoren, etwa die Verfügbarkeit von Treibern für alle beteiligten Betriebssysteme sowie die Integrierbarkeit in bestehende Systeme berücksichtigt werden.

Geringe Performance-verluste

- Sicherheitsmechanismen lassen sich nur mit gewissen Abstrichen bei der Performance realisieren. Dies beeinflusst die Entscheidung, welche Daten zu welchem Zeitpunkt gesichert werden.
- Gesetzliche Rahmenbedingungen beschränken den Entscheidungsspielraum bei der Realisierung von Sicherheitsmechanismen.

Signaturgesetz

  - In Deutschland geben Signaturgesetz und Signaturverordnung bereits viele technische Details der zu verwendenden Infrastruktur vor, sofern rechtsverbindliche elektronische Unterschriften erstellt und bearbeitet werden sollen.

- In anderen Staaten gelten teilweise andere gesetzliche Regelungen für Datenverschlüsselung. Diese reichen von einem generellen Verbot kryptographischer Verschlüsselungsverfahren bis zum Gebot der Hinterlegung von Teilschlüsseln (*key escrow*), um so eine Entschlüsselungsmöglichkeit durch Behörden zu ermöglichen.

Key escrow

7.7.3 Sicherheitsziele

... Wie schon in den vergangenen Jahren verliefen auch die diesjährigen Gehaltsgespräche nicht zu Mallory's Zufriedenheit. „Das muss sich jetzt ändern!“, dachte sich Mallory, seines Zeichens Systemverantwortlicher der Firma Insecure Communications Inc. Bereits im vergangenen Jahr hatte Mallory beim routinemäßigen Schnüffeln in den Mails seiner Kollegen festgestellt, dass sein Chef Bob nach Abschluss der Gehaltsverhandlung die Ergebnisse per Mail der zuständigen Personalreferentin Alice mitteilte. „Gut, dass Bob ein so ausgeprägtes Sicherheitsbewusstsein besitzt. Leichter kann er es mir nicht machen.“, sagte sich Mallory und machte sich auch gleich ans Werk. Er selbst betreute den bei Insecure Communications eingesetzten Mail-Server, was ihm sein Vorhaben deutlich erleichterte. Das „Korrigieren“ seiner Gehaltserhöhung war insofern eine Kleinigkeit für ihn. Die kleine Änderung würde Alice sicher nicht bemerken – wie auch. Nebenbei verschaffte sich Mallory auch gleich einen Überblick über die Ergebnisse seiner Kollegen. Dabei stieß er auf Cora Victim, seine Kollegin in der Systemadministration. Ihr gutes Abschneiden in der diesjährigen Gehaltsrunde erhöhte seinen Neid auf die begabte Kollegin. „Wenn ich schon mal dabei bin, könnte ich auch gleich etwas gegen die ständige Bevorzugung von Cora tun. Eine kurze Mail von Cora an Alice, in der sie sich über ihre nicht angemessene Gehaltserhöhung beschwert, sollte erst mal reichen, um sie ein wenig in Misskredit zu bringen.“ ...

Anhand dieser kurzen Geschichte erkennen Sie die wesentlichen Ziele, die durch Implementierung von Sicherheitsmechanismen erreicht werden sollen:

Vertraulichkeit

Vertraulichkeit bedeutet, dass Daten lediglich von denjenigen Personen gelesen werden können, für welche die Daten bestimmt sind. Insbesondere bei Systemen, die über Rechnernetze oder das Internet miteinander kommunizieren, ist bei der Klartextkommunikation keine Vertraulichkeit gegeben. Daten passieren auf ihrem Weg durch solche Netze verschiedene Stationen, die in der Regel von Fremden administriert werden. Insbesondere können Sie damit die Sicherheit dieser Stationen weder einschätzen noch beeinflussen.

Vertraulichkeit = lesbar nur für Zielgruppe

Denken Sie pessimistisch: Sehen Sie Klartextkommunikation über Rechnernetze grundsätzlich als unsicher an! Firmeneigene interne Netze stellen hier keine Ausnahme dar!

Integrität

Integrität = Manipulationen entdecken

Integrität bedeutet, dass Daten nicht unberichtigt in ihrem Inhalt manipuliert werden.[44] Diese Forderung gilt während der Kommunikation, aber auch wenn sich Daten gerade in der Datenbank ausruhen.[45] Vor der Veränderung der Daten während der Kommunikation kann ein Software-System grundsätzlich nicht geschützt werden. Es ist jedoch möglich, solche Veränderungen oder Manipulationen systematisch aufzudecken. Man spricht dabei von der Gewährleistung der Datenintegrität.

Authentizität und Autorisierung

Authentisch = korrekter Absender

Ein weiteres Risiko in der Datenkommunikation besteht darin, dass Daten unter falschem Absender übermittelt werden. Auch hierfür gilt: Schutz ist prinzipiell nicht möglich. Sie können jedoch sicherstellen, dass fingierte Nachrichten als solche erkannt werden. Geprüft und für echt befundene Nachrichten heißen *authentisch*.

Der Vorgang der Authentisierung selbst kann sich sowohl auf Personen (etwa bei der Anmeldung an ein System) als auch auf Software-Systeme beziehen. In letzterem Fall weist beispielsweise ein Web-Server gegenüber dem Benutzer seine Authentizität nach.

Autorisierung = Berechtigung

Unmittelbar verknüpft mit der Authentisierung ist die Autorisierung. Im Rahmen der Autorisierung werden Benutzern oder Systemen, die sich entsprechend ausweisen (authentisieren) konnten, entsprechende Berechtigungen eingeräumt.

Elektronische Kommunikation muss gesichert werden

Ungesicherte elektronische Kommunikation besitzt nicht einmal das Sicherheitsniveau einer Postkarte: Während bei einer Postkarte in der Regel lediglich die Vertraulichkeit verletzt ist, erreicht die elektronische Kommunikation keines der drei Sicherheitsziele. Veränderungen und falsche Absender können bei einer (handschriftlichen) Postkarte leicht erkannt werden, während dies bei elektronischen Daten nicht möglich ist.

Noch ein Ziel: Verfügbarkeit

Denial-of-Service

Neben den genannten Zielen der Sicherheit von Datenkommunikation gibt es nach dem Modell 1 des Bundesamtes für Sicherheit in der Informationstechnik noch das Ziel der „Verfügbarkeit". Das bedeutet, dass Daten und Programme gegen die so genannten *„denial-of-Service"*-Angriffe zu schützen sind.

[44] Das Format der Daten kann sich durch die technischen Gegebenheiten der Kommunikation durchaus ändern, etwa durch Protokoll- oder Zeichensatzkonvertierungen.

[45] Oder sich mit Freunden im Container des Application-Servers treffen.

7.7.4 Lösungskonzepte

Verschlüsselung
Plaintext
Ciphertext

Vertraulichkeit, Integrität und Authentizität lassen sich durch kryptographische Verfahren auf einem hohen Sicherheitsniveau erreichen. Kryptografie basiert auf dem Prinzip der Verschlüsselung (siehe Abbildung 7.30): Der zu übermittelnde Klartext (*Plaintext*) wird vom Absender durch einen Algorithmus in eine verschlüsselte Form (*Ciphertext,* von engl. cipher: Verschlüsselung) überführt. Dieser Ciphertext wird zum Empfänger übertragen und dort wieder in den Klartext entschlüsselt.

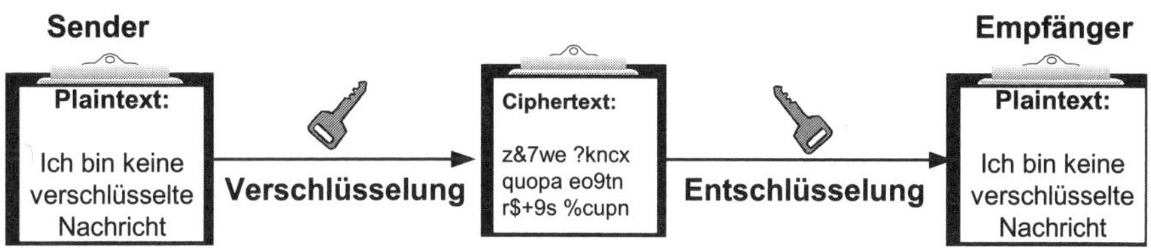

Abbildung 7.30: Prinzip der Verschlüsselung

Grundlagen kryptographischer Verfahren

Moderne kryptographische Verfahren, die zur Gewährleistung der oben genannten Ziele eingesetzt werden, basieren auf Schlüsseln. Der jeweils eingesetzte Algorithmus ist allgemein bekannt.[46]

In die Transformation von Plaintext in Ciphertext geht eine Variable ein, der so genannte Schlüssel. Der Schlüssel bestimmt, wie die Transformation der Eingabedaten erfolgt. Die Sicherheit dieser Verfahren beruht darauf, dass die benötigten Schlüssel nur den berechtigten Teilnehmern zugänglich sind und nicht erraten oder ausprobiert werden können. Mit Kenntnis des Schlüssels kann jedermann Nachrichten verschlüsseln und verschlüsselte Nachrichten lesen.

Für die Auswahl der Verfahren sollten die folgenden Regeln berücksichtigt werden:

- Verwenden Sie **ausschließlich** Verfahren, deren Sicherheit auf der Unkenntnis der verwendeten Schlüssel basieren. Algorithmen, deren „Sicherheit" in der Unkenntnis des Verfahrens besteht (*Security by Obscurity*), haben zwangsläufig das Problem, dass keine zuverlässigen Erkenntnisse über ihre Sicherheit vorliegen.

[46] Die Nutzung bekannter Algorithmen bietet den Vorteil, dass diese von unabhängigen Personen geprüft und auf ihre Sicherheit hin getestet werden können. Erkannte Sicherheitsmängel werden publiziert und die Algorithmen oder Implementierungen entsprechend angepasst.

- Eigene Implementierungen bekannter Algorithmen sind selten sinnvoll. Für nahezu alle Verfahren existieren kommerzielle oder freie (teilweise Open-Source-) Produkte. Auf Grund der breiteren Anwendung der Produkte werden Sicherheitsmängel schneller bekannt und behoben, als dies bei Eigenentwicklungen der Fall ist.

Verschlüsselungsverfahren

Für die Verschlüsselung gibt es symmetrische und asymmetrische Verfahren:

Symmetrische Verfahren DES, 3DES, IDEA, RC5

- Bei symmetrischen Verfahren kommt für Verschlüsselung und Entschlüsselung der gleiche Schlüssel zum Einsatz. Die Achillesferse dieser Verfahren ist der sichere Austausch der Schlüssel zwischen den beteiligten Partnern. Bei Kommunikation mit mehr als zwei Beteiligten ist auch die Anzahl der benötigten Schlüssel (n*(n-1)/2) kaum handhabbar. Zu den bekanntesten Vertretern dieser Verfahren zählen DES und 3DES, IDEA und RC5.

Asymmetrische (public-key) Verfahren

RSA-Algorithmus

- Bei asymmetrischen Verfahren wird ein Schlüsselpaar verwendet. Einer der beiden Schlüssel wird nur zur Verschlüsselung verwendet und ist öffentlich zugänglich. Die Entschlüsselung ist nur mit dem zweiten, geheimen Schlüssel möglich. Diese Verfahren werden als *Public-Key-Verfahren* bezeichnet. Wichtigster Vertreter der asymmetrischen Verfahren ist der RSA-Algorithmus. Ein Verfahren, das ausschließlich zur Signatur genutzt werden kann, ist DSA. Der Nachteil dieser Verfahren besteht in ihrer Ausführungsgeschwindigkeit: Sie sind etwa 1000-fach langsamer als ihre symmetrischen Kollegen. Aus diesem Grund kommen in der Praxis in der Regel Kombinationen beider Verfahren, so genannte *Hybrid-Verfahren,* zum Einsatz.

Hybride Verfahren

Hybride Verfahren (siehe Abbildung 7.31) machen sich die Vorteile der symmetrischen (Geschwindigkeit) und der asymmetrischen Verfahren (Schlüsselverteilung) zu Nutze. Zunächst wird ein zufälliger symmetrischer Sitzungsschlüssel generiert. Mit diesem werden die Nutzdaten verschlüsselt (Punkt 1 in Abbildung 7.31). Anschließend wird der Sitzungsschlüssel mit dem öffentlichen Schlüssel des Empfängers asymmetrisch verschlüsselt (Punkt 2). Jetzt können die verschlüsselten Nutzdaten und der verschlüsselte Sitzungsschlüssel gefahrlos transportiert werden. Auf Seite des Empfängers wird zunächst der Sitzungsschlüssel wieder (asymmetrisch) entschlüsselt (Punkt 3). Mit dem Sitzungsschlüssel können die Nutzdaten wieder symmetrisch entschlüsselt werden (Punkt 4).

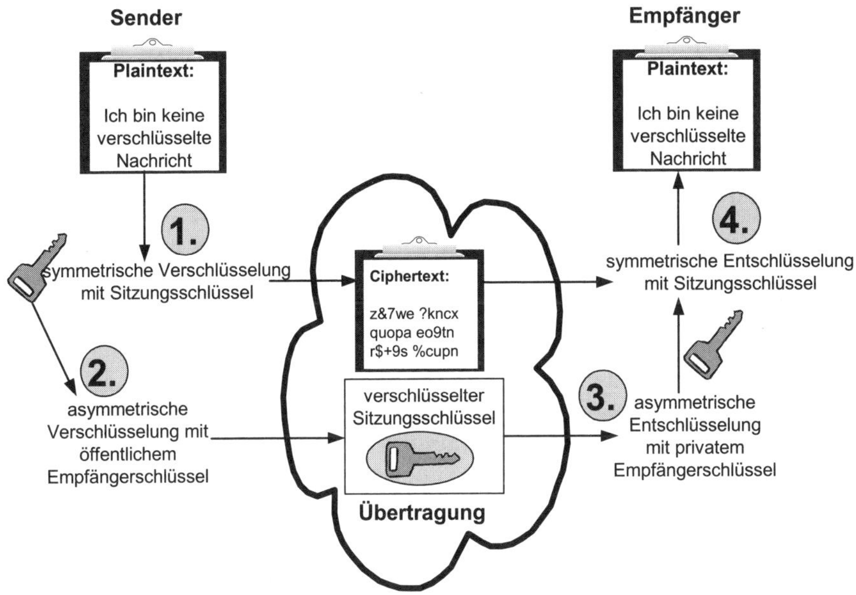

Abbildung 7.31: Hybride Verschlüsselungsverfahren

Integrität und Authentizität

Integrität und Authentizität werden mit Hilfe digitaler Signaturen gewährleistet, die auf asymmetrischen Verschlüsselungsverfahren basieren. Dabei ist die Bedeutung von öffentlichem und geheimem Schlüssel vertauscht. Das Verfahren zur Erzeugung einer digitalen Signatur entnehmen Sie Abbildung 7.32.

Digitale Signatur

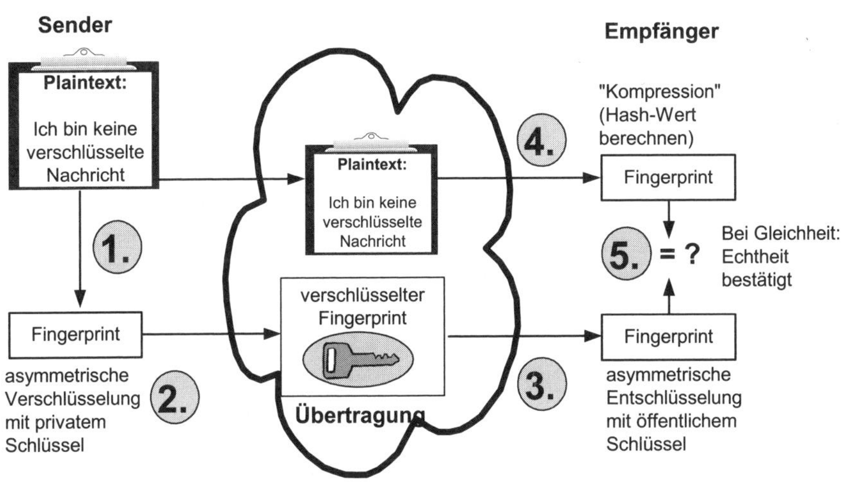

Abbildung 7.32: Digitale Signatur

Hashfunktion

Fingerprint

Message Digest

Zunächst wird mit Hilfe einer kryptographischen Hashfunktion (etwa: MD5, SHA-1) eine Prüfsumme (*Fingerprint, Message Digest*) der zu signierenden Nachricht errechnet. Dieser Vorgang heißt Kompression. Daran anschließend wird diese Prüfsumme mit dem privaten Schlüssel verschlüsselt. Die verschlüsselte Prüfsumme wird dann zusammen mit der Nachricht an den Empfänger übertragen. Der Empfänger entschlüsselt die Prüfsumme mit dem öffentlichen Schlüssel des Absenders. Gelingt dies, ist die Herkunft der Nachricht gesichert. Im nächsten Schritt wird die Prüfsumme der Nachricht errechnet und mit der der Nachricht beigefügten Prüfsumme verglichen. Ergeben sich Abweichungen, wurde die Nachricht während des Transports verändert.

Authentisierung durch Challenge-Response

Authentisierungen auf Basis kryptographischer Verfahren funktionieren ähnlich wie die digitale Signatur. Im ersten Schritt stellt das System, an dem die Authentisierung erfolgen soll, eine zufällige Datenfolge bereit. Diese wird von dem System, das sich authentisieren will, mit seinem privaten Schlüssel verschlüsselt und zurück übertragen. Durch Entschlüsselung dieser Daten mit dem öffentlichen Schlüssel und Vergleich mit den Originaldaten kann überprüft werden, ob die Authentisierung erfolgreich war oder nicht. Dieses Verfahren wird auch als *Challenge-Response-Verfahren* bezeichnet.

Die beschriebenen Verfahren setzen die nachprüfbare Zuordnung von öffentlichen Schlüsseln zu Personen oder Systemen voraus.[47]

Zertifikate: Zuordnung von Schlüsseln an Personen oder Systeme

Zertifikate = Bindung von Schlüsseln an Personen

Die Bindung von Schlüsseln an Personen oder Systeme wird durch *Zertifikate* erreicht. Diese enthalten Informationen zum Inhaber, sowie dessen öffentlichen Schlüssel. Um ein Fälschen dieser Zertifikate zu verhindern, werden sie vom Herausgeber digital unterzeichnet. Voraussetzung für die Vertrauenswürdigkeit von Zertifikaten ist daher die Vertrauenswürdigkeit des Herausgebers. Die Rolle dieser Herausgeber wird durch Zertifizierungsstellen (*trust center*) übernommen. In Deutschland unterliegen diese Zertifizierungsstellen als Voraussetzung für die Rechtsverbindlichkeit der Zertifikate einer strengen behördlichen Kontrolle.

Werden Zertifikate lediglich zur Sicherung der internen Kommunikation Ihres Unternehmens benötigt, können Sie eine eigene Zertifizierungsstelle aufbauen. Dazu einige kritische Aspekte als Entscheidungshilfe:

- Ist der Betrieb einer eigenen Zertifizierungsstelle und die Verwendung eigener Zertifikate juristisch abgesichert? Wenn Sie durch die Verwendung der Zertifikate Rechtsverbindlichkeit erreichen wollen, unterliegen Sie dem Signaturgesetz.

[47] Falls diese Zuordnung nicht sauber gelöst ist, kann es zu den gefährlichen „*man in the middle*"-Angriffen kommen, bei denen ein Angreifer beiden Kommunikationspartnern eine falsche Identität vortäuscht und Nachrichten verfälscht oder missbraucht.

- Zum Betrieb einer eigenen Zertifizierungsstelle benötigen Sie qualifiziertes Personal.
- Die technische und organisatorische Infrastruktur eines Trust-Centers muss sicher und verfügbar betrieben werden. Wenn Sie beispielsweise die sichere Verwahrung Ihrer Zertifikate nicht gewährleisten können, sollten Sie auf den Betrieb eines eigenen Trust-Centers verzichten.
- Der Betrieb eines eigenen Trust-Centers verursacht durch administrative und organisatorische Prozesse erhebliche Kosten. Stellen Sie diese den Kosten für eingekaufte Dienstleistung gegenüber.
- Sowohl fachliche als auch technische Gründe können für den Betrieb einer eigenen Zertifizierungsstelle sprechen. Ist beispielsweise die Hinterlegung von Schlüsseln gefordert, lässt sich dies mit einer akkreditierten Zertifizierungsstelle nicht realisieren.

Eine Frage der Ebene

Bei der Implementierung von Sicherheitsmaßnahmen sollten Sie zuerst festlegen, auf welcher Ebene des OSI-Schichtenmodells die Realisierung erfolgt:

- Netzwerk-Ebene (OSI-Schicht 3). Eine Implementierung auf dieser Ebene hat keinen Einfluss auf ein zu entwickelndes System. Die Sicherheits-Protokolle dieser Ebene werden häufig für die Realisierung so genannter *Virtual Private Networks* (*VPN*) genutzt. Innerhalb dieser Protokolle (etwa *IPSEC)* erfolgen Verschlüsselung, Sicherstellung der Datenintegrität und Authentisierung der Endsysteme. Die Mechanismen werden in diesem Fall auf den gesamten Datenverkehr zwischen den beteiligten Endsystemen angewandt. Für Software-Systeme ist die Verwendung der Sicherheitsmechanismen auf der Netzwerk-Ebene damit völlig transparent. Eine selektive Anwendung auf einzelne Anwendungen oberhalb der Netzwerk-Ebene ist nicht möglich. Den Zeitpunkt für Entschlüsselung und Prüfung der Datenintegrität können Anwendungen ebenfalls nicht bestimmen. Übertragene Daten werden unmittelbar nach dem Eingang beim Empfänger entschlüsselt und geprüft.
- Transport-Ebene (OSI-Schicht 4). Auch für diese Variante existieren standardisierte Protokolle wie *Secure Socket Layer (SSL)* oder *Transport Layer Security (TLS)*. Bei Einsatz dieser Protokolle kann jede Anwendung eigenständig über deren Verwendung entscheiden. Die Mechanismen beziehen nicht mehr das gesamte Endsystem ein, wie bei der Sicherung auf Netzwerk-Ebene. Generell werden aber alle Daten, die über eine solche Transportstrecke übertragen werden, gesichert. Die Anwendung hat keinen Einfluss auf den Zeitpunkt von Entschlüsselung und Integritätsprüfung. Beides erfolgt unmittelbar nachdem die Daten den Transportkanal verlassen haben. Für eine zu realisierende Anwendung bedeutet die Verwendung solcher Mechanismen nur einen geringen Zusatzaufwand. Lediglich beim Auf-

bau neuer Verbindungen ergeben sich Änderungen, beispielsweise durch die Behandlung von Zertifikaten. Die Abwicklung der eigentlichen Kommunikation unterscheidet sich nicht von der ungesicherten Kommunikation.

- Anwendungs-Ebene (OSI-Schicht 7). Diese Art der Implementierung gibt dem System maximale Kontrolle über die eingesetzten Sicherheitsmechanismen. Es bedeutet allerdings auch, dass die Verwendung der Mechanismen in einem System explizit programmiert werden muss. Transparenz oder Austauschbarkeit bezüglich der Verwendung von Sicherheitsmechanismen geht damit verloren. Klassisches Beispiel für diese Verfahren ist die Verschlüsselung von E-Mails gemäß *S/MIME*.

In der Praxis hängt die Entscheidung für ein spezifisches Verfahren von den funktionalen und organisatorischen Anforderungen an das zu realisierende Software-System ab. Einige Faustregeln:

- Für Anwendungen im Kontext des Signaturgesetzes ist eine Sicherung auf Transport-Ebene nicht ausreichend, da einige gesetzliche Forderungen (etwa die Nachvollziehbarkeit einer Signaturprüfung) nicht erfüllt sind.
- Wenn Sie Daten auch nach dem Transport sichern wollen, müssen Sie Sicherungsmaßnahmen auf Applikations-Ebene einsetzen.
- Genügt Ihnen die Sicherung der Daten während der Übertragung, sollten Sie Sicherheitsmaßnahmen auf Transport-Ebene wählen.
- Müssen Sie Sicherheitsmaßnahmen in bestehende Anwendungen integrieren, können Sie dies auf der Transport-Ebene mit geringerem Aufwand erreichen.

7.7.5 Zusammenhang mit anderen Aspekten

Sicherheitsmaßnahmen lassen sich nur im Kontext einer Gesamtarchitektur bewerten. Sie bilden ein Querschnittsthema, das Einfluss auf viele andere Bereiche eines Software-Systems nimmt.

Kommunikation und Verteilung

Sicherungsmaßnahmen werden häufig in Zusammenhang mit verteilten Systemen etabliert. Insbesondere wenn die Maßnahmen auf Transportebene realisiert werden, hat dies starken Einfluss auf das entstehende Gesamtsystem.

Middleware

Bei der Realisierung verteilter Systeme kommt meist eine Middleware (auch *Verteilungsplattform* genannt) zum Einsatz. Diese Verteilungsplattformen kommunizieren über Protokolle, die oberhalb der Transportebene angesiedelt sind (siehe [Puder2001]). Zur Realisierung von Sicherheitsmaßnahmen auf Transportebene ist es notwendig, diese in den Protokollstack der genutzten Verteilungsplattform zu integrieren. Ohne entsprechende Unterstützung durch die Verteilungsplattform ist dies nicht möglich.

Berücksichtigen Sie die Anforderungen an Sicherheit bei der Auswahl der Verteilungsplattform oder eines entsprechenden Produktes.

CORBA beispielsweise spezifiziert in seinen Security Services, wie die Realisierung von Sicherheitsmechanismen durch die Verteilungsplattform unterstützt wird. Dabei werden zwei Stufen unterschieden:

- Level-1 Security stellt grundlegende Mechanismen zur Verfügung, die einen gesicherten Aufruf entfernter Objekte sicherstellen. Anwendungen, die auf diesem Level aufbauen, werden als „security unaware" bezeichnet, d.h. die Verwendung der Sicherheitsmechanismen ist für die Anwendungen weitgehend transparent.
- Level-2 Security stellt Mechanismen zur Verfügung, die von einer Anwendung explizit zu verwenden sind. Applikationen dieses Levels werden als „*security aware*" bezeichnet.

Zu den Mechanismen des Level1 gehört auch *IIOP over SSL*. Dabei wird das Protokoll der Verteilungsplattform CORBA über das sichere Transportprotokoll SSL abgewickelt.

Die geschilderten Security Services sind jedoch nicht verbindlicher Bestandteil der CORBA-Spezifikation. Ihre Unterstützung ist Produkt-abhängig.

Ein weiterer Berührungspunkt zwischen Verteilung und Kommunikation ist Performance. Zur Gesamtperformance eines verteilten Systems tragen die Laufzeitkosten der Kommunikation oftmals erheblich bei. Die Problematik, dass das Öffnen neuer Verbindungen einen wesentlichen Teil der Kommunikationskosten ausmacht, verschärft sich bei der Verwendung von Sicherheitsmaßnahmen auf Transportebene weiter. Beispielsweise sind beim Aufbau gesicherter SSL-Verbindungen diverse Optionen für die verwendeten Algorithmen auszuhandeln sowie Schlüssel und Zertifikate auszutauschen und zu prüfen.

Die folgenden Maßnahmen tragen an dieser Stelle zu einer Verbesserung der System-Performance bei:

- Wenige entfernte Methoden-Aufrufe mit großen Datenmengen sind deutlich performanter als viele Aufrufe mit geringen Datenmengen, auch wenn die Netto-Nutzdaten das gleiche Volumen haben. An dieser Stelle sind meist Kompromisse zwischen elegantem Design und Performance-Aspekten notwendig.
- Möglicherweise können Verbindungen offen gehalten werden und für folgende Aufrufe weiterverwendet werden (Pooling von Verbindungen). So kann bei entfernten Aufrufen das teure Öffnen von Verbindungen gänzlich vermieden werden.

7.7.6 Weiterführende Literatur

[SSH] ist eine kurze Einführung in Kryptographie.

[Schneier96] ist das Standardwerk zum Thema Kryptographie.

[Schmeh98] stellt das Thema Sicherheit und Kryptographie fundiert dar und ist dabei auch unterhaltsam zu lesen. Die mathematische Darstellung von Algorithmen wurde auf ein sehr erträgliches Maß beschränkt.

[Tanenbaum89] ist das Standardwerk zur Datenkommunikation. In Anlehnung an das OSI-Modell werden die verschiedenen Ebenen der Kommunikation dargestellt.

[SigG/SigV] enthalten die rechtlichen Grundlagen zur Verwendung digitaler Signaturen in Deutschland.

[Puder2001] beschreibt die interne Funktionsweise von Verteilungsplattformen am Beispiel der CORBA-Implementierung MICO, einer freien CORBA-Implementierung,

Wolfgang Korn (wolfgang.korn@gmx.de) hat mehrere Jahre als Berater für IT-Sicherheit und Software-Architekturen gearbeitet. Zur Zeit ist es als Software-Architekt für die Conet AG in Hennef tätig. Seine Mission besteht darin, seine Familie von den Vorzügen mechanischer Klaviere zu überzeugen und für seine Kunden sichere Architekturen zu entwickeln.

7.8 Protokollierung

Protokollierung: Sammeln von Informationen über den Programmzustand während des Programmablaufs.

Es gibt zwei Ausprägungen der Protokollierung, das „*Logging*“ und das „*Tracing*“. Bei beiden werden Funktions- oder Methodenaufrufe in das Programm aufgenommen, die zur Laufzeit über den Status des Programms Auskunft geben.

In der Praxis gibt es zwischen Logging und Tracing allerdings sehr wohl Unterschiede:

- Logging kann fachliche oder technische Protokollierung sein, oder eine beliebige Kombination von beidem.
  - Fachliche Protokolle werden gewöhnlich anwenderspezifisch aufbereitet und übersetzt. Sie dienen Endbenutzern, Administratoren oder Betreibern von Softwaresystemen und liefern Informationen über die vom Programm abgewickelten Geschäftsprozesse.
  - Technische Protokolle sind Informationen für Betreiber oder Entwickler. Sie dienen der Fehlersuche sowie der Systemoptimierung.
- Tracing soll *Debugging*-Information für Entwickler oder Supportmitarbeiter liefern. Es dient primär zur Fehlersuche und -analyse.

7.8.1 Typische Probleme

Hohe Abhängigkeit von der Protokollierung

Ein Problem einfacher *ad-hoc*-Lösungen der Protokollierung ist die starke Abhängigkeit nahezu sämtlicher Komponenten von der Protokollierung. In fast allen anderen Komponenten wird von der Protokollierung explizit Gebrauch gemacht, indem Aufrufe der Form

```
writeLogEntry( message, priority, category );
```

enthalten sind. Der Empfänger solcher Nachrichten (oder Funktionsaufrufe) muss daher in jeder Komponente bekannt sein. Spätere Erweiterungen der Protokollierung, insbesondere ihrer Schnittstelle, ist mit Quellcode-Anpassungen an vielen Stellen verbunden.

Von daher ist es im Rahmen der präventiven Qualitätssicherung angebracht, vorhandene Bibliotheken zur Protokollierung heranzuziehen, die flexible Anpassung an erweiterte Nutzungsbedürfnisse ohne Code-Änderungen erlauben. Hierzu gehören die Konfiguration zur Laufzeit (Ein- und Ausschalten der Protokollierung, Umlenkung auf andere Ausgabekanäle) und die Definition neuer Kategorien, Prioritäten oder Ausgabekanäle.

Hohe Flexibilität gefordert

Die für die Protokollierung verantwortliche Softwarekomponente, nachfolgend kurz *Logger* genannt, benötigt Flexibilität in folgenden Aspekten:

- Welche Ereignisse sollen protokolliert werden? Hierzu werden Ereignisse in Kategorien eingeteilt. Der Logger entscheidet zur Laufzeit darüber, ob ein auftretendes Ereignis protokolliert wird oder nicht.
- Wie wichtig oder gravierend sind Ereignisse einer bestimmten Kategorie? Dazu können Kategorien mit Prioritäten versehen werden, etwa `DEBUG`, `INFO`, `WARNING`, `ERROR`, und `FATAL`.
- Wohin sollen Ereignisse protokolliert werden? Je nach Anforderung können dazu beliebige Ausgabekanäle sinnvoll oder notwendig sein: Neben den konventionellen Logdateien können Ereignisse an Betriebssystemdämonen[48] oder Warteschlangen geschickt werden, oder sogar über Mobilfunk (SMS) oder E-Mail direkt an die verantwortlichen Personen.
- Wie sollen Ereignisse einer bestimmten Kategorie formatiert werden? Für bestimmte Ereigniskategorien mag eine Übersetzung in die Landessprache der Endanwender sinnvoll sein. Benötigt das System die Nachrichten als Text, HTML, XML oder in anderen Formaten?

[48] Etwa den Unix `syslogd` oder entsprechende Mechanismen unter anderen Betriebssystemen.

Protokollierung in heterogenen Systemen

Protokollierung über Programmiersprachen- und Betriebssystemgrenzen ist komplex. Es gibt einige technische Probleme (etwa: Netzbelastung, Parameterübergabe zwischen unterschiedlichen Programmiersprachen).

Bei getrennter Protokollierung auf Clients und Server ist die Konsolidierung von Client- und Serverprotokollen schwierig.

7.8.2 Lösungskonzept

Die Apache Foundation hat den *Logging Framework for Java* (log4j) entwickelt, eine freie Bibliothek zur Protokollierung in Java.[49] Die Konzepte dieser Bibliothek erfüllen die oben genannten Anforderungen an Logging und Tracing. Abbildung 7.33 gibt eine Übersicht. Die Konzepte dieses Ansatzes sind leicht auf andere Sprachen übertragbar.

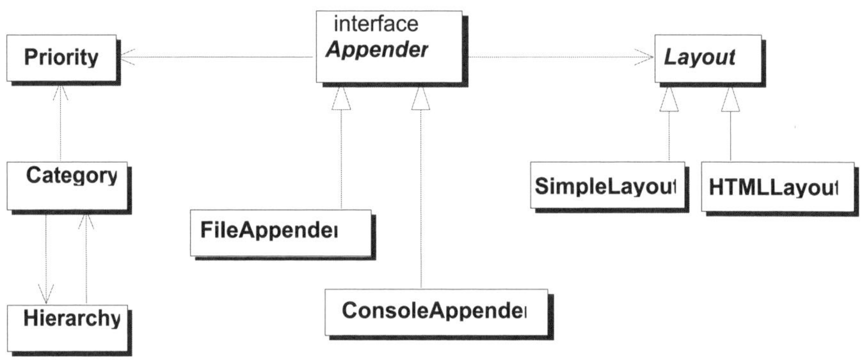

Abbildung 7.33: Zentrale Klassen des log4j Frameworks der Apache Foundation

Einige Tipps zur Protokollierung:

- Nutzen Sie möglichst ein bestehendes Framework. Dieses Rad müssen Sie nicht neu erfinden!
- Protokollieren Sie sämtliche Interaktionen der Benutzeroberfläche, weil damit der „Gang“ des Benutzers durch die Applikation nachvollziehbar wird.
- Protokollieren Sie zusätzlich alle Interaktionen zwischen Subsystemen oder Komponenten.
- Nutzen Sie die Protokollierung zur Fehlersuche und -analyse. Durch Protokollaufrufe instrumentierter Code erleichtert die Fehlersuche.

[49] Mittlerweile gibt es auch Portierungen für C++ und Python.

- Beachten Sie die entstehende Netzbelastung, wenn Sie in verteilten Systemen Protokolle schreiben. Lösungsansatz: Getrennte Protokolle auf den einzelnen Plattformen. Nachteilig hierbei ist, dass der Zugriff auf die Client-Protokolle eventuell (rein organisatorisch) schwer sein kann, etwa wenn die Clients im Internet verteilt sind.
- Wenn die kontinuierliche Fortschreibung einer Protokolldatei aus Platz- oder Performancegründen nicht möglich ist, können Sie Ringpuffer als Alternative einsetzen. Dabei steht eine feste Anzahl von Einträgen im Protokoll zur Verfügung, die zyklisch überschrieben werden. Siehe dazu auch [Marick2000].

7.8.3 Zusammenhang mit anderen Aspekten

- Sicherheit: Die korrekte Behandlung sensibler Daten in Protokolldateien muss gewährleistet werden.
- Verteilung: Auf welchem physischen Knoten läuft der Logger? Gibt es eine oder mehrere Instanzen?
- Kommunikation: Logging in verteilten Systemen erzeugt Netzlast.

7.8.4 Weiterführende Literatur

Einige Open-Source-Projekte erstellen Bibliotheken für die Protokollierung. Zu den bekannten gehört der log4j Framework des Apache-Projektes, zu finden unter www.apache.org. Einen Wrapper zur Kapselung unterschiedlicher Logging-Frameworks bietet Apache im Commons-Projekt. Ab Version 1.4 enthält Java eine Standard-API für Logging.

[Gupta2003] diskutiert Logging mit Java und log4j ausführlich, mit vielen Benutzungshinweisen.

[Marick2000] beschreibt einige Muster von Logging mit Ringpuffern, die sich zum dezentralen Einsatz eignen, also etwa auf Arbeitsplatzrechnern mit eingeschränktem Speicherplatz.

7.9 Workflow-Management: Übergreifende Ablaufsteuerung

Von Martin Bartonitz

Workflow: Übergreifende Abläufe

Bereits in Abschnitt 7.8 (Ablaufsteuerung grafischer Oberflächen) haben Sie die Mittel zur Ablaufsteuerung *innerhalb eines einzigen* Systems kennen gelernt. Die Ablaufsteuerung im Sinne von Workflow-Management bezieht sich auf systemübergreifende Aspekte. Hier geht es um Steuerung und Koordination zwischen verschiedenen Software-Systemen.

Workflow ist für Software-Architektur aus verschiedenen Gründen von Bedeutung:

- Es betrifft die Schnittstellen zwischen verschiedenen Systemen.
- Es beeinflusst möglicherweise die Dienste oder Schnittstellen, die ein System „nach außen" bereitstellt.
- Zur Abwicklung komplexer Geschäftsprozesse sind oftmals mehrere Software-Systeme notwendig.

7.9.1 Zweck der Ablaufsteuerung

Geschäftsprozesse repräsentieren Arbeitsabläufe in Unternehmen, durch die unternehmerischer Mehrwert entsteht. Geschäftsprozesse sind häufig Vorgänge, die auf Basis einiger Stammdaten zugehörige Vorgangsdaten bearbeiten. Typische Stammdaten sind Adressen oder Produktdaten, Beispiele für Vorgangsdaten sind Angebote, Aufträge oder Rechnungen.

Geschäftsprozesse werden in vielen Unternehmen auch heute noch zu einem erheblichen Teil auf Papier- oder Aktenbasis abgewickelt. Kommt eine Akte zu einem Sachbearbeiter, führt er einige spezifische Arbeitsschritte aus (ändert einige Daten, verschickt eine Rechnung oder ähnliches) und leitet die Akte an andere Bearbeiter (etwa zur Genehmigung, zur Ansicht oder zu weiteren Aktionen) weiter. In zunehmendem Maße werden solche Akten (oder Vorgänge) in Unternehmen zwecks Weiterbearbeitung per Mail an andere Sachbearbeiter oder Abteilungen geschickt. Dieses Vorgehen ist umständlich, schwer nachvollziehbar und kann nicht kontrolliert werden. Ziel von Workflow-Systemen ist die (möglichst nahtlose) Einbindung solcher Abläufe in Software-Systeme. Die Übergänge zwischen verschiedenen Systemen sollen dabei transparent und ohne Medienbrüche erfolgen.

Dabei sollen bestehende Systeme in hohem Umfang genutzt werden. Damit besitzt das Workflow-Management enge Beziehung zur Integration und Kommunikation, siehe Abschnitte 7.2 (Integration) und 7.4 (Kommunikation).

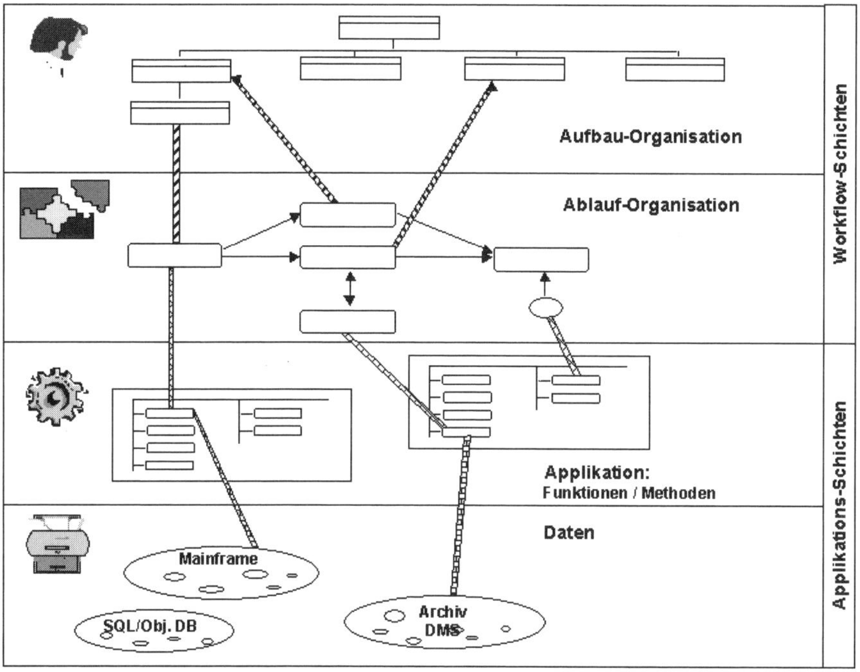

Abbildung 7.34: Von der Aufbauorganisation zum Software-System

Abbildung 7.34 verdeutlicht, wie die Aufbau- und Ablauforganisation in Unternehmen auf den Entwurf von Software-Systemen einwirken. Workflow-Systeme sollen dabei koordinierend und steuernd auf den Ablauf anderer Systeme wirken. Sie sollen:

- den richtigen Personen (in der Aufbauorganisation)
- zur richtigen Zeit (innerhalb der Ablauforganisation)
- mit den richtigen Werkzeugen (Software-Systemen, Applikationen)
- die richtigen Daten bereitstellen.

Zusätzlich verwalten sie Versions- und Statusinformation über die betroffenen Geschäftsvorfälle und weisen anhand von Gruppen-, Rollen- oder Verantwortlichkeitsprofilen Vorgänge flexibel Mitarbeitern zu (unter Berücksichtigung von Benutzerrechten, Vertretungs- oder sonstigen Geschäftsregeln).

Eine Definition von Workflow-Management

Die Workflow Management Coalition[50] (WfMC) definiert Workflow-Management wie folgt:

[50] www.wfmc.org

> Workflow-Management ist die Automatisierung von Geschäftsprozessen oder Vorgängen, in denen Dokumente, Informationen oder Arbeitsaufträge unter Berücksichtigung von Regeln oder definierten Verfahren von einem Teilnehmer zum nächsten gereicht werden.

Diese Definition stellt Anwender in den Mittelpunkt und lässt die beteiligten Systeme unspezifiziert.

7.9.2 Lösungsansätze

Wollen Sie in der Architektur eines Software-Systems eine flexible Ablaufsteuerung (im Sinne der oben genannten Definition von Workflow-Management) vorsehen, so haben Sie drei Alternativen:

1. Ein Zustandsautomat mit Transitionstabellen steuert das System. Dieser Zustandsautomat ist Bestandteil des Systems selbst (*embedded workflow*).
2. Die Steuerung erfolgt durch ein externes Workflow-Management-System (WMS).
3. Manuelle Ablaufsteuerung, Vorgänge werden per E-Mail oder Groupware weitergeleitet.

Im ersten Fall werden die Zustandsübergänge der Applikation in einer Tabelle hinterlegt, sodass sie hier entsprechend neuer Anforderungen administriert werden können. Zustände beziehen sich hierbei auch auf Bearbeitungszustände von Vorgängen oder Dokumenten. Beispiele: „Kreditantrag genehmigt", „Kreditantrag vorläufig freigegeben", „Kreditantrag endgültig freigegeben".

Im zweiten Fall wird anhand der Anforderungen des Projektes und der Organisation (siehe Kapitel 3, Einflussfaktoren) eine passende Standardsoftware ausgesucht. Streng genommen ist das Workflow-System selbst ein Zustandsautomat, allerdings mit einer Reihe weiterer Aufgaben.

Im dritten Fall arbeiten Software-Systeme lose gekoppelt. Es besteht das Risiko von Medienbrüchen oder Prozessunterbrechungen. Im Falle hochgradig komplexer oder kreativer Prozesse („individuelle Vorgänge"), deren Bearbeitung stark durch Heuristiken geprägt ist, bietet sich diese Alternative an.

Entscheidungskriterien

Für die oben erwähnten drei Alternativen der Ablaufsteuerung fasst Ihnen Tabelle 7.4 einige einfache Entscheidungskriterien zusammen.

Tabelle 7.4: Heuristik zur Entscheidung der Ablaufsteuerung

Kriterium	WMS	Groupware	Embedded
Häufigkeit	Repetitiv	Individuell	Selten
Prozessstruktur (Regeln)	Stark	Schwach	Stark/Schwach
Benutzerrollen	Viele	Wenige	Wenige
Transparenz	Zwingend	Nicht zwingend	Nicht zwingend
Terminverfolgung	Wichtig	Unwichtig	Unwichtig
Werkzeugnutzung	Generell	Teilweise	Kaum
Dokumente (Input/Output)	Bekannt	Teilweise bekannt	Unbekannt
Externe Schnittstellen	klar definiert, automatisierbar	Wenig externe Kommunikation	Keine

Definition von Workflow-Management-Systemen

Die Definition eines Workflow-Management-Systems (WMS) durch die WfMC hat einen technischen Fokus.

> Ein Workflow-Management-System ist ein System, das Prozesse definiert, erzeugt und steuert durch den Einsatz von Software, die auf einer oder mehreren Workflow Engines läuft, die Prozessdefinitionen interpretieren, mit Anwendern interagieren und, wo gefordert, Software-Systeme aufrufen.

Typische Funktionen von WMS

Workflow-Management-Systeme enthalten einige typische Funktionsgruppen:

- Definitions- oder Modellierungswerkzeuge für die Aufbauorganisation (die Benutzerverwaltung soll sicherstellen, dass rollen- oder personenbezogene Rechte auch systemübergreifend korrekt eingehalten werden) und die Ablauforganisation (Geschäftsprozesse). Die Systeme stellen hierfür (grafische) Werkzeuge zur Verfügung, mit deren Hilfe zu den beteiligten (externen) Software-Systemen die entsprechenden Ablaufparameter hinterlegt werden können.
- Sowohl der Client als auch der Server müssen in der Lage sein, an vorgesehenen Stellen im Geschäftsprozess beteiligte Fremdsysteme (Applikationen) aufzurufen. In diesem Fall werden notwendige Parameter mit der Applikation ausgetauscht. Siehe hierzu den Abschnitt 7.2 (Integration).
- WMS benötigen eine Administrationskomponente, mit der notwendige Systemparameter gepflegt werden können (etwa der Arbeitstagekalender).
- Auf Basis einer Protokollierungskomponente können Berichte über den Verlauf der Prozesse erstellt werden. Hier sei der Hinweis erlaubt, dass in

Deutschland der Betriebsrat oder Personalrat großen Einfluss auf die Ausgestaltung der entsprechenden Prozesse und auf die zu protokollierenden Daten besitzt. Von daher: Involvieren Sie diese Organisationseinheiten frühzeitig.

Praxisrelevante Zusatzfunktionen

Workflow-Management-Systeme müssen mehrere andere Systeme steuern. Diese Steuerung umfasst eine Reihe Zusatzaufgaben, die spezifisch für die Bearbeitung von Geschäftsprozessen ist:

- Integration mit einem Postkorb: Ziel ist es, die Nutzung von Workflow- und E-Mail-Systemen möglichst einheitlich im Sinne der Benutzerakzeptanz zu gestalten. Daher erlauben einige WMS mittlerweile die Verwendung von Plugins in die wichtigsten Mail-Systeme, um ihre Worklist-Daten direkt in diesen Applikationen zu präsentieren.
- Wiedervorlage: Ein Auftrag wird mit einem Termin versehen und zu dem definierten Datum wieder im Postkorb vorgelegt.
- Termin: Termine können für jede einzelne Aufgabe absolut oder relativ berechnet werden. Terminfestlegungen sollen eine Kontrolle für den Durchfluss ermöglichen. Wird der Termin überschritten, werden diverse Mahnungen fällig oder andere Eskalationswege automatisch initiiert.
- Monitor: Diese Funktion führt Buch über den Status sowie die Historie der Prozesse. Sie ist damit in der Lage, Terminüberschreitungen, Laufzeitüberschreitungen und ähnliches zu erkennen und zu dokumentieren.
- Ablage: Ein Prozess ohne elektronische Dokumente ist kaum noch denkbar. Diese Dokumente müssen abgelegt werden oder die Referenz auf die Ablage muss mitgeführt werden.

Aufbau von Workflow-Management-Systemen

WMS sind im Normalfall als Client/Server-Systeme implementiert. Abbildung 7.35 verdeutlicht, dass sowohl der Workflow Client als auch der Server (die so genannte *Engine*) mit vorhandenen Applikationen zwecks Steuerung kommunizieren.

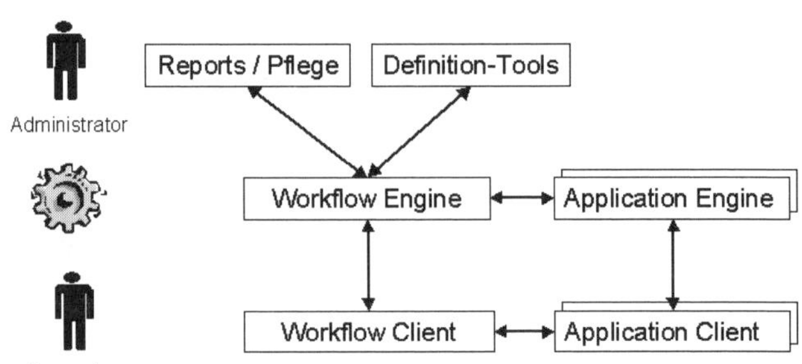

Abbildung 7.35: (reduziertes) WfMC-Workflow-Referenz-Modell

Über die Programmierschnittstelle des Workflow-Management-Systems können Sie Funktionen des WMS aus dem eigenen System aufrufen.

7.9.3 Integration von Workflow-Systemen

Die Integration eines Workflow-Management-Systems mit anderen Systemen kann auf zwei Arten erfolgen:

- Externe Systeme integrieren die Workflow-Funktionen.
- Ein Workflow-Management-System integriert die externen Systeme.

Falls Sie ein System entwerfen, das mit einem WMS kooperieren soll, sollten Sie diese Aspekte mit Ihren Auftraggebern klären. Diese Entscheidung besitzt großen Einfluss auf die Gestaltung der Ablaufsteuerung innerhalb Ihres Systems, obwohl das WMS primär die übergreifende Steuerung behandelt.

7.9.4 Weiterführende Literatur

[Lehmann99] schlägt ein Vorgehensmodell zur Entwicklung von Workflow-Anwendungen vor.

[Leymann98] stammt aus der Feder von zwei führenden IBM-Experten zum Thema Workflow. Sie beschreiben die Struktur produktiver Workflow-Systeme und zeigen Techniken für ihren Entwurf.

[VDAalst2002] ist eine aktuelle Übersicht über Workflow-Management.

Martin Bartonitz (martin@bartonitz.net) wandte sich vor 10 Jahren von der Prozesssteuerung in der Welt der Physik der Vorgangssteuerung in der Welt der Büros zu. Erfahrung darin gewann er bei einem Hersteller eines Workflow-Management-Systems als Projektleiter, Trainer und Produktmanager. Mittlerweile stellt er sein Wissen über Methoden und Werkzeuge im Workflow-Umfeld als Berater zur Verfügung.

7.10 Internationalisierung

von Kerstin Dittert

Internationalisierung: Unterstützung für den Einsatz von Systemen in unterschiedlichen Ländern, Anpassung der Systeme an länderspezifische Merkmale.

Lange bevor Softwareprodukte international eingesetzt werden sollten, entwickelte die Industrie schon Produkte für globale Märkte. Stellen Sie sich folgendes Szenario vor:

Ein Automobilhersteller des europäischen Fantasielandes Expando vertreibt einen PKW, der sich im Heimatland zum Verkaufsschlager entwickelt. Das Management beschließt, den Wagen auf den internationalen Markt zu bringen. Ein Team erhält den Auftrag, festzustellen, welche Ergänzungen notwendig sind, um das Fahrzeug international zu vertreiben. Die Gruppe erstellt in langwieriger Detailarbeit einer Liste aller Beschriftungen im Wageninneren. Sie fordern eine Übersetzung dieser Texte und der Betriebsanleitung in alle europäischen Sprachen an. Mit beträchtlichem Aufwand werden die Texte übersetzt. Der Wagen lässt sich nun für jedes Zielland neu konfigurieren:

- Alle Beschriftungen sind in der Landessprache verfasst.
- Das eingebaute Navigationssystem ist für jedes Land mit den entsprechenden Karten und der passenden Sprachausgabe ausgestattet.
- Für jedes Land gibt es eine andere Betriebsanleitung.

Das Marketing beginnt, der Wagen wird europaweit und in Amerika vertrieben. Zur Überraschung aller entwickelt sich der ausländische Umsatz mehr als schleppend. In England wird kein einziges Auto verkauft. In Deutschland veröffentlich der ADAC Testergebnisse, nach denen der Wagen bei 180 km/h in der Kurve ausbricht. In Amerika wird der Wagen gar nicht erst für den Verkauf zugelassen! Das Management beruft eine Krisensitzung ein. Es war doch so viel Aufwand in die Übersetzungsarbeit gesteckt worden! Wieso nahmen die Kunden den Wagen nicht an? Eine in Auftrag gegebene Studie bringt ernüchternde Ergebnisse zu Tage:

- In England hatte man vergessen, das Lenkrad *rechts* einzubauen.
- In der amerikanischen Version hatte man vergessen, den Tacho auf die *Maßeinheit* Meilen/Stunde umzurechnen.
- Da in Expando das Tempolimit 130 km/h gilt, wurde die Konstruktion auf diese Höchstgeschwindigkeit ausgelegt. Der Fehler wurde von der Qualitätssicherung nicht entdeckt, da *spezielle Tests* für einzelne Länder-Konfigurationen nicht durchgeführt wurden!

Bei der Konzentration auf die sprachlichen Aspekte hatte man andere Aspekte wie Maßeinheiten, technische Randbedingungen etc. völlig vergessen.

7.10.1 Globale Märkte erfordern neue Prozesse

So überspitzt die obige Geschichte auch sein mag: Die Erstellung international einsetzbarer Software stellt Sie als Software-Architekten vor ähnliche Probleme. Der Aspekt der Internationalisierung beeinflusst den gesamten Softwareentwicklungsprozess. Sie sollten ihn deshalb frühzeitig in Ihre Überlegungen mit einbeziehen. Neben der Berücksichtigung verschiedener Sprachen müssen Sie manchmal auch nationale Unterschiede wie Währungen, gängige Formatierungen, Zeitzonen etc. berücksichtigen.

Je nach Zielgruppe und angestrebtem Markt kann es sogar erforderlich sein, kulturelle und politische Aspekte mit zu betrachten. Dies ist besonders wichtig für Web-Anwendungen, die sich an ein weltweites und unspezifisches Publikum wenden (wie z.B. Suchmaschinen, Free-Mail-Provider etc.).

7.10.2 Dimensionen der Internationalisierung

Internationalisierung ist teuer, und nicht jede Anwendung ist für den chinesischen Markt mit einer Fülle von über 40000 Schriftzeichen geplant. Allgemeine generische Ansätze sind aufwändig in der Entwicklung, ohne dass damit zwangsläufig ein wirtschaftlicher Mehrwert verbunden ist. Zu Beginn des Architekturentwurfs sollten Sie deshalb die Anwender-Zielgruppe möglichst genau eingrenzen. Dabei sollten Sie folgende Fragen stellen:

- Welche Sprachen sollen unterstützt werden?
- Verwenden alle Sprachen ausschließlich lateinische Schriftzeichen?
- Wird Text immer horizontal von links nach rechts geschrieben?
- In welchen Ländern soll die Anwendung eingesetzt werden?

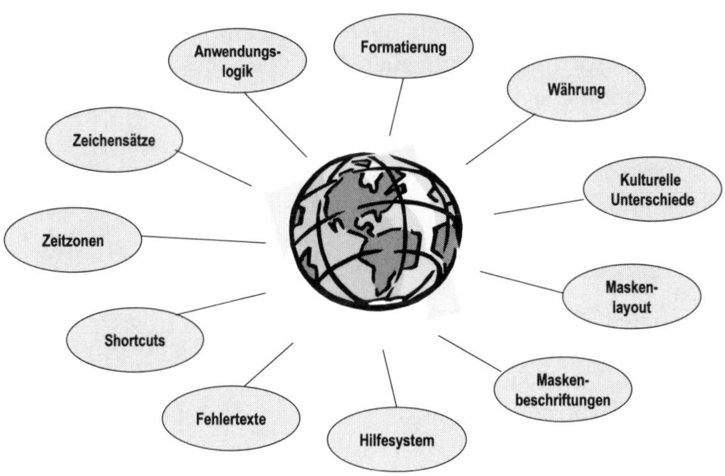

Abbildung 7.36: Aspekte der Internationalisierung

Sie und Ihr Team müssen herausfinden, wie hoch der Anteil sprachabhängiger oder landestypischer Anwendungslogik ist. Folgende Fragen können Ihnen dabei helfen:

- Welche Formatierungen werden benötigt?
- Müssen unterschiedliche Währungen verarbeitet werden?
- Enthalten die Anwendungsdaten Bezeichnungen, die übersetzt werden müssen?

- Enthält die Anwendung zeitabhängige Dienste?
- Welchen Umfang soll das Hilfesystem haben?
- Welche Anwendungsteile sollen über Tastaturkürzel[51] gesteuert werden?
- Gibt es kulturelle Unterschiede, die für die Anwendung relevant sind?

Haben Sie diese Fragen beantwortet, können Sie entscheiden, welche der folgenden Konzepte für Ihre Architektur relevant sind. Als wichtigste Regel gilt:

Grenzen Sie die Internationalisierungsaspekte so weit wie möglich ein.

7.10.3 Lösungskonzepte

Mehrsprachigkeit

Sprachen
Sprachvarianten

Fast alle internationalisierten Anwendungen unterstützen mehrere Sprachen, manche sogar Sprachvarianten wie z.B. *Britisches* und *Amerikanisches Englisch*. Die Notwendigkeit solch feiner Unterscheidung müssen Sie sorgfältig abwägen. Die Ziele einer hohen Anwenderakzeptanz und des möglichst geringen Entwicklungs- und Wartungsaufwandes stehen sich komplementär gegenüber. Für die Rechtschreibprüfung einer Textverarbeitung ist die Berücksichtung von Sprachvarianten unerlässlich. Die Webseiten einer Internet-Suchmaschine können hingegen ausschließlich in einer englischen Sprachvariante angeboten werden.

Externe
Ressourcen

Sämtliche Oberflächenelemente müssen sprachabhängig beschriftet werden und werden deshalb als externe Ressourcen benötigt. Rückmeldungen an den Anwender wie Fehlermeldungen, Statuszeilentexte etc. müssen ebenfalls in allen Sprachen vorliegen und beim Satzbau den Regeln der jeweiligen Grammatik folgen.

Textkonstanten sind in verschiedenen Sprachen unterschiedlich lang und beanspruchen dementsprechend mehr oder weniger Platz. Grafische Benutzeroberflächen mehrsprachiger Systeme sollten deshalb niemals ein statisches GUI-Layout[52] vorgeben. Stattdessen sollte sich die Größe beschrifteter Elemente (Buttons, Label, Menüeinträge etc.) dynamisch an den enthaltenen Text anpassen.

Die Oberflächenorientierung einer GUI folgt immer der Textausrichtung der Sprache. Menüs werden z.B. in deutschsprachigen Ländern von links nach rechts angeordnet, in arabisch sprechenden Ländern jedoch von rechts nach links. Auch werden die Elemente einer Maske entweder von links nach rechts

[51] Shortcuts (z.B. CTRL-C) oder Mnemonics (ALT-Buchstabe).

[52] Bei einem statischen GUI-Layout sind die Position und Größe der einzelnen Oberflächenelemente fest vorgegeben. Bei unbekannten Beschriftungslängen muss also vorsorglich einiges an zusätzlichem Platz reserviert werden, damit die Texte nicht abgeschnitten werden.

oder umgekehrt angeordnet. Falls also Sprachen mit unterschiedlicher Textausrichtung unterstützt werden sollen (z.B. Englisch und Arabisch), so wird eine variable GUI-Komponentenorientierung benötigt. Hierfür muss das GUI-Layout-Management neben der variablen Positionierung und Größenbestimmung um dynamische Orientierung ergänzt werden.

Die folgende Heuristik kann Ihnen helfen, Ihre Architektur für mehrere Sprachen auszulegen:

- Legen Sie zunächst die für das System erforderlichen Sprachen fest (z.B. Deutsch, Englisch, Arabisch etc.).
- Überprüfen Sie sorgfältig, ob Sie unterschiedliche Sprachvarianten benötigen (z.B. Deutsch (Schweiz), Deutsch (Deutschland)). Der Übersetzungsaufwand steht häufig in keinem vernünftigen Verhältnis zum Mehrwert innerhalb der Anwendung!
- Setzen Sie bei der Masken-Gestaltung Layout-Manager-Klassen ein. Diese passen die Größe der Maskenelemente an die aktuellen Beschriftungslängen an.
- Sollte die von Ihnen eingesetzte Programmiersprache kein dynamisches Layout-Management unterstützen, so berücksichtigen Sie zusätzlichen Platzbedarf für andere Sprachen. Geben Sie in Entwurfsrichtlinien maximale Beschriftungslängen vor (z.B. 30 Zeichen).
- Ordnen Sie Menüs und andere Oberflächenelemente gemäß der Textausrichtung der verwendeten Sprache an.
- Legen Sie sämtliche sprachabhängigen Elemente in Ressource-Dateien ab (Oberflächenbeschriftungen, Fehlertexte, Shortcuts, Tooltipps, Audio-Dateien etc.).
- Beachten Sie bei Fehlermeldungen den unterschiedlichen Satzbau verschiedener Sprachen. Einige Klassenbibliotheken bieten hierfür spezielle Formatierungsklassen an.[53]

Anbindung externer Ressourcen

Sämtliche statischen Texte und alle übrigen sprachabhängigen Inhalte, wie Bilder oder Audio-Dateien, werden in sprachspezifischen Ressource-Dateien oder -Klassen von der Anwendungsimplementierung entkoppelt. Zur Laufzeit bestimmt das Programm die aktuelle Kombination von Land und Sprache. Dies kann mit Betriebssystemmitteln, über ein Benutzerprofil oder auf Anforderung des Benutzers erfolgen. Diese Länder-Sprachkombination wird allen internationalisierten Anwendungsteilen zur Verfügung gestellt[54]. Anschließend können die jeweils benötigten Ressourcen geladen werden.

[53] In Java ist dies die Klasse `MessageFormat`

[54] Sie wird häufig als *Locale*-Objekt bezeichnet.

Auch Tastaturkürzel gehören zu den Daten, welche erst nach Auswahl der Sprache zugeordnet werden können. Sie werden deshalb ebenfalls als Ressourcen verwaltet und den Oberflächenelementen dynamisch zugeordnet. Hierbei ist besonders darauf zu achten, dass die Kürzel als Buchstabe in der zugeordneten Beschriftung enthalten und pro Maske eindeutig sind.

Das gesamte Hilfesystem (hierzu gehören auch Tooltipps und Benutzerhandbücher) muss ebenfalls in allen Sprachen vorliegen.

Fehlermeldungen und sonstige Nachrichten an den Benutzer werden auch als Ressourcen gehalten und in einem zentralen Pool verwaltet. Dies hat den angenehmen Nebeneffekt, dass eine Standardisierung der Nachrichtentexte einfach zu erreichen ist. Nachrichten können Platzhalter enthalten, welche zur Laufzeit kontextabhängige Inhalte aufnehmen können. Ein Beispiel hierfür sind zwei Nachrichtenformate

- „Benutzer {0} ist im System nicht bekannt";
- „Unknown user {0}"

welche zur Laufzeit mit dem Benutzernamen „Meier" gefüllt werden.

Achten Sie darauf, dass die Reihenfolge der Satzteile sowie die Interpunktion in jeder Sprache unterschiedlich sein können. Formatieren Sie Meldungen mit speziellen Klassen, welche die Platzhalter füllen und die Sprachgrammatik berücksichtigen.

Zeichensätze und Zeichenkodierung

Sobald die Sprachen und Sprachvarianten festgelegt worden sind, können geeignete Kodierungsstandards für alphanumerische Zeichen identifiziert werden. Der ASCII-Standard wird keinesfalls ausreichen, da dieser für den Einsatz in den USA optimiert wurde. Ein britischer Anwender würde bereits das £-Zeichen für die Währungsdarstellung vermissen. Im Idealfall kommt man im europäischen Raum mit einer der ISO-Kodierungen zur Unterstützung mehrerer Sprachen aus.[55]

Zeichensatz

Die Angabe geeigneter Kodierungen gewährleistet jedoch nur die richtige *programminterne* Darstellung der Zeichen. Sind auf dem Rechner des Anwenders keine dazu passenden Zeichensätze installiert, so kann es passieren, dass Buchstaben nicht darstellbar sind und als Kästchen oder sonstige Platzhalter am Bildschirm angezeigt werden. Ein solches Verhalten ist zum Beispiel zu erwarten, wenn auf einem Computer in Deutschland japanische oder arabische Schriftzeichen dargestellt werden sollten. In diesem Fällen muss gewährleistet

[55] Z.B. ISO-8859-1 für die Sprachen Albanisch, Baskisch, Katalanisch, Dänisch, Niederländisch, Englisch, Finnisch, Französisch, Deutsch, Isländisch, Irisch, Italienisch, Norwegisch, Portugiesisch, Räto-Romanisch, Schottisch, Spanisch, Schwedisch.

werden, dass passende Zeichensätze mit zum Distributionsumfang der Software gehören.[56]

- Kodieren Sie jede Sprache in einem passenden Zeichensatz;
- Stellen Sie sicher, dass in der Laufzeitumgebung die passenden Fonts installiert sind.

Sprachabhängige Anwendungsdaten

Die Notwendigkeit mehrsprachiger Anwendungsdaten wird häufig übersehen. Maskenübersetzungen und angepasste Fehlermeldungen nützen dem Anwender wenig, wenn er beispielsweise in Auswahllisten (z.B. für Farben, Warengruppen etc.) nur fremdsprachige Wörter sieht. Die meisten sprechenden Bezeichnungen der Anwendungsdaten müssen deshalb ebenfalls mehrsprachig vorliegen. Potenzielle Kandidaten dafür sind Attribute,

- die der Bezeichnung dienen und als Freitext eingegeben werden können (z.B. Artikelnamen);
- die einen endlichen Wertebereich haben (z.B. Artikeleigenschaften wie Farbe, Größe, Material). Derartige Attribute werden meist in Auswahllisten[57] dargestellt.

Die Unterstützung mehrsprachiger Anwendungsdaten ist ein komplexes Thema. Neben dem Entwurf eines geeigneten Objekt- und Datenmodells müssen Mechanismen zur Übersetzung bereitgestellt werden. Die Erhaltung konsistenter Datenbestände erfordert häufig die Auszeichnung einer führenden Sprache. Besonders schwierig wird es, wenn Altdaten übernommen oder Fremdsysteme integriert werden müssen, da diese oft nicht mit den neuen Konzepten harmonieren.

Das Objekt- und Datenmodell muss um Sprachvariationen ergänzt werden. Im Objektmodell führt dies zu keiner weitreichenden Modellveränderung, da zur Laufzeit jeweils nur eine konkrete Sprachinstanz referenziert wird. Das Datenmodell muss jedoch für alle sprachabhängigen Anwendungsdaten um Sprach- und Länderschlüssel ergänzt werden.

Konzeptionell sind relativ statische Daten von „dynamischeren" Attributen zu unterscheiden. Eher statische Daten sind beispielsweise Farbkataloge, Postleitzahlenverzeichnisse etc.[58] Diese werden periodisch und an zentraler Stelle geändert und können über geeignete Importschnittstellen aktualisiert werden. Sofern die Importquellen nur einsprachige Daten zur Verfügung stellen, ist anschließend eine manuelle Übersetzung erforderlich. Diese kann insbesondere auch bei Altdatenübernahmen erforderlich sein.

---

[56] Der Windows-Freeware-Font „Bitstream Cyberbit" unterstützt mehr als 30000 Symbole und kann u.a. Arabisch, Hebräisch und Thailändisch darstellen.

[57] Auch Combo-Boxen genannt.

[58] In vielen Fällen handelt es sich um die Klartextbezeichnung geschlüsselter Felder.

Im Gegensatz dazu sind Bezeichner wie beispielsweise Artikelnamen, Warengruppennamen etc. dynamische Daten, welche vom Anwender gepflegt werden. Da diese Datenpflege dezentral ist, muss festgelegt werden, wie die Übersetzung dieser Daten erfolgen soll. Ein möglicher Lösungsansatz bezieht ein Übersetzungsteam mit ein:

- Bezeichnungen müssen nach der Bearbeitung stets in alle Systemsprachen übersetzt werden. Hierfür werden die Daten innerhalb eines Workflow-Prozesses an ein Übersetzungsteam weitergeleitet.
- Erst nach der Übersetzung werden die Daten im System produktiv.

Mehrsprachige Bezeichnungen erzeugen durch die permanente Übersetzungsproblematik einen hohen Arbeitsaufwand. Dies gilt sowohl für den Entwurf und die Implementierung des Systems als auch für die laufenden Kosten des Produktionssystems, welches ständig manuelle Eingriffe erfordert.

Prüfen Sie deshalb sorgfältig, ob die Einführung mehrsprachiger Bezeichnungen einen großen Mehrwert des Systems darstellt. In den meisten Fällen ist es ausreichend, ausschließlich die statischeren Anwendungsdaten wie z.B. Kataloge mehrsprachig vorliegen zu haben.

- Zeichnen Sie eine Referenzsprache aus.
- Reduzieren Sie den Umfang mehrsprachiger Daten auf das absolut erforderliche Minimum.
- Erweitern Sie Daten- und Objektmodelle um Sprach- und Länderausprägungen.
- Definieren Sie den Arbeitsablauf zur Bearbeitung der im Produktivbetrieb anfallenden Übersetzungsarbeiten.

Formatierung

Datums- und Zeitangaben, Währungsfelder und numerische Angaben werden in unterschiedlichen Ländern verschieden formatiert. Die Darstellungsreihenfolge, Trennzeichen und die Position einzelner Bezeichner variieren. Ignoriert man die länderspezifischen Konventionen, so kann das in einigen Fällen zur kompletten Fehlinterpretation der Anwendungsdaten führen. Die deutsche Datumsangabe „12.02.2001“ wird in anderen Ländern folgendermaßen dargestellt:

- Frankreich: 12/02/2001
- USA: 02/12/2001
- Israel: 12/02/2001

Die *visuelle* Formatierung eines Datumsfeldes unterscheidet sich also z.B. in Frankreich und den USA nicht, der *Inhalt* wird jedoch länderabhängig unterschiedlich interpretiert!

Die Formatierung von Datum, Zeitangaben, Geldbeträgen mit Währungssymbol sowie numerischer Felder setzen Sie mit Hilfe spezieller Formatierungsklassen um. Hierfür können Sie Standardbibliotheken einsetzen, welche die länderspezifischen Regeln enthalten und bei Bedarf um zusätzliche Regeln ergänzt werden können.[59]

Anwendungslogik und Steuerung

Programmierer gehen oft implizit von bestimmten Annahmen aus, die in internationalen Anwendungen nicht immer gegeben sind.

Tabelle 7.5 nennt einige häufige Unterstellungen und gibt Gegenbeispiele dazu an. Prüfen Sie, ob alle Annahmen für die Anwendung zutreffend sind! Ist dies nicht der Fall, muss die Anwendungslogik darauf abgestimmt werden.

Tabelle 7.5: Verbreitete Fehlannahmen bezüglich der Internationalisierung

Annahme	Gegenbeispiel
Das Alphabet besteht aus den Zeichen „A" bis „Z".	In Dänemark folgen die Umlaute nach dem „Z".
Worte werden durch Leerzeichen getrennt.	Im Thailändischen gibt es keine Worttrennung.
Die Interpunktion ist in allen Sprachen gleich.	Im Spanischen wird eine Frage mit „¿" eingeleitet und mit „?" beendet.
Ein Buchstabe kann in einem Byte gespeichert werden.	8 bit bieten Speicherplatz für maximal 256 Zeichen. Die chinesische Sprache kennt über 40000 Zeichen!
Sprachen, die das gleiche Alphabet verwenden, haben auch die gleiche Sortierreihenfolge.	„A" und „Ä" repräsentieren im Deutschen den gleichen Buchstaben mit unterschiedlicher Aussprache. Sie sind bezüglich der Sortierung äquivalent. Im Schwedischen stehen diese Symbole für unterschiedliche Buchstaben mit anderer Sortierung.

Sobald ein Programm länderübergreifend eingesetzt wird, sind häufig auch verschiedene Währungen mit im Spiel. Neben dem Formatierungsaspekt, der bereits angesprochen wurde, ist die Mehrwährungsfähigkeit eine Anforderung, die auch die Anwendungslogik betrifft. Gegebenenfalls müssen Umrechnungen vorgenommen, Wechselkurse importiert und eine Systemwährung ausgezeichnet werden. Sie sollten frühzeitig feststellen, ob die Kurse zeitnah über entsprechende Serviceprovider abgefragt werden müssen (z.B. bei Online-Banking-Anwendungen), oder ob die Umrechnungstabellen periodisch ins System importiert werden können.

[59] Die Java-Standard-Bibliotheken enthalten hierfür z.B. die Klassen `DateFormat`, `DecimalFormat` und `NumberFormat`.

Arbeitet eine Anwendung mit Zeitstempeln, so müssen Sie feststellen, ob Ihre Anwendung über mehrere Zeitzonen verteilt ist. Berücksichtigen Sie dabei, dass die Zeitzonen nicht immer mit Landesgrenzen zusammenfallen!

- Sehen Sie in zeitzonenübergreifenden Anwendungen einen Zeitstempelservice vor.
- Stellen Sie sicher, dass die Anwendungslogik nicht durch Stringvergleiche[60] gesteuert wird! Arbeiten Sie stattdessen mit numerischen Konstanten, Klassenbezeichnern etc. Überprüfen Sie die Einhaltung dieser Vorgaben in Code- und Design-Reviews.
- Setzen Sie spezielle Klassen für die Sortierung von Zeichenketten ein. Bei Bedarf können diese um sprachspezifische Sortierungsregeln ergänzt werden.
- Legen Sie in mehrwährungsfähigen Systemen eine Referenzwährung fest. Überprüfen Sie, wie zeitnah die Kursumrechnungen erfolgen müssen.

Kulturelle Besonderheiten

Soll eine Anwendung kulturübergreifend eingesetzt werden (z.B. im Internet), so ist besondere Vorsicht bei der Verwendung von Zeichen, Symbolen und Metaphern geboten. Im harmloseren Fall werden sie schlichtweg nicht verstanden, im ungünstigen Fall können sie aber auch eine völlig gegensätzliche Bedeutung haben und deshalb zu Akzeptanzverlusten führen. Beispielhaft hierfür ist die symbolische Verwendung von Zahlen: Vielen Westeuropäern gilt die 13 als Unglückszahl, in Hongkong ist es hingegen die 7.

Die Missverständnisse können noch weitaus größer werden, wenn Abbildungen von Gesten, Farben, Verkehrsschildern etc. zur Kommunikation mit dem Anwender eingesetzt werden. Die Bedeutung hängt oftmals stark vom Kulturkreis ab.

- Stimmen Sie die Bild- und Zeichensprache Ihrer Anwendung auf den Kulturkreis der Anwender ab.
- Ist die Zielgruppe stark heterogen, so verzichten Sie völlig auf den Einsatz von Symbolen und Metaphern.

[60] 4GL-Tools generieren häufig derartige Vergleiche, um die Anwendungscontroller zu implementieren. Hierfür wird auf Vergleiche mit Menü- oder Buttonbeschriftungen zurückgegriffen.

7.10.4 Weiterführende Literatur

[Czarnecki2001] beschreiben ausführlich das Design und die Realisierung mehrsprachiger Java-Anwendungen.

[OConnor98] und [OConnor98b] beschreiben die Internationalisierung von Java-Anwendungen.

[Unicode] bietet eine Fülle von Ressourcen zum Thema Mehrsprachigkeit.

Kerstin Dittert (kerstin.dittert@oocon.de) ist freie Beraterin mit den Schwerpunkten Software-Architektur, OO-Methodik, J2EE und Projektmanagement. Sie unterstützt mittlere und große Unternehmen in allen Gebieten des objektorientierten Softwareentwicklungsprozesses sowie in Technologiefragen. Hierbei ist sie unter anderem als Software-Architektin, Analytikerin, Designerin, Projektleiterin sowie als Trainerin und Coach tätig (www.oocon.de).

Wenn die Sprache nicht stimmt,
ist das, was gesagt wird,
nicht das, was gemeint ist.

Konfuzius

8

UML 2 für Architekten

von Peter Hruschka und Gernot Starke

Fragen, die dieses Kapitel beantwortet:

- Warum sollten Sie die UML zur Dokumentation von Architekturen einsetzen?
- Welche Ausdrucksmittel stellt die UML für Architekten zur Verfügung?
- Welche Diagramme sollten Sie für welche Architektursicht einsetzen?
- Worauf sollten Sie beim Einsatz der verschiedenen Diagramme achten?

In den folgenden Abschnitten möchten wir Ihnen keineswegs die volle Schönheit und Komplexität von UML 2 vorstellen, sondern pragmatische Vorschläge unterbreiten, wie Sie die Ausdrucksmittel von UML zur Dokumentation von Software-Architekturen effektiv nutzen können. Das Kapitel baut auf dem Sichtenmodell aus Kapitel 4 auf.

Warum sollten Sie UML nutzen

Viele Ingenieurdisziplinen haben Standards zur besseren Kommunikation ihrer Ergebnisse geschaffen. Denken Sie nur an Architekten und ihre Blaupausen, oder an Elektrotechniker und deren Schaltpläne. Auch Chemiker haben eine Formelsprache, um sich über neue Verbindungen auszutauschen. In der

Software-Industrie gab es bisher noch nie eine Einigung über Dokumentation von Modellen. Einige Ausdrucksmittel der Strukturierten Methoden wie Structure Charts waren zwar weit verbreitet, aber nie standardisiert und wurden daher immer mit unterschiedlichen Notationen verwendet. Obwohl der Begriff des Moduls seit Beginn der 70er-Jahre verbreitet ist und Sprachen wie Modula und Ada zu Beginn der 80er-Jahre entstanden, gab es für den Modulentwurf nie eine standardisierte Notation. Fast monatlich wurden Architecture Description Languages (ADLs) vorgeschlagen, aber keine davon hat den Durchbruch geschafft. Auch die ersten objektorientierten Methoden führten eher zu einer Diversifizierung der Darstellungsformen. Sie machten es zu Beginn der 90er-Jahre den Anhängern früher objektorientierter Methoden sehr schwer, sich für die Notation des einen oder anderen Gurus zu entscheiden.[1]

Seit die Object Management Group (OMG) 1997 die Unified Modeling Language (UML) standardisiert hat, haben auch die Software-Ingenieure ein weltweit anerkanntes Mittel zur Dokumentation von Analyse- und Architekturmodellen. In den sieben Jahren zwischen 1997 und 2004 wurde der Standard geringfügig modifiziert (von Version 1.1 bis Version 1.5). Für Endanwender hat sich in diesen Versionen kaum etwas verändert. Die in der Praxis benötigten Ausdrucksmittel sind seit 1997 stabil geblieben.

Die vielfältigen Erfahrungen mit den Ausdrucksmitteln der UML 1.x sind in eine erste größere Überarbeitung eingeflossen, welche durch die Vorstellung der UML 2 im Jahre 2004 vorläufig abgeschlossen ist.[2]

Auf den ersten Blick sieht die UML sehr komplex aus – und sie ist es auch. Aber Sie brauchen nicht jedes der dreizehn Diagramme zu kennen, um anfangen zu können. Im Lauf der Zeit werden Sie die für Sie selbst wichtigen Teile der UML 2 auswählen, die Ihnen die Arbeit als Architekt wirklich erleichtern.

UML ist derzeit als Standard konkurrenzlos. Die Unterstützung durch viele große Unternehmen sowie die breite Rückendeckung durch die Hunderten von OMG-Mitgliedern sichert diesen Status. Obwohl Forschungsstätten (wie z.B. das Software Engineering Institute) und Universitäten auch heute noch regelmäßig alternative, vermeintlich bessere Architekturbeschreibungssprachen entwickeln, sind diese keine ernst zu nehmende Konkurrenz für die UML. Sie gehen daher für die nächsten 10 Jahre kein Risiko ein, wenn Sie sich heute für die UML als Dokumentationsmittel entscheiden.

---

[1] Die Hersteller von Tools hatten auch die Qual der Wahl, wenn sie bei ihren Werkzeugimplementierungen zwischen den Wolkendiagrammen von Grady Booch, den Kästchendiagrammen von James Rumbaugh oder den Kreisen von Ivar Jacobson wählen mussten – und das, obwohl alle von Klassen und Objekten sprachen!

[2] Die endgültige Verabschiedung von UML 2.0 ist für das Frühjahr 2005 vorgesehen. Wiederum gilt: was heute schon darüber bekannt ist, wird die Endversion nicht mehr wesentlich aus der Sicht von Anwendungsmodellierern beeinflussen.

8.1 Die Diagrammarten der UML 2

Bevor wir Ihnen die Anwendung der UML 2 zur Darstellung von Software-Architekturen erläutern, möchten wir in Tabelle 8.1 einen Überblick über die dreizehn Diagrammarten der UML 2 geben.

Tabelle 8.1: Diagrammarten der UML 2

Diagrammart	Verwendung
Strukturdiagramme	
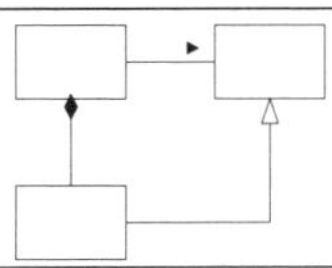	**Klassendiagramm:** Zeigt die statische Struktur von Klassen und deren Beziehungen (Assoziationen, Aggregationen sowie Spezialisierungen/Generalisierungen).
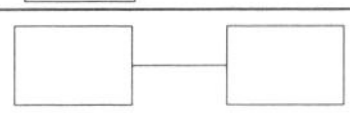	**Objektdiagramm:** Zeigt eine Struktur von Instanzen sowie deren Verbindungen. Bildet damit einen Schnappschuss des Klassendiagramms.
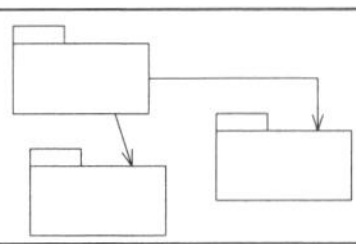	**Paketdiagramm:** Gibt einen Überblick über die Zerlegung des Gesamtsystems in Pakete oder Teilsysteme. Enthält logische Zusammenfassungen von Systemteilen.
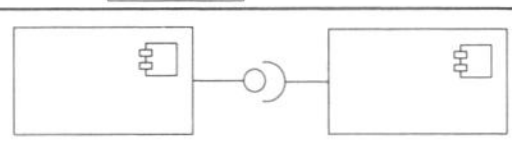	**Komponentendiagramm:** Zeigt, wie Systembausteine zu Komponenten mit definierten Ein- und Ausgabeschnittstellen zusammengefasst werden.
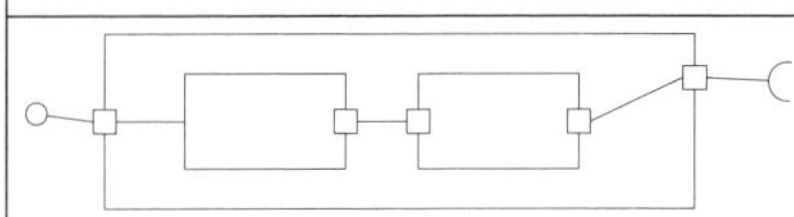	**Kompositionsstrukturdiagramm:** Zeigt den inneren Aufbau eines Systembausteins (Komponente, Klasse, Paket) sowie die Abbildung äußerer Schnittstellen auf innere.
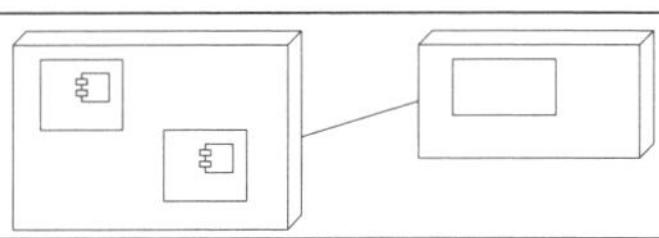	**Verteilungsdiagramm** (*Deployment-Diagram*): Zeigt die Infrastruktur und ihre Abhängigkeiten, sowie die Verteilung der Laufzeitelemente auf die technische Infrastruktur (Hardware).
Verhaltensdiagramme	
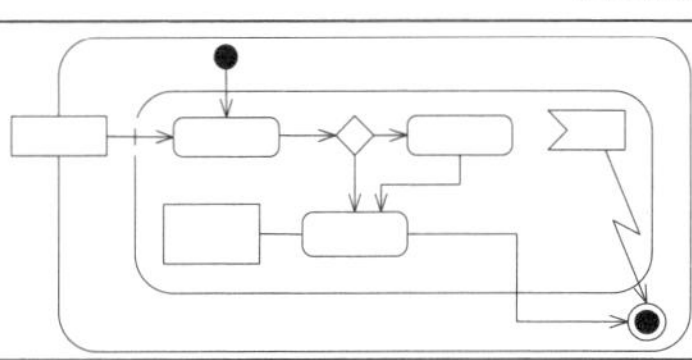	**Aktivitätsdiagramm:** Zeigt mögliche Abläufe innerhalb von Systembestandteilen (etwa: Klassen, Komponenten oder Use-Cases). Kann Algorithmen, Daten- und Kontrollflüsse sehr detailliert beschreiben.
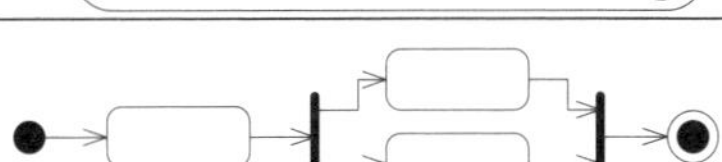	**Zustandsdiagramm** (*State Diagram*): Zeigt die möglichen Zustände eines Systembestandteils sowie die erlaubten Zustandsübergänge an und verknüpft Aktivitäten mit diesen Zuständen und Übergängen.

Diagrammart	Verwendung
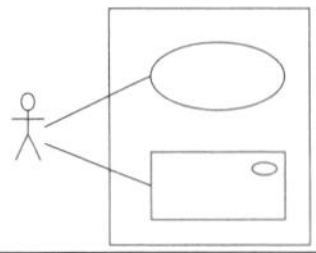	**Anwendungsfalldiagramm** (*Use Case Diagram*): Zeigt eine Übersicht über alle Prozesse, mit denen das System auf Wünsche von Akteuren (oder Nachbarsystemen) reagiert.
Interaktionsdiagramme	
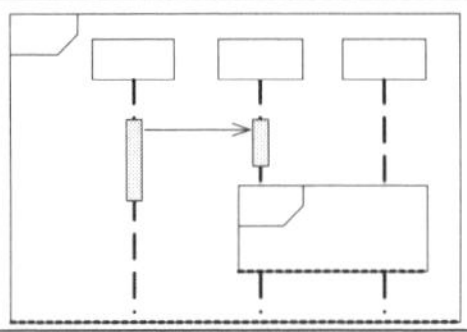	Sequenzdiagramm: Zeigt den Nachrichtenaustausch zwischen Instanzen von Systembestandteilen für einzelne Szenarien. Seit UML 2 schachtelbar.
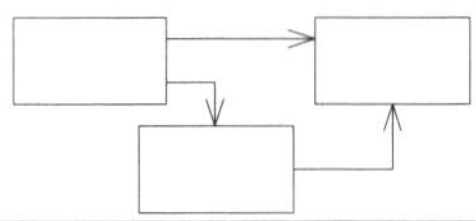	**Kommunikationsdiagramm:** In früheren UML Versionen Kollaborationsdiagramm genannt, zeigt die Zusammenarbeit zwischen Instanzen von Systembestandteilen.
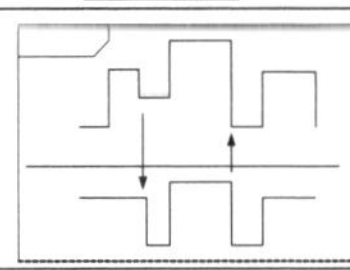	**Zeitverhaltensdiagramm** (*Timing-Diagram*): Zeigt Zeitabhängigkeiten zwischen Ereignissen beschreibt Zustandsänderungen in Abhängigkeit vom Zeitverlauf.
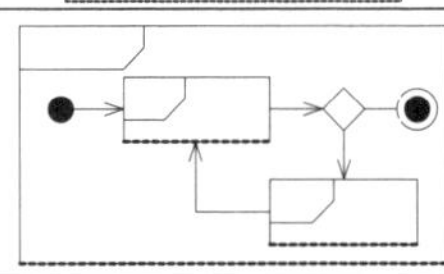	**Interaktionsübersichtsdiagramm:** Zeigt das Zusammenspiel verschiedener Interaktionen und besteht in der Regel aus Referenzen auf andere Interaktionsdiagramme. Ein Art Aktivitätsdiagramm auf hoher Abstraktionsebene.

Einen Überblick über die UML 2 Notation finden Sie in [arc42] und [Jeckle+04].

8.2 Die Bausteine von Architekturen

Die kleinsten Bausteine objektorientierter Software-Architekturen sind Klassen, bzw. zur Laufzeit daraus instanziierte Objekte. UML stellt diese als Kästchen dar, in denen Sie neben dem Namen Attribute und Operationen eintragen können. Generell gilt: Ein einzelner Name deutet auf eine Klassen hin. Wann immer Sie im Namensfeld Unterstreichung und einen Doppelpunkt entdecken, handelt es sich um konkrete Objekte.

Sobald Ihre Systeme etwas umfangreicher werden, benötigen Sie neben Klassen noch Möglichkeiten zur Modellierung größerer Einheiten. Sie müssen aus kleineren Bausteinen größere Bausteine zusammenstellen. Zwei Beweggründe treiben Sie dazu: Sie wollen abstrahieren und Sie wollen Sichtbarkeit und Zugriff regeln.

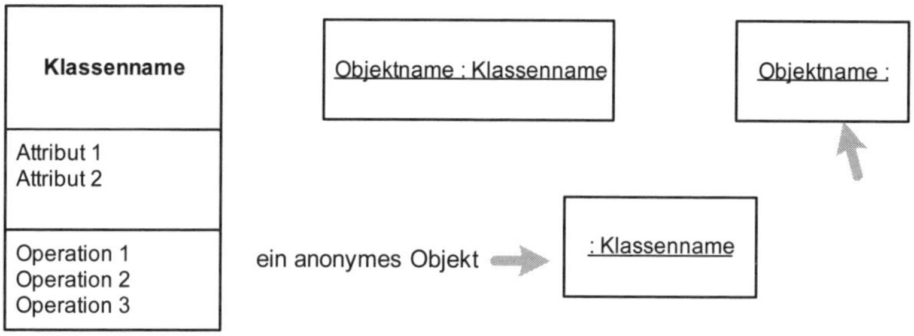

Abbildung 8.1: Klassen und Objekte in der UML

Dafür stellt die UML Pakete und Komponenten zur Verfügung. Etwas vereinfacht gelten folgende Regeln zur Unterscheidung:

- Wenn Sie nur einen Namen für eine Menge von (kleineren und größeren) Bausteinen brauchen – also nur einen abstrakteren Begriff für eine Gruppe von z.B. acht kleineren Bausteinen –, dann sollten Sie Pakete verwenden.
- Wenn Sie nicht nur abstrahieren wollen, sondern gleichzeitig auch Zugriffsschutz über sauber definierte Schnittstellen gewährleisten wollen, dann sind Komponenten das Ausdrucksmittel Ihrer Wahl.

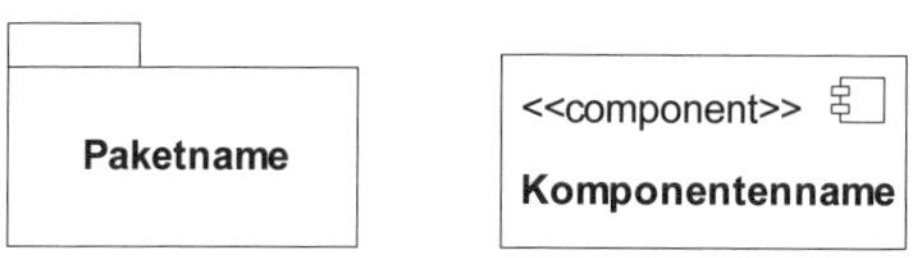

Abbildung 8.2: Größere Bausteine: Pakete und Komponenten

Vereinfacht ausgedrückt sind Pakete nur Sammeltöpfe für kleiner Bausteine. Komponenten hingegen sind eine Art von großen Klassen: Sie können eigene Attribute haben (aber wer will schon globale Variable?), sie können Beziehungen eingehen, sie haben nach außen sichtbare und nach innen versteckte Teile.

Pakete und Komponenten dürfen beliebig geschachtelt werden. Somit lassen sich auch sehr komplexe Systeme mit Tausenden von Klassen durch drei bis vier Abstraktionsebenen von Paketen oder Komponenten überschaubar gestalten.

8.3 Schnittstellen

Die Art der Schnittstellendarstellung unterscheidet sich für die unterschiedlichen Bausteine von Architekturen.

Die Schnittstellen der kleinsten funktionalen Bausteine, der Operationen, sind deren Ein- und Ausgabeparameter. Dafür lässt die UML die Syntax offen. Üblicherweise nutzt man ähnliche Schreibweisen wie in der Programmiersprache Ihrer Wahl.

Die Schnittstellen einer Klasse bilden im einfachsten Fall die Operationen, die die Klasse öffentlich („public“) macht (im Gegensatz zu den privaten Operationen, die von außen nicht aufgerufen werden können). Die UML verwendet das Zeichen „+“ vor dem Operationsnamen für public und „-“ für private (vgl. Abbildung 8.3)

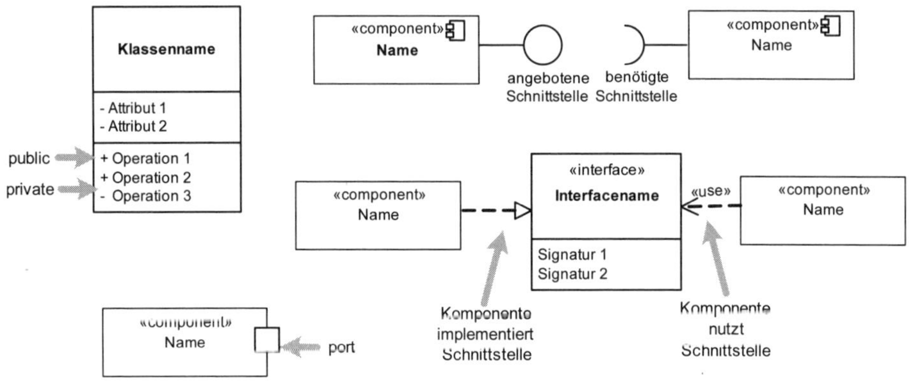

Abbildung 8.3: Verschiedene Arten der Schnittstellendarstellung

Interessant wird die Darstellung der Schnittstellen von Komponenten. Bei diesen sind für uns als Architekt zwei Aspekte wichtig:

- Welche Services bietet die Komponente anderen Komponenten an (die Export-Schnittstelle, „provided interface“)?
- Was benötigt die Komponente von anderen (die Import-Schnittstelle, „required interface“)?

Die UML nutzt dafür entweder die Ball- und abgekürzte Socketnotation (vgl. Abbildung 8.3) oder verbindet die Komponente explizit mit Interfaceklassen. Betrachten Sie eine Interface-Klasse als eine degenerierte Klasse, die neben dem Namen (und der Kennzeichnung mit dem Stereotyp <<interface>>) nur die Signaturen von Operationen enthält, jedoch keine „Bodies“ und keine Attribute. Der Pfeil zu Schnittstellen, die der Baustein anbietet (d.h. implementiert), wird – nicht ganz zufällig – ebenfalls mit dem hohlen Dreieck notiert, wie die Generalisierung/Spezialisierung von Klassen (jedoch mit gestrichelter Linie). Die Komponente wird als Spezialisierung der Schnittstelle verstanden. Schnittstellen, die benötigt werden, sind über den gestrichelten Abhängigkeitspfeil mit dem Stereotyp <<use>> verbunden.

Die UML 2 hat noch ein weiteres Ausdrucksmittel für Schnittstellen eingeführt: Ports, dargestellt als kleines Rechteck im Rahmen der Komponente. Ein Port ist nur eine abkürzende Schreibweise für eine benannte Gruppe von beliebig vielen Export- und Importschnittstellen – und bringt somit keine konzeptionellen Neuigkeiten. Um zu wissen, was an dem Port genau angeboten oder erwartet wird, müssen Sie diesen ausführlich beschreiben oder mit Ball- und Socketnotation explizit modellieren.

8.4 Die Bausteinsicht

Nach diesen Grundbegriffen zu Bausteinen und deren Schnittstellen können wir nun die UML-Modelle betrachten, mit denen Sie die Bausteinsicht darstellen können. Abbildung 8.4 zeigt ein UML-Klassendiagramm. Darin werden die Klassen statisch mit einfachen Assoziationen, Teile-Ganzes-Beziehungen („besteht aus"), oder Generalisierung/Spezialisierung („ist ein") in Zusammenhang gebracht.

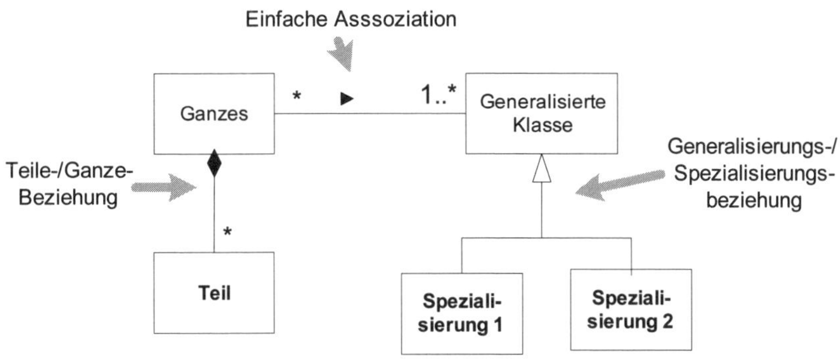

Abbildung 8.4: Klassendiagramm

Der Zusammenhang zwischen den größeren Bausteinen wird in Form von Paket- oder Komponentendiagrammen hergestellt. Die wesentliche Beziehung zwischen diesen ist die einfache Abhängigkeit („dependency"), die durch Stereotypes wie <<access>>, <<import>> oder andere präzisiert werden kann. Je nach Reifegrad Ihrer Architekturfestlegungen können dabei direkte Abhängigkeiten oder Abhängigkeiten über Schnittstellen eingezeichnet werden.

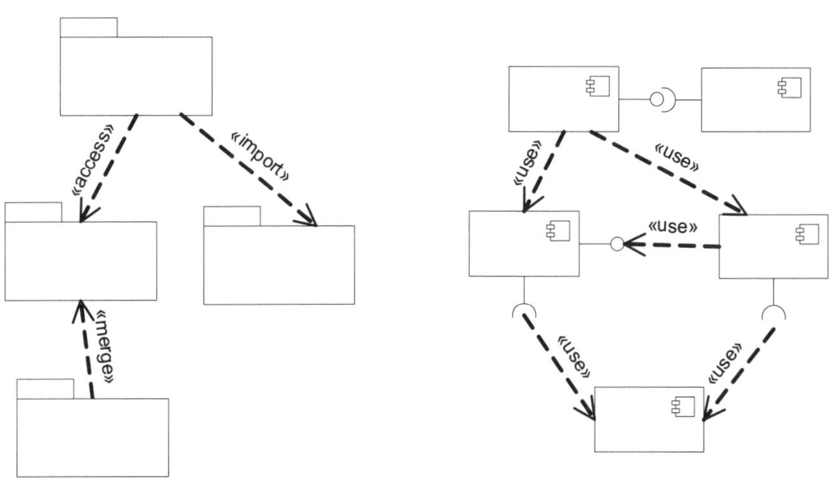

Abbildung 8.5: Paket- und Komponentendiagramm

Hier noch einige Tipps zum Erstellen von Klassen-, Paket- und Komponentendiagrammen.

- Denken Sie lieber dreimal statt einmal über gute Namen für Klassen und Komponenten nach.
- Nutzen Sie in Klassendiagrammen die Stärke der UML, Assoziationen mit Namen versehen zu können, Rollennamen anzugeben, die mögliche Navigationsrichtung vorzuschreiben und Multiplizitäten an beiden Enden festzulegen. Gepaart mit guten Namen werden die Diagramme semantisch aussagekräftiger und sparen das Nachschlagen in Hintergrunddokumenten.
- Entscheiden Sie sich – anders als in Abbildung 8.5, die alternative Möglichkeiten demonstriert – in einem Diagramm für nur eine Art von Schnittstellendarstellung. Sie verwirren den Leser, wenn Sie in einem Bild einige Schnittstellen explizit als Balls und Sockets hinzeichnen und andere, vorhandene Schnittstellen implizit lassen!
- Nutzen Sie Stereotypes für verschiedene Arten von fachlichen und technischen Klassen und Komponenten, z.B. <<entity>> für datenorientierte, <<control>> für steuerungsorientierte Bausteine und <<viewY>> für Sichtenbildung. Mehr dazu in [b-agile2002a].

Die bisher erwähnten Diagramme der Bausteinsicht stellen statische Aspekte in den Vordergrund. Zwei Diagramme für dynamische Aspekte ergänzen die Bausteinsicht: Aktivitätsdiagramme und Zustandsdiagramme. In beiden wird unabhängig von Laufzeitaspekten das allgemein gültige Verhalten von Bausteinen beschreiben. Wie Abbildung 8.6 zeigt, lassen sich in Aktivitätsdiagrammen mit Bahnen (engl. Swimlanes) einzelne Aktivitäten den Bausteinen zuordnen. In Zustandsdiagrammen modellieren Sie die für jede Instanziierung eines Bausteins prinzipiell vorhandenen Zustände und die Ereignisse, die Übergänge auslösen. Die Operationen können dabei entweder den Übergängen zugeordnet werden oder den Zuständen.

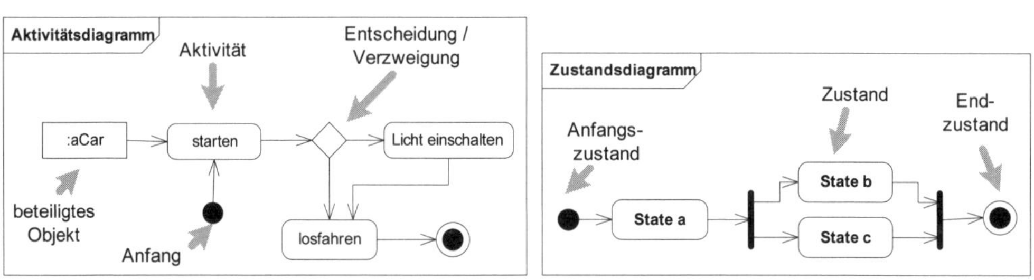

Abbildung 8.6: Aktivitäts- und Zustandsdiagramme

- Beim Reengineering von Architekturen können Sie Aktivitätsdiagramme mit Bahnen benutzen, um aufzuzeigen, welche Funktionen derzeit welchem Baustein zugeordnet sind. Zeigen Sie so z.B. die Aufteilung zwischen Client und Server, zwischen verschiedenen Standorten oder Rechnern oder zwischen verschiedenen Abteilungen.
- Nutzen Sie Bahnen in Aktivitätsdiagrammen beim Neuentwurf gezielt, um Funktionen in die Verantwortung größerer Bausteine zu übergeben.
- Wenn es Ihnen schwer fällt, Funktionsreihenfolgen in Aktivitätsdiagrammen linear zu modellieren, dann verbergen sich dahinter oft Zustände. Nutzen Sie in diesem Fall Zustandsmodelle, um Funktionen in Abhängigkeit von externen, internen oder Zeitereignissen zu modellieren.
- Zustandsmodelle eignen sich hervorragend, um Lebenszyklen komplexer Klassen zu modellieren (von der Geburt nach Ausführung des Konstruktors über alle Ereignisse, die Objekten der Klassen danach zustoßen können, bis hin zur Zerstörung im Destruktor).
- Verwenden Sie Zustandsmodelle auch zur Modellierung des Verhaltens komplexer, asynchron operierender Subsysteme. Ein Beispiel dafür sind Echtzeitsysteme, die auf unabhängige äußere Ereignisse reagieren müssen; ein anderes Beispiel sind Benutzungsoberflächen, die kontextabhängig bei Benutzereingaben Menüs wechseln und Tastenbelegungen aktualisieren müssen.

Nutzen Sie Klassen- oder Komponentendiagramme auch für die Modellierung der statischen Kontextsicht. Zeichnen Sie ein Diagramm mit Ihrem System in der Mitte als Black Box und ordnen Sie rundherum alle Quellen an, von denen Ihr System Informationen erhält, und alle Senken, an die Ihr System Informationen liefert. Die UML hat dieses bewährte Kontextdiagramm nicht als eigenständiges Diagramm aufgenommen, jedoch erfüllt das Klassendiagramm diesen Zweck, wenn Sie sich die Freiheit nehmen, die Assoziationen zwischen System und Systemumgebung gerichtet zu zeichnen und sie mit den Ein- und Ausgabenamen zu beschriften (vgl. Abbildung 8.7).

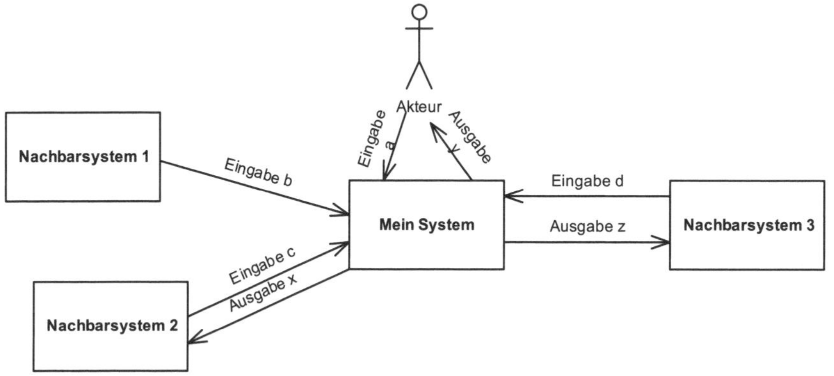

Abbildung 8.7: Klassendiagramm zur Darstellung des statischen Kontexts

8.5 Die Verteilungssicht

Software ohne Hardware und Infrastruktur tut sehr wenig. Deshalb stellt uns die UML auch eine Diagrammart zur Verfügung, um Infrastruktur unserer Software-Architektur zu modellieren und die Bausteine der Software-Architektur dieser Infrastruktur zuzuordnen: das Verteilungsdiagramm (engl. deployment diagram).

Die Hauptelemente dieser Verteilungsdiagramme sind Knoten und Kanäle zwischen den Knoten. Stellen Sie sich Knoten als Standorte, als Cluster, als Rechner, als Chips oder als Devices vor – kurz alles, was sich etwas merken kann (d.h. Daten persistent festhalten) und etwas tun kann (d.h. Operationen ausführen). Die Kanäle, die die Knoten verbinden, repräsentieren die physikalischen Übertragungswege, auf denen Informationen zwischen Knoten ausgetauscht werden können – also alles von Kabeln über Rohrpost, Rauchzeichen bis hin zu Bluetooth und anderen Wireless-Verbindungen. Die UML behandelt (auch in der Version 2) diese Infrastruktur immer noch etwas stiefmütterlich. Für verteilte Systeme sind diese Diagramme jedoch unabdingbar.

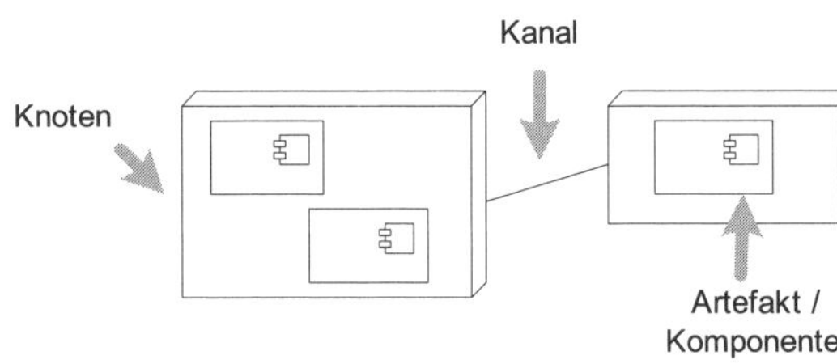

Abbildung 8.8: Knoten, Kanäle und verteilte Artefakte

Knoten sind das einzige dreidimensionale Symbol in der UML, um die Prozessoren und Devices mnemonisch besser ausdrücken zu können. Die Kanäle sind als normale Assoziationen (wie im Klassendiagramm) dargestellt. Knoten sind schachtelbar, um z.B. die Prozessoren eines Clusters oder die verschiedenen Platinen in einem großen Gehäuse darstellen zu können.

Eigenschaften von Knoten wie den Rechnertyp oder die Speichergröße können über Stereotypen (<<Security Server>>) oder Tagged Values ({memory = 40Gbyte}) in den Diagrammen festgehalten werden.

- Modellieren Sie die Infrastruktur nur soweit, wie Sie es für die Diskussion der Verteilung der Software benötigen. Beschriften Sie auch die Kanäle nur so ausführlich, wie Sie z.B. redundante Datenwege erläutern möchten.
- Versuchen Sie nicht, die Details einer Hardwarelösung[3] mit Verteilungsdiagrammen darzustellen. Die Hardware-Modellierer haben normaler-

[3] Wie genaue Pin-Belegungen, Spannungslevels und andere hardwarespezifische Feinheiten.

weise Modelle zur Verfügung, die ihre Belange wesentlich besser ausdrücken können als das UML-Verteilungsdiagramm.

- Ordnen Sie die Knoten im Bild so an, wie sie auch in der realen Welt angeordnet sind: bei geographisch verteilten Systemen z.B. Hamburg eher oben im Bild und Freiburg eher links unten; bei Prozessoren und Speichereinheiten in einem Gehäuse so, wie Sie diese Teile nach dem Aufschrauben des Gehäuses auch sehen können. Dies erleichtert die Wiedererkennung und verbessert die Lesbarkeit der Diagramme.

Der Hauptzweck der Verteilungsdiagramme ist die Zuordnung von Bausteinen zu Knoten. Da unsere Bausteine aber logische, abstrakte Designeinheiten sind, müssen wir sie vorher noch in Dinge umwandeln, die man auf Infrastruktur verteilen kann. UML nennt diese Dinge „Artefakte". Beispielsweise manifestiert sich ein Designbaustein als (eine oder mehrere) exe-Datei, als dll-Datei oder Daten als Datenbank, als File etc.[4]

Zeichnen Sie auch für die Verteilungssicht ein physikalisches Kontextdiagramm. Dazu setzen Sie den Knoten, auf dem Ihr System läuft, in die Mitte und ordnen – ähnlich wie beim logischen Kontextdiagramm – alle menschlichen Akteure und Nachbarprozessoren rundherum an. Legen Sie jetzt jedoch die physikalischen Schnittstellen fest, die zu den Nachbarsystemen vorhanden sind, z.B. Thin-Wire-Ethernet als Verbindung, das Druckerkabel, Bus-Systeme, Bluetooth etc. (vgl. Abbildung 8.9). Dieses Bild hilft Ihnen, die Abbildung von logischen Ein- und Ausgaben auf entsprechende Medien herzustellen.

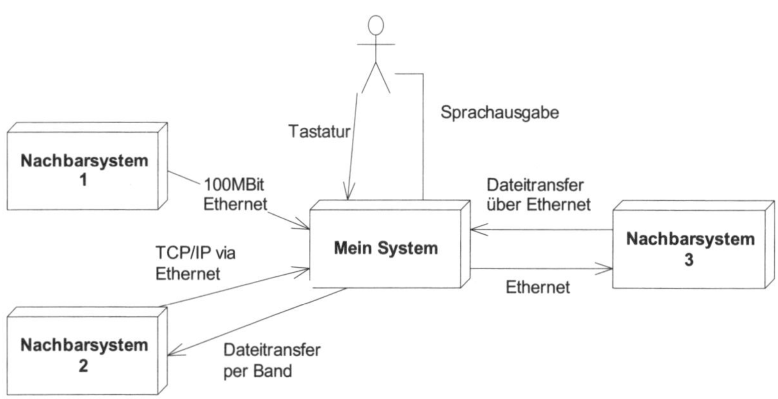

Abbildung 8.9: Physikalisches Kontextdiagramm: die Kanäle zu Ihrem System

[4] Die UML erlaubt m:n-Beziehungen zwischen Designbausteinen und deren Artefakten. Wenn Sie diese zusätzliche Abbildung vermeiden können, rate ich Ihnen, möglichst 1:1 Beziehungen anzustreben. Dann kann man (etwas salopp) davon sprechen, dass die Bausteine auf die Hardware verteilt werden – obwohl präziser Weise deren Artefakte den Knoten zugeordnet werden müssen.

8.6 Die Laufzeitsicht

Oftmals interessiert Sie nicht nur die prinzipielle Struktur der Bausteine Ihrer Architektur, sondern gezielte Aussagen, was zur Laufzeit Ihres Systems passieren soll. Auch dafür stellt die UML eine Menge von Diagrammen zur Verfügung. Betrachten wir zunächst die Elemente der Laufzeitsicht. Dabei handelt es sich immer um Instanzen von Bausteinen, die in der Bausteinsicht enthalten sind, also um Objekte zu den Klassen oder um instanziierte Komponenten.

Mit Objektdiagrammen können Sie Schnappschüsse der existierenden Laufzeitobjekte darstellen und auch instanziierte Beziehungen. Die UML bietet dabei die Möglichkeit zwischen aktiven und passiven Objekten zu unterscheiden. Letztere werden, wie der Name schon ausdrückt, nicht selbst aktiv, sondern warten darauf, benutzt zu werden. Alle aktiven Bausteine (gekennzeichnet mit doppelter Seitenlinie in der Grafik) sind unabhängig voneinander selbständig aktiv und führen Prozesse gemäß ihrer Spezifikation aus.

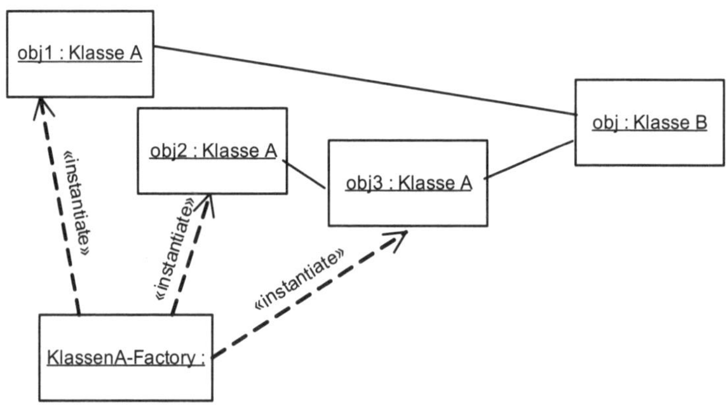

Abbildung 8.10: Objektdiagramm

- Nutzen Sie Objektdiagramme, wenn Sie gezielt die Konstellation spezieller Objekte zur Laufzeit zeigen wollen, wie z.B. die wirklich instanziierten Empfangsplätze in einem Hotel zu den Zeiten größeren Andrangs morgens und und am frühen Abend im Gegensatz zu der Minimalbesetzung zwischendurch, oder die Zuordnung einzelner Fluglotsen zu bestimmten Flugzeugen statt der allgemeinen Beziehung „Lotse überwacht Flugzeug".

Das zweite statische Diagramm zur Modellierung der Laufzeitsicht ist das Kompositionsstrukturdiagramm (engl. composite structure diagram). Mit diesem können Sie einen detaillierten Einblick in die Struktur einer Komponente zur Laufzeit erhalten. Sie sehen, welche innenliegenden Objekte instanziiert sind, wie sie zusammenhängen – und vor allem – welche Schnittstelle der Komponente intern durch welche Objekte bedient wird.

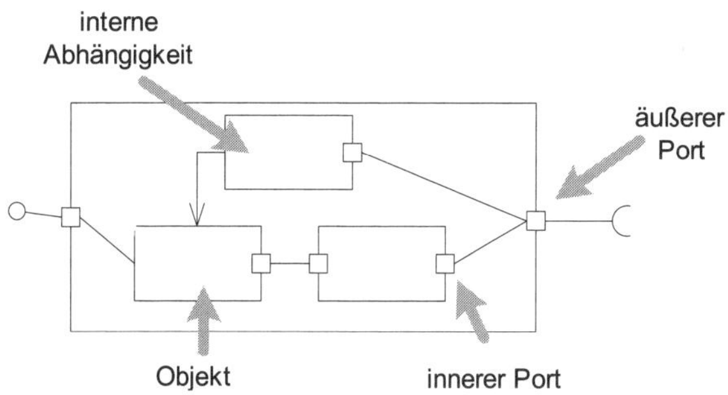

Abbildung 8.11: Kompositionsstrukturdiagramm

- Nutzen Sie dieses Diagramm zur Darstellung komplexer Konstruktoren, z.B. zur Modellierung, was eine Abstract Factory als Ergebnis abliefert.
- Diskutieren Sie anhand dieses Diagramms, welches interne Objekt welchen Teil der Versprechungen an der Komponentenschnittstelle implementiert, bzw. welches Objekt für die Beschaffung von Informationen über benötigte Schnittstellen verantwortlich ist.

Mehr noch als die beiden bisher erwähnten statischen Modelle werden Sie zur Darstellung der Laufzeitsicht dynamische Modelle nutzen. Die UML verwendet für diese Diagramme den Sammelbegriff „Interaktionsdiagramme", weil alle davon die Zusammenarbeit von Objekten zur Laufzeit beschreiben, d.h. den Austausch von Nachrichten, die gegenseitigen Aufrufe bzw. das Senden und Empfangen von Ereignissen.

Das populärste Diagramm ist das Sequenzdiagramm. Es stellt beispielhafte Abläufe (Szenarien) durch das System dar. Wie Abbildung 8.12 zeigt, sind die am Szenario beteiligten Objekten durch ein Rechteck mit daran hängender Lebenslinie gekennzeichnet. Von oben nach unten sehen Sie die Ereignisse und Nachrichten, die von einem Objekt zu einem anderen geschickt werden.

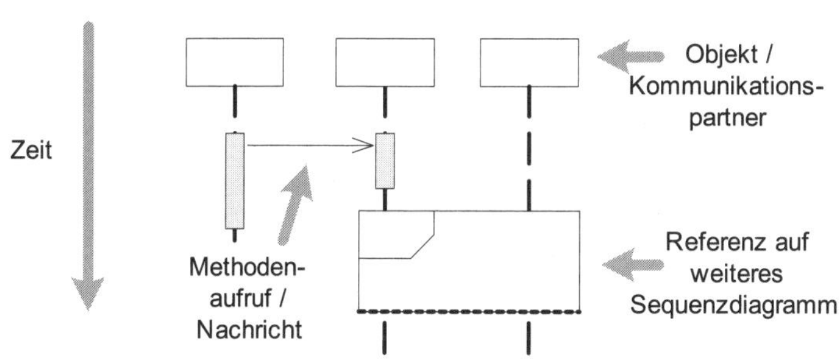

Abbildung 8.12: Sequenzdiagramm

UML 2 hat die Sequenzdiagramme um zahllose Konstrukte erweitert, wie Abfragen, Schleifen, Parallelität, Schachtelung, etc. Sie können auch die Art der Kommunikation durch unterschiedliche Pfeile grafisch darstellen (synchron mit und ohne Antwort, asynchrone Nachrichten, etc.) Tasten Sie sich langsam an die Notationselemente heran, die Ihnen für die Kommunikation zwischen Systemteilen wichtig sind.

- Nutzen Sie Sequenzdiagramme, um „Kandidatenobjekte" zu finden, d.h. Bausteine, die für eine bestimmte Aufgabe die Verantwortung übernehmen können. So helfen Diagramme der Laufzeitsicht die Elemente der Bausteinsicht zu identifizieren.
- Nutzen Sie Szenarien auch, um Ihre Architekturen zu überprüfen. Zeichnen Sie typische, offensichtliche Abläufe zwischen den Instanzen und prüfen Sie, ob ihre Klassen und Komponenten entsprechende Operationen bereitstellen.
- Nutzen Sie Sequenzdiagramme auf verschiedenen Abstraktionsebenen. Die gröbste Abstraktion ist ein Laufzeitkontextdiagramm (siehe Abbildung 8.13). Sie können sich auch ausschließlich auf die Kommunikation zwischen Rechnern konzentrieren, indem Sie je ein Stellvertreterobjekt für jeden Rechner zeichnen und die Kommunikation zwischen diesen. Unterdrücken Sie dabei alle Nachrichten, die innerhalb eines Rechners ausgetauscht werden. Modellieren Sie dann auf einer nächstfeinerer Ebene z.B. die Kommunikation zwischen Anwendungen, die auf einem Rechner laufen, und erst auf der feinsten Ebene die Kommunikation zwischen den primitiven Objekten innerhalb einer Komponente.

Auch in der Laufzeitsicht lohnt es sich, ein Kontextdiagramm zu zeichnen. Wiederum ist Ihr System dabei ein einziges Black-Box-Objekt. Sie zeigen in diesem Laufzeitkontextdiagramm beispielhafte Kommunikation des Gesamtsystems mit Akteuren und anderen Nachbarsystemen.

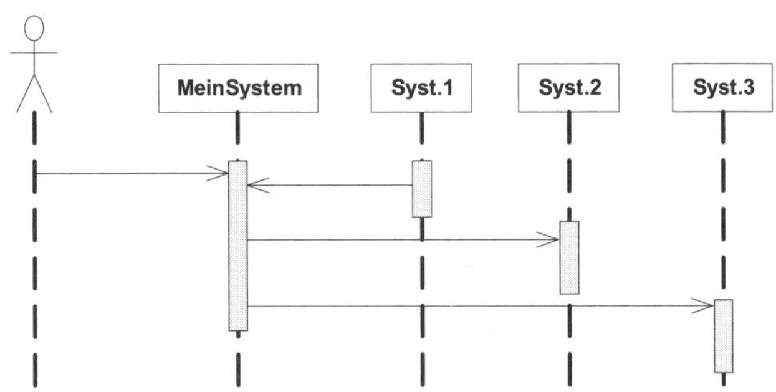

Abbildung 8.13: Laufzeitkontextdiagramm

- Nutzen Sie diese Kontextsicht für die frühzeitige Klärung der heikelsten Schnittstellen Ihres Systems: der Schnittstellen nach außen!

Während Sequenzdiagramme die Abläufe „sequenziell" von oben nach unten lesbar darstellen, können Sie mit Kommunikationsdiagrammen eher die Topologie Ihrer Klassen- und Komponentendiagramme aufgreifen. Stellen Sie sich ein Kommunikationsdiagramm als ein instanziiertes Klassendiagramm dar, in das Sie jetzt (natürlich nummeriert) die Folge von Nachrichten einzeichnen, die zwischen den Beteiligten ausgetauscht werden.

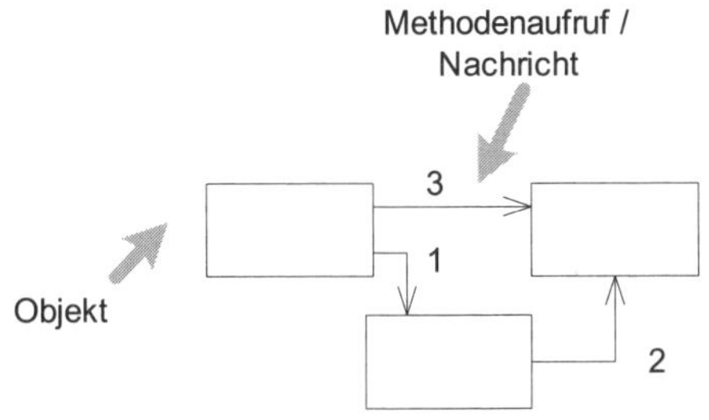

Abbildung 8.14: Kommunikationsdiagramm

- Nutzen Sie Kommunikationsdiagramme, wenn Sie schon Klassen und Komponenten gefunden haben und nun über deren beispielhafte Zusammenarbeit diskutieren wollen.
- Modellieren Sie ein Szenario für den Normalfall und dann z.B. Szenarien für heikle Sonderfälle. Testen Sie somit, ob die Klassen schon über geeignete Operationen verfügen, um den Gesamtablauf zu bewerkstelligen.

Da Interaktionen bei großen Systemen manchmal sehr komplex werden können, hat die UML 2 noch ein weiteres, sehr nützliches Diagramm bereitgestellt: das Interaktionsüberblicksdiagramm. Es bringt keine wesentlichen neuen Modellierungselemente ins Spiel. Stellen Sie sich das Diagramm als eine Art grafisches Inhaltsverzeichnis oder Übersichtsplan für viele einzelne Interaktionsdiagramme vor. Auf sehr hoher Ebene zeichnen Sie die Abhängigkeiten zwischen Interaktionsdiagrammen. Für genaueres Wissen zoomen Sie dann jeweils in eines der Diagramme hinein.

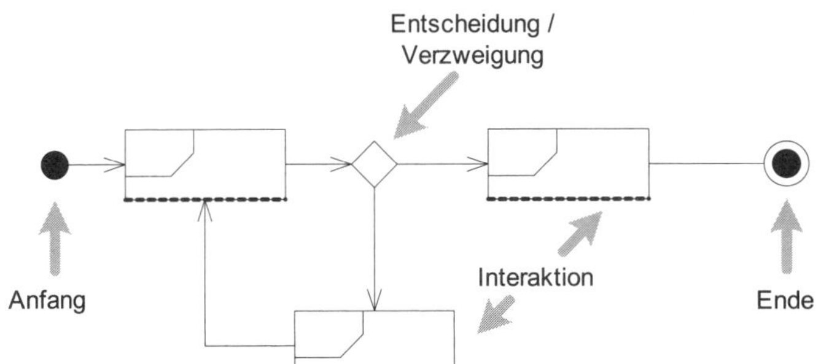

Abbildung 8.15: Interaktionsüberblicksdiagramm

Mit den Ausdrucksmitteln aus Aktivitätsdiagrammen (Verzweigung, Parallelität, Verfeinerung, ...) können Sie in diesem Überblicksdiagramm alle möglichen Fragmente von Interaktionen kombinieren, die dann jeweils in eigenständigen Sequenz- oder Kommunikationsdiagrammen weiter ausgeführt sind.

- Nutzen Sie die Stärke von Szenarien. Während die Methoden der 80er-Jahre hauptsächlich auf die Bausteinsicht mit Strukturen und generalisierten Verhaltensmodellen Wert gelegt haben, bietet die UML jetzt zusätzlich die Aussagekraft der Beispiele an. Interaktionsdiagramme sind grundsätzlich beispielhafte Abläufe. An einem guten Beispiel lernen Sie mehr als an einer schlechten Abstraktion!
- Wählen Sie die Beispielabläufe gezielt aus (so wie sie Testfälle auswählen): ein Beispiel für den Normalfall, einige Beispiele für Grenzfälle und seltene Ausnahmen, vielleicht auch ein Gegenbeispiel, um die Robustheit des Systems zu testen.

8.7 Darum UML

So hilfreich es auch ist, gemeinsam an einer Wandtafel zu stehen und Ideen über die Gestaltung von Architekturen durch Skribbeln von Bildchen auszutauschen – die Zusammenarbeit wird noch effektiver, wenn jeder hinter den Kästchen und Strichen das Gleiche versteht.

Die UML hat die Kästchen und Striche für uns standardisiert. In den statischen Modellen lassen sich die Bausteine der Architektur auf verschiedenen Abstraktionsebenen (vom Gesamtsystem als Black Box über Subsysteme, Komponenten und Pakete bis zu den kleinsten Klassen) modellieren und miteinander in Beziehung setzen.

In den dynamischen Modellen zeigen Sie, wie Instanzen dieser Bausteine, d.h. Objekte, aktive Klassen, Prozesse und Threads zur Laufzeit zusammenarbeiten und miteinander kommunizieren.

Verteilungsdiagramme erlauben das Mapping (von Artefakten) der Bausteine auf die vorhandene Infrastruktur.

Somit stellt Ihnen UML genügend grafische Hilfsmittel zur Verfügung, um alle Aspekte einer Software-Architektur transparent zu machen – und das in einer Weise, die weltweit verstanden wird.

Tabelle 8.2 fasst die statischen und dynamischen UML-Modelle nochmals zusammen und zeigt, welches Diagramm in welcher der drei Sichten am besten einzusetzen ist.

Use-Case-Diagramme fehlen in der Tabelle. Sie sind das Verbindungsglied, das die Systemanalytiker den Architekten hoffentlich als Ausgangspunkt für die Gestaltung der drei Sichten vorgegeben haben.

Tabelle 8.2: Abbildung statischer und dynamischer Modelle auf die Sichten

	Statische UML 2-Modelle	Dynamische UML 2-Modelle
Bausteinsicht	Darstellung von Bausteinen und deren statische Beziehungen: – Klassendiagramm – Komponentendiagramm – Paketdiagramm	Prinzipielles Verhalten (unabhängig von Laufzeitaspekten): – Zustandsdiagramm – Aktivitätsdiagramm – Zeitverhaltensdiagramm
Laufzeitsicht	Instanzen von Bausteinen und zur Laufzeit vorhandene Verbindungen: – Objektdiagramm – Kompositionsstrukturdiagramm	Zusammenarbeit von Instanzen zur Laufzeit: – Sequenzdiagramm – Kommunikationsdiagramm – Interaktionsübersichtsdiagramm
Verteilungssicht	Infrastruktur mit zugeordneten Bausteinen: – Verteilungsdiagramm	keine Unterstützung in der UML. (wäre nur bei dynamischer Lastverteilung von Instanzen auf die Knoten interessant)

8.8 Weiterführende Literatur

[Jeckle+04] ist das derzeit ausführlichste UML 2-Buch – nicht nur im deutschsprachigen Markt. Mit einer Vielzahl von Beispielen aus alltäglichen Situationen präsentieren die Autoren die volle Ausdruckskraft des neuen Standards.

[b-agile2002a] zeigt die Nutzung der UML für Echtzeitsysteme auf. Der Schwerpunkt liegt dabei nicht auf der detailllierten Erklärung der Diagramme, sondern in einem pragmatischen Vorgehensmodell für technische Systeme, die den Einsatz der verschiedenen Diagramme erläutert.

[OMG_UML] ist die Originalquelle des UML 2-Standards: 4 Dokumente mit mehreren Hundert Seiten für Liebhaber staubtrockener Literatur (böse Zungen empfehlen diese Werke gegen Schlaflosigkeit).

[ARC42] www.arc42.de: Mehr zum Thema UML-Einsatz für Architekten.

Vermeiden Sie manuelle Vorgänge.

Die pragmatischen[1] Programmierer [Hunt+03]

9

Model-Driven-Architecture™ (MDA)

mit Unterstützung von Matthias Bohlen

Fragen, die dieses Kapitel beantwortet:

- Was bedeutet Model-Driven-Architecture™ (MDA)?
- Was hat MDA mit Software-Architektur zu tun?

Was bedeutet MDA?

Unter dem Schlagwort *Model Driven Architecture*™ (MDA[2]) hat die OMG einige recht alte Ideen der modellbasierten und generativen Software-Entwicklung zu einer Methode für die Produktion von Software zusammengeführt. Der Tenor ist, „dass für die Konstruktion eines Softwaresystems ein ausführliches, formal genaues Modell gebaut wird, aus dem dann die eigentlichen ausführbaren Softwarekomponenten durch automatisierte Transformationen generiert werden können." ([Wikipedia]).

Software-Entwicklung auf Basis der MDA umfasst drei wesentliche Schritte:

1 Jeder, aber auch jeder, der sich mit Software-Projekten beschäftigt, sollte dieses Buch gelesen haben (und sich tunlichst an möglichst viele der pragmatischen Ratschläge halten!).

2 Die Begriffe MDA und Model Driven Architectur sind Trademark der Object Management Group, OMG (www.omg.org).

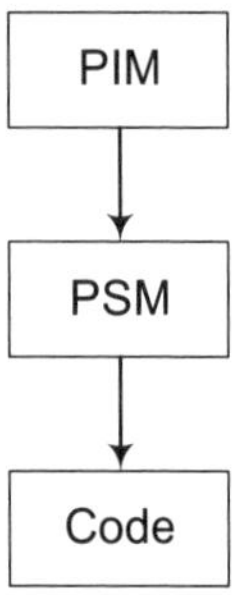

1. Zuerst entwerfen Sie ein Modell Ihrer Fachdomäne respektive Ihrer Anwendung, das völlig unabhängig von jedweder (Implementierungs-) Technologie bleibt. Dieses Modell heißt Platform Independent Model (PIM).
2. Im nächsten Schritt wird das PIM durch eine automatische Transformation von einem Werkzeug in ein plattformspezifisches Modell (PSM) übersetzt. Ein PSM ist an eine bestimmte Technologie (Betriebssystem, Programmiersprache, Middleware, Application Server etc.) adaptiert. Es beschreibt Ihre Anwendung mit den Mitteln der konkreten Implementierungstechnologie.
3. Schließlich wird das plattform- und technologiespezifische PSM in Quellcode übersetzt. Weil ein PSM seine Basistechnologie „kennt", ist diese Transformation relativ einfach.

In einer idealen Welt würden Sie weder am PSM noch am Code irgendetwas selbst implementieren – sämtliche Informationen zur Anwendung sind in technologieneutraler Form im PIM enthalten.

Ich möchte diesen Anspruch der „reinen OMG-Lehre" leicht relativieren: Ein erheblicher Teil steckt im PIM, und die eigentliche Geschäftslogik implementieren Sie in heutigen Projekten immer noch in „echtem" Quellcode. Das stört nicht, weil Sie durch saubere Software-Architektur den Applikationscode von technologiespezifischem Code entkoppeln können. Damit reduziert sich aus meiner Sicht die Bedeutung des plattformspezifischen Modells (PSM).

MDA und Software-Architektur

Und hier die zentrale Aussage dieses Anhangs:

MDA ist NICHT Architektur

> Model-Driven-Architecture hat nichts, aber auch gar nichts, mit Software-Architektur zu tun. Es handelt sich um ein Konzept zur Generierung von Anwendungen oder Anwendungsteilen aus UML-Modellen heraus.

Die Begriffswahl der OMG halte ich daher für falsch. [Völter] führt den Begriff des *Model Driven Software Development* (MDSD) ein, den ich in diesem Zusammenhang für treffend halte.

Auch in MDA-Projekten müssen Sie als Architekt die Architektur entwerfen. In der Regel müssen Sie sogar deutlich mehr Struktur- und Implementierungsentscheidungen vorab treffen, weil die Generierungswerkzeuge ohne diese Entscheidungen (in Form von *templates* = Schablonen, Codevorlagen, in Form von Transformationsregeln oder anderen Beschreibungen) schlichtweg nichts generieren können.

MDA in der Praxis

In der Praxis steckt unter der MDA-Haube häufig ein pragmatischer Ansatz der generativen Softwareentwicklung. Auf eine explizite Modellierung des plattformspezifischen PSM wird verzichtet, dafür steckt das technologiespezifische Wissen in Templates, Transformationsregeln oder so genannten Cartridges (siehe [AndroMDA]). Aus einem UML-Modell der Fachdomäne wird ein signifikanter Teil des Quellcodes und weiterer Artefakte[3] generiert und durch handprogrammierte Codestücke ergänzt (siehe Abbildung 9.1).

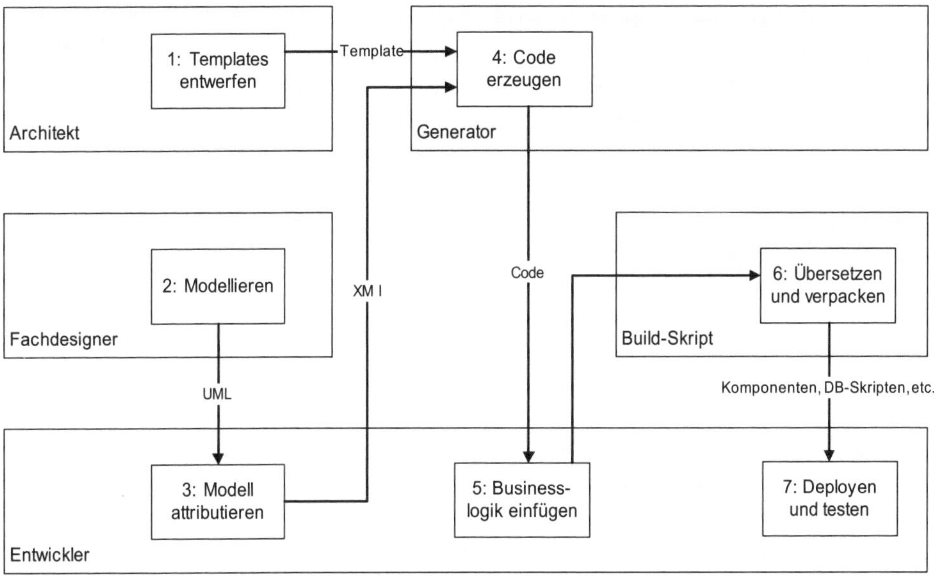

Abbildung 9.1: Schematischer Entwicklungszyklus mit einem MDA-Generator

1. Ein Architekt (oder ein Architekturteam) schreibt Templates, die festlegen, wie aus high-level Geschäftsklassen die notwendigen low-level Klassen in der Zielprogrammiersprache (hier Java) werden.
2. Ein Fachdesigner modelliert die konzeptionellen Klassen der Anwendung in UML – es entsteht das PIM der „reinen" MDA.
3. Ein Entwickler (oder auch der Architekt) reichert das Modell mit Informationen an, welche die Transformation steuern (bei EJB sind das z.B. Angaben, welches Attribut den Primärschlüssel bildet oder welche Methode eine FinderMethode ist). Ein separates PSM entsteht dabei nicht, es bleibt dasselbe Modell, das einfach nur „etwas mehr PSM" ist. Die Modellelemente (z.B. Klassen) bleiben jedoch immer noch auf konzeptionellem Niveau.
4. Der Entwickler startet dann ein Buildskript, das den Generator aufruft und dabei die Klassen der Zielkomponenten erzeugt. Falls Sie möchten, können Sie den erzeugten Quellcode danach probehalber direkt Ihrem Compiler „vorwerfen".

[3] Build-Skripte, Hilfesystem, Konfigurationsdateien etc.

5. Der Entwickler lädt die generierten Klassen in eine beliebige Entwicklungsumgebung. Er schreibt dann die eigentliche Geschäftslogik im Code, die sich nahtlos in die vorgenerierten Klassen einfügt. Eine erneute Generierung überschreibt handgeschriebenen Code dabei nicht.
6. Der Rest des Buildskriptes compiliert die neuen Bestandteile und verpackt alles zusammen in deploymentfertige Komponenten für eine konkrete Serverplattform. Dabei entstehen neben den eigentlichen Komponenten auch deren Deployment- und Konfigurationsinformationen.
7. Der Entwickler testet die entstandenen Komponenten.
8. Der Entwickler meldet dem Architekturteam, wenn der generierte Code sich im Alltag nicht bewährt oder wenn der Entwickler zusätzliches Automatisierungspotenzial entdeckt. Die Architekten verbessern dann die *templates* und Transformationsregeln, so dass der Generator in der nächsten Iteration besser arbeitet.

Fazit zu MDA

Software-Entwicklung mittels MDA verspricht viele Vorteile hinsichtlich Flexibilität, Wartbarkeit und Technologieunabhängigkeit. Investitionen in Geschäftsmodelle bleiben durch MDA möglicherweise (aber nicht unbedingt) länger erhalten.

Mit heute verfügbaren Werkzeugen, viele davon OpenSource, können Sie die Anwendbarkeit von MDA auf Ihre konkreten Probleme sehr leicht evaluieren – einen pauschalen Ratschlag pro oder contra MDA kann ich Ihnen nicht geben.

9.1 Weiterführende Literatur

[AndroMDA] ist ein OpenSource MDA-Generator mit ausführlicher Dokumentation, der die zugrundeliegenden Konzepte anhand einiger Beispiele demonstriert.

[Mellor+04] erläutert die Grundprinzipien von MDA.

[OMG_MDA] definiert den MDA™-Standard, mit dem Charme verstaubter Mathematikbücher. Garantiert fundiert und garantiert unspannend.

[Völter] enthält eine Fülle von (online-)Material zur modellbasierten Softwareentwicklung.

10

Literatur

[AndroMDA] *Bohlen, M.*, et al: AndroMDA, Open Source MDA Framework, www.andromda.org.

[arc42] *Hruschka, P., G. Starke*: ARC42 – Vorlagen für Software-Architekten. www.arc42.de.

[Ambler2000] *Ambler, S. W.*: Mapping objects to relational databases – What you need to know and why. IBM Developer Works, URL: http://www.ibm.com/software/developer/library/mapping-to-rdb/index.html

[Asman2000] *Asman, P.*: Legacy Wrapping, Beitrag zur PloP 2000, http://jerry.cs.uiuc.edu/~plop/plop2k/proceedings/Asman/Asman.pdf

[Bachmann2000] *Bachmann, F., L. Bass,* et al.: Software Architecture Documentation in Practice. Software Engineering Institute, CMU/SEI-2000-SR-004.

[b-agile2002a] *P. Hruschka, C. Rupp*: Agile Softwareentwicklung: Entwurf von Real-Time und Embedded Systems mit UML. Hanser, 2002.

[b-agile2002b] *Gernert C.*: Agiles Projektmanagement. Hanser, 2002.

[Bass+03] *Bass, L., P. Clements, R. Kazman*: Software Architecture in Practice. 2. Auflage. Addison Wesley 2003.

[Beck99] *Beck, K*: Extreme Programming Explained: Embrace Change. Addison Wesley 1999.

[Bienhhaus2000] *Bienhaus D.*: Patterns for human oriented information presentation, EuroPLoP2000, ww.coldewey.com/europlop2000/papers/bienhaus.zip

[Binder2000] *Binder, R.*: Testing Object-Oriented Systems: Models, Patterns, and Tools. Addison Wesley, 2000.

[Blaha98] *Blaha, M., W. Premerlani*: Object-Oriented Modeling and Design for Database Applications. Prentice Hall, 1998.

[Bosch2000] *Bosch, J.*: Design & Use of Software Architectures. Addison-Wesley, 2000

[Brodie95] *Brodi, M., M. Stonebraker,*: Migrating Legacy Systems: Gateways, Interfaces and the Incremental Approach. Morgan Kaufmann. 1995.

[Brooks95] *Brooks, F.*: The Mythical Man-Month, Anniversary Edition. Addison-Wesley, 1995.

[Buschmann96] *Buschmann, F., R. Meunier, H. Rohnert,, P. Sommerlad,, M. Stal*: A System of Patterns. Pattern – Oriented Software Architecture. Wiley 1996.

[Cai99] *Cai, J., R. Kapila, G. Pal*: HVMC: The layered pattern for developing strong client tiers. http://www.javaworld.com/javaworld/jw-07-2000/jw-0721-hmvc.html

[Clements+02] *Clements, P., R. Kazman, M. Klein*: Evaluating Software Architectures – Methods and Case Studies. Addison Wesley, 2002.

[Clements+03] *Clements, P., F. Bachmann, L. Bass, D. Garlan, J. Ivers* et al: Documenting Software Architectures – Views and Beyond. Addison Wesley, 2003.

[Coldewey97] *Coldewey, J., I. Krüger*: Form-Based User Interfaces – The Architectural Patterns. EuroPloP 1997, http://www.coldewey.com

[Coldewey98] *Coldewey J.*: User Interface Software. Conference on the Pattern Languages of Programming, 1998, http://www.coldewey.com

[Coplien95] *Colien, J.*: Organisational Patterns. www.bell-labs.com/user/cope/Patterns/

[Czarnecki2001] *Czarnecki, D., A. Deitsch*: Java Internationalization, O'Reilly 2001

[DeMarco98] *DeMarco, T.*: Der Termin – Ein Roman über Projektmanagement. Hanser, 1998.

[Dern03] *Dern, G.*: Management von IT-Architekturen. Informationssysteme im Fokus von Architekturplanung und -entwicklung. Vieweg, Edition CIO, 2003.

[Dorofee96] *Dorofee, A., J. Walker* et al.: Continuous Risk Management Guidebook: Carnegie Mellon University 1996.

[D'Souza98] *D'Souza, D., A. Wills*: Objects, Components, and Frameworks with UML: The Catalysis Approach. Addison Wesley, 1998.

[Eckel2001] *Eckel, B.*: Thinking in Patterns. URL: http://www.bruceeckel.com

[Eckel99] *Eckel, B.*: Thinking in Java. Prentice Hall, 1999. Vollständig ebenfalls erhältlich unter: www.bruceeckel.com.

[Eilebrecht+04] *Eilebrecht, K., G. Starke*: Patterns kompakt – Entwurfsmuster für effektive Software-Entwicklung. Spektrum Akademischer Verlag, 2004.

[Flint97] *Flint, E.S.*: The COBOL jigsaw puzzle: Fitting object-oriented and legacy applications together. IBM Systems Journal, 36(1), 1997. URL: http://www.research.ibm.com/journal/sj/361/flint.html

[Fowler99] *Fowler, M.*: Refactoring: Improving the Design of Existing Code. Addison-Wesley, 1999.

[Fowler02] *Fowler, M.*: Patterns for Enterprise Application Architecture. Addison-Wesley, 2002.

[Gamma95] *Gamma, E., R. Helm, R. Johnson, J. Vlissides*: Design Patterns. Addison-Wesley, 1995.

[Gamma99] *Gamma, E., K. Beck*: JUnit: A Cook's Tour. JavaReport, Mai 1999. Verfügbar im Internet, URL: http://www.junit.org.

[Gupta2003] *Gupta, S.*: Logging in Java with the JDK 1.4 Logging API and Apache log4j. Apress.

[HalShm] http://www.iarchitect.com/shame.htm

[Hatley2000] *Hatley, D., P. Hruschka, I. Phirbai*: Process for System Architecture and Requirements Engineering. Dorset House, 2000.

[Henderson96] *Henderson-Sellers, B.*: Object-Oriented Metrics: Measures of Complexity. Prentice Hall, UK, 1996.

[Hilliard99] *Hilliard R.*: Using the UML for Architectural Description. members.bellatlantic.net/~rfh2/writings/hilliard99a-using-uml-for-AD.pdf Weitere Veröffentlichungen: members.bellatlantic.net/~rfh2/writings

[Hofmeister2000] *Hofmeister, C., R. Nord, D. Soni*: Applied Software Architecture. Addison Wesley, 2000.

[Hohpe+03] *Hohpe, G., B. Woolf*: Enterprise Integration Patterns: Designing, Building, and Deploying Messaging Solutions. Addison Wesley, 2003.

[Holubek+04] *Holubek, A., R. Jansen (Hrsg)*: Java Persistenz-Strategien – Datenzugriff in Enterprise-Anwendungen. S&S, 2004.

[Hunt+03] *Hunt, A., D. Thomas*: Der Pragmatische Programmierer. Hanser, 2003.

[IEEE2000] IEEE Architecture Working Group: IEEE Recommended Practice for Architectural Description, Standard P1471, www.pithecanthropus.com/~awg

[ISO96] ISO: RM/ODP OpenDistributedProcessing – Reference Model. http://uml.fsarch.com/RM-ODP/

[Jablonski96] *Jablonski, S.; Bussler, C.*: Workflow Management – Concepts, Architecture and Implementation, International Thomson Publishing, 1996

[Jeckle+04] *Jeckle, M., C. Rupp, J. Hahn, B. Zengler, St. Queins*: UML 2 glasklar. Hanser, 2004.

[Johnson03] *Johnson, R.*: expert one-on-one J2EE Design and Development. Wrox Press, 2003.
Erlauben Sie mir eine persönliche Note im Literaturverzeichnis: DAS Buch über J2EE-Design. Hier steht, wie es wirklich funktioniert – must-have-Literatur für Enterprise-Java Architekten und -Entwickler.

[Keller2000] *Keller, W.*: The Bridge to the New Town – A Legacy System Migration Pattern. EuroPloP 2000, http://www.objectarchitects.de/ObjectArchitects/papers/WhitePapers/ZippedPapers/pacman03.pdf.

[Keller96] *Keller, W., Coldewey, J.*: Relational Database Access Layers. PloP 1996, http://www.objectarchitects.de/ObjectArchitects/papers/Published/ZippedPapers/plop_relzs05.pdf

[Keller97] *Keller, W.*: Mapping Objects to Tables – A Pattern Language. Beitrag zur EuroPloP Konferenz 1997, URL: http://www.sdm.de/g/arcus

[Keller98] *Keller, W.*: Object/Relational Access Layers - A Roadmap, Missing Links and More Patterns. EuroPloP 1998, www.objectarchitects.de/ObjectArchitects/papers/Published/ZippedPapers/or06_proceedings.pdf

[Keller02] *Keller, W.*: Enterprise Application Integration: Erfahrungen aus der Praxis. Dpunkt, 2002.

[Kreft97] *Kreft, K., A. Langer*: Internationalization using Standard C++. C/C++ User Journal, 1997, home.CameloT.de/langer/Articles/Internationalization/I18N.htm

[Kruchten2000] *Kruchten, P.*: The Rational Unified Process. 2. Auflage. Addison-Wesley, 2000.

[Kruchten2001] *Kruchten, P.*: The Top Ten Misconceptions about Software Architecture. www.therationaledge.com/content/apr_01/m_misconceptions_pk.html.

[Kruchten95] *Kruchten, P.*: Architectural Blueprints – The 4-1 View Model of Architecture. IEEE Software November 1995; 12(6), p. 42-50.

[Larman2001] *Larman, C.*: Applying UML and Patterns: An Approach to Object-Oriented Analysis and Design. 2. Auflage. Prentice Hall, 2001.

[Lehmann99] *Lehmann, F. R.*: Fachlicher Entwurf von Workflow-Management Anwendungen. Teubner, 1999.

[Leymann98] *Leymann. F., D. Roller*: Production Workflow. Prentice Hall, 1999

[Liebherr89] *Liebherr, K., I. Holland*: Assuring good style for object-oriented programs. IEEE Software, September 1989, p 38-48

[Liskov81] *Liskov, B.*: CLU Reference Manual. Springer, 1981.

[Lorenz94] *Lorenz, M., J. Kidd*: Object-Oriented Software Metrics. Object-Oriented Series. Prentice Hall, 1994.

[Marick2000] *Marick, B.*: Using Ring Buffer Logging to Help Find Bugs. PloP 2000. URL: http://visibleworkings.com/trace/Documentation/ring-buffer.pdf

[Marick97] *Marick, B.*: Classic Testing Mistakes. 1997. Online unter http://www.testing.com/writings/classic/mistakes.pdf.

[Martin02] *Martin, R.*: Agile Software Development: Principles, Patterns and Practices. Addison-Wesley, 2002.

[Martin2000] *Martin, R.*: Design Principles and Design Patterns. www.objectmentor.com.

[Martin96] *Martin, R.*: Objektorientierte C++ Anwendungen: Die Booch-Methode. Prentice Hall, 1996.

[McMenamin88] *McMenamin, S., J.Palmer*: Strukturierte Systemanalyse. Hanser, 1988.

[Mellor+04] *Mellor, St., S. Kendall, A. Uhl, D. Weise*: MDA Distilled – Principles of the Model-Driven Architecture. Addison-Wesley, 2004.

[Meszaros97] *Meszaros, G.*: Archi-Patterns: A Process Pattern Language for Defining Architectures. Beitrag zur PloP '97. URL: st-www.cs.uiuc.edu/~hanmer/PLoP-97/Proceedings/meszaros.pdf

[Möricke04] *Möricke, M. (Hrsg.)*: IT-Sicherheit. Praxis der Wirtschaftsinformatik, Dpunkt Verlag, April 2004 (ISBN3-89864-290-9).

[NATO69] *NATO Conference Software Engineering*: Bericht einer Konferenz, 1969. Gesponsort vom NATO Science Committee. Quelle nach [Shaw96a]

[OConn98b] *O'Connor, J.*: Internationalization: An overview. Java Delevoper Connection 1998, http://devoloper.java.sun.com/developer/technicalArticles/Intl/IntlIntro/Index.html

[OConnor98] *O'Connor, J.*: Internationalization: Localization with ResourceBundles. Java Delevoper Connection 1998, http//developer.java.sun.com/developer/technicalArticles/Intl/ResourceBundles/

[Oestereich2001b] *Oestereich, B.*: Die UML Kurzreferenz für die Praxis. Oldenbourg, 2001.

[OMG98] *Object Management Group*: What is OMG-UML and Why Is It Important. URL: http://cgi.omg.org/news/pr97/umlprimer.html

[OMG_MDA] *Object Management Group*: Model Driven Architecture. www.omg.org/mda

[OMG_UML] Object Management Group: Unified Modeling Language. www.omg.org/uml.

[Orfali96] *Orfali, R., D. Harkey, J. Edwards*: The Essential Client/Server Survival Guide. Wiley Computer Publishing, 1996.

[Parnas72] *Parnas, D. L.*: On the Criteria to be Used in Decomposig Systems into Modules. Communications of the ACM 1972; 15: p. 1053-1058.

[Posch+04] *Posch, T., K. Birken, M. Gerdom*: Basiswissen Softwarearchitektur: Verstehen, entwerfen, bewerten und dokumentieren. Dpunkt, 2004.

[Pritchard99] *Pritchard, J.*: COM and CORBA Side by Side: Architectures, Strategies and Implementation. Addison Wesley, 1999.

[Puder2001] *A. Puder, K. Römer*: Middleware für verteilte Systeme. dpunkt 2001

[Putman2000] *Putman, J.*: Architecting with RM-ODP. Prentice Hall, 2000

[Rechtin2000] *Rechtin. E., M. Maier*: The Art of Systems Architecture. CRC Press, 2000

[Riehle97] *Riehle, D.*: Entwurfsmuster für Softwarewerkzeuge. Addison Wesley 1997

[Riel96] *Riel, A. J.*: Object-Oriented Design Heuristics. Addison-Wesley, 1996.

[Roock+04] *Roock, St., M. Lippert*: Refactorings in großen Softwareprojekten: Komplexe Restrukturierungen erfolgreich durchführen. Dpunkt, 2004.

[Rüping03] *Rüping, A.*: Agile Documentation: A Pattern Guide to Producing Lightweight Documents for Software Projects. Wiley, 2003.

[Rupp2001] *Rupp, C., Sophist Group:* Requirements-Engineering und -Management. Hanser, 2001.

[Schmeh98] *Schmeh, K.*: Safer Net. dpunkt, 1998

[Schmidt2000] *Schmidt, D., M. Stal, H. Rohnert, F. Buschmann*: Pattern-Oriented Software-Architecture – Patterns for Concurrent and Networked Objects. Vol. 2. Wiley, 2000.

[Schneier96] *Schneier, B.*: Applied Cryptography. John Wiley, 1996

[SEI2001] *Software Engineering Institute (SEI)*: How Do You Define Software Architecture? URL: http://www.sei.cmu.edu/architecture/definitions.html

[Shaw96a] *Shaw, M., D. Garlan*: Software Architecture: Perspectives on an Emerging Discipline. Upper Saddle River, NJ: Prentice Hall, 1996.

[Shneidermann98] *Schneidermann, B.*: Designing the User Interface – Strategies for Effective Human-Computer Interaction. Addison-Wesley, 1998.

[Siedersleben04] *Siedersleben, J.*: Moderne Softwarearchitektur. Umsichtig planen, robust bauen mit Quasar. Dpunkt, 2004.

[SigG/SigV] Regulierungsbehörde für Telekommunikation und Post, www.regtp.de

[SrvMvc99] Server-side MVC Architecture. www.uidesign.net/1999/papers/webmvc_part1.html sowie ../webmvc_part2.html

[SSH] Introduction to Cryptography. http://www.ssh.com/tech/crypto/intro.cfm

[Tanenbaum89] *Tanenbaum, A.*: Computer Networks. Prentice Hall, 1989.

[Tidwell] *Tidwell, J.*: Common ground: A pattern language for Human-Computer Interface Design. www.mit.edu/~jtidwell/common_ground_onefile.html

[Unicode] Unicode und Internationalisierung. http://www.unicode.org

[VDAalst2002] *Van Der Aalst, W., K. van Heeringen*: Workflow Management. MIT Press, 2002.

[VMH97] Allgemeiner Umdruck Nr. 250/4, Entwicklungsstandard für IT-Systeme des Bundes, Vorgehensmodell. Teil 3: Handbuchsammlung, 1997 (V-Modell).

[Voelter] Website von Markus Völter, www.voelter.de.

[Volere] Volere – Schablonen für Requirements Engineering. Online unter www.volere.co.uk (englisch) oder www.volere.de (deutsch).

[Wallmüller01] *Wallmüller, E.*: Software-Qualitätssicherung in der Praxis. Hanser, 2001.

[Wikipedia] www.wikipedia.de: Die Wikipedia ist eine Enzyklopädie in mehr als 100 Sprachen, die von Freiwilligen in der ganzen Welt aufgebaut wird. Ihre Inhalte dürfen frei kopiert und verbreitet werden.

[Wirfs-Brock90] *Wirfs-Brock, R., B. Wilkerson, L. Wiener*: Designing Object-Oriented Software. Prentice Hall, 1990.

[Youngs99] *Youngs, R., D. Redmond-Pyle, P. Spaas, E. Kahan*: A Standard for Architecture Description. IBM Systems Journal, Vol. 38, Nr. 1, URL: http://www.research.ibm.com/journal/sj/381/youngs.html

[Yourdon89] *Yourdon, E.*: Modern Structured Analysis. Prentice Hall, 1989.

[Yourdon99] *Yourdon, E.*: Death March: The Complete Software Developers Guide to Surviving *Mission Impossible* Projects. Prentice Hall, 1999.

Index